Schriftenreihe der Gesellschaft für Mineralstoffe und Spurenelemente e.V.

Herausgeber:
W. Fresenius, Taunusstein, H.-J. Holtmeier, Hohenheim
J. Kruse-Jarres, Stuttgart, G. Tölg, Dortmund

Bedeutung von Natrium und Chlorid für den Menschen

Analytik, Physiologie, Pathophysiologie, Toxikologie und Klinik

Symposion der Gesellschaft
für Mineralstoffe und Spurenelemente e.V.
an der Universität Hohenheim

Wissenschaftliche Leitung
H.-J. Holtmeier, Hohenheim

Herausgegeben von
Hans-Jürgen Holtmeier

Mit 82 Abbildungen und 61 Tabellen

Springer-Verlag
Berlin Heidelberg New York
London Paris Tokyo
Hong Kong Barcelona
Budapest

Anschrift:

Prof. Prof. Dr. med H.-J. Holtmeier
Prof. und Leiter der Abteilung Ernährungsphysiologie der Universität Hohenheim (Stuttgart)
Prof. (Innere) Medizin der Universität, Freiburg i. Br.

Wichtiger Hinweis: Medizin als Wissenschaft ist ständig im Fluß. Forschung und klinische Erfahrung erweitern unsere Kenntnisse, insbesondere was Behandlung und medikamentöse Therapie anbelangt. Soweit in diesem Werk eine Dosierung oder Applikation erwähnt wird, darf der Leser zwar darauf vertrauen, daß Autoren, Herausgeber und Verlag größte Mühe darauf verwandt haben, daß diese Angabe genau dem Wissensstand bei Fertigstellung des Werkes entspricht. Dennoch ist jeder Benutzer aufgeforder, die Beipackzettel der verwendeten Präparate zu prüfen, um in eigener Verantwortung festzustellen, ob die dort gegebenen Empfehlung für Dosierungen oder Beachtung von Kontraindikationen gegenüber der Angabe in diesem Buch abweichen. Eine solche Prüfung ist besonders wichtig bei selten verwendeten Präparaten oder solchen, die neu af den Markt gebracht worden sind.

ISBN-13: 978-3-642-77341-9

Die Deutsche Bibliothek – CIP-Einheitsaufnahme

Bedeutung von Natrium und Chlorid für den Menschen :
Analytik, Physiologie, Pathophysiologie, Toxikologie und Klinik ; Symposion der Gesellschaft für Mineralstoffe und Spurenelemente e. V. an der Universität Hohenheim ; mit 60 Tabellen / Wiss. Leitung: H. J. Holtmeier. Hrsg. von Hans Jürgen Holtmeier. – Berlin ; Heidelberg ; New York ; London ; Paris ; Tokyo ; Hong Kong ; Budapest ; Barcelona : Springer, 1992
ISBN-13: 978-3-642-77341-9 e-ISBN-13: 978-3-642-77340-2
DOI: 10.1007/978-3-642-77340-2

NE: Holtmeier, Hans-Jürgen [Hrsg.]; Gesellschaft für Mineralstoffe und Spurenelemente

Softcover reprint of the hardcover 1st edition 1992

Satz: Mitterweger GmbH, 6831 Plankstadt

27/3140/5 4 3 2 1 0 – Gedruckt auf säurefreiem Papier

Vorwort

Die Gesellschaft für *Mineralstoffe und Spurenelemente e. V.* befaßt sich auf dem diesjährigen Symposion mit der Bedeutung von Natrium und Chlorid für den gesunden und kranken Menschen.

Es werden verschiedene Aspekte der Analytik und Physiologie beider Elemente aufgezeigt. In den letzten Jahren sind verschiedene Meinungen über die Bedeutung und mögliche Gefahren einer Kochsalzzufuhr beim Gesunden geäußert worden. Die Tagung versucht die derzeit geltenden Anschauungen aufzuzeigen.

Für den kranken Menschen haben beide Elemente besonders beim „essentiellen" Bluthochdruck und bei allen Zuständen mit krankhafter Wassereinlagerung eine Bedeutung. Sowohl die medikamentöse als auch die diätetische Therapie greifen am Natrium und Chlorid an.

Die rasche Entwicklung moderner Pharmaka hat den Effekt eines diätetischen Entzugs von Natrium und Chlorid überflügelt, ihn aber als nebenwirkungsfreie und naturgemäße Heilmaßnahme, nicht zuletzt zur Unterstützung der medikamentösen Behandlung, nicht überflüssig gemacht.

Die verschiedenen Referate spiegeln den derzeitigen Wissensstand wieder. Möge das Buch zum Nachdenken und Diskutieren anregen und von der wissenschaftlichen Welt freundlich aufgenommen werden.

HANS-JÜRGEN HOLTMEIER — Universität Hohenheim 1992

Vorwort

Zu den Aufgaben unserer Gesellschaft für Mineralstoffe und Spurenelemente e. V. gehört es, den aktuellen Stand der Kenntnisse auf unseren Arbeitsgebieten darzustellen und zu diskutieren. Wir sind daher Herrn Prof. Holtmeier sehr dankbar, daß er Wissenschaftler aus den verschiedenen Fachgebieten zusammengebeten hat, um von der Analytik des Natriumchlorids in Medizin und Biologie bis zu den vielfältigen Regelungsaufgaben in Physiologie, Pathophysiologie und Klinik zu berichten.

Wir freuen uns, daß es möglich ist, die Vorträge dieser Tagung einem breiten Kreis zur Verfügung zu stellen, und hoffen, daß viele Kollegen aus den unterschiedlichsten Arbeitsgebieten aus dieser Zusammenfassung Anregung für die eigene Arbeit entnehmen können.

Wir danken allen Kollegen, die uns ihre Ergebnisse zur Verfügung gestellt haben.

WILHELM FRESENIUS
Präsident der Gesellschaft

Taunusstein 1992

Inhaltsverzeichnis

Anhang

Tagungspräsidenten

ANKE, M., Professor Dr.
Biologische Fakultät der Universität, Jena

BRÄTTER, P., Professor Dr.
Hahn-Meitner-Institut, Berlin

GREGER, R., Professor Dr.
Physiologisches Institut der Universität, Freiburg i.Br.

HOLTMEIER, H.-J., Professor Dr.
Abteilung Ernährungsphysiologie der Universität Hohenheim (Stuttgart), Professor (Innere Medizin) der Universität Freiburg i. Br.

KEMPER, F. H., Professor Dr.
Institut für Pharmakologie und Toxikologie der Universität, Münster

KRUSE-JARRES, J., Professor Dr.
Institut für klin. Chemie und Laboratoriumsmedizin, Katharinenhospital, Stuttgart

REINAUER, H., Professor Dr.
Diabetes Forschungsinstitut der Universität, Düsseldorf

SCHRAMEL, P., Priv. Doz. Dr.
Gesellschaft für Strahlen- und Umweltforschung, Neuherberg/München

STUMPE, K. O., Professor Dr.
Medizinische Universitäts-Poliklinik, Bonn

TÖLG, G., Professor Dr.
Institut für Spektrochemie und angewandte Spektroskopie, Dortmund

Tagungsort

Universität Hohenheim (auch „Paracelsus-Universität" genannt) vormals Sitz des Adelsgeschlechtes Bombaste von Hohenheim 22. und 23. 2. 1991

Autorenverzeichnis

ANKE, M.
Biologische Fakultät, Friedrich-Schiller-Universität, Dornburger Str. 24, 6900 Jena

DÜSING, R.
Medizinische Universitäts-Poliklinik, Wilhelmstraße 35–37, 5300 Bonn 1

FÜSGEN, I.
III. Medizinische Klinik der Kliniken St. Antonus, Tönisheiderstraße 24, 5620 Velbert 15

GÖBEL, B. O.
Medizinische Universitäts-Poliklinik, Wilhelmstraße 35–37, 5300 Bonn 1

GÖTZFRIED, F.
Südwestdeutsche Salzwerke AG, Postfach 31 61, 7100 Heilbronn

GREGER, R.
Physiologisches Institut der Albert-Ludwigs-Universität, Hermann-Herder-Straße 7, 7800 Freiburg i. Br.

GROPPEL, B.
Biologische Fakultät, Friedrich-Schiller-Universität, Dornburger Str. 24, 6900 Jena

GUTENBRUNNER, Ch.
Institut für Arbeitsphysiologie und Rehabilitationsforschung der Philipps-Universität, Robert-Koch-Straße 7a, 3550 Marburg

HALLER, H.
Medizinische Klinik und Poliklinik, Universitätsklinikum Steglitz, Freie Universität, Hindenburgdamm 30, W-1000 Berlin 45

HEIDBREDER, E.
Nephrologische Abteilung, Medizinische Klinik der Universität, Josef-Schneider-Straße 2, 8700 Würzburg

HILDEBRANDT, G.
Institut für Arbeitsphysiologie und Rehabilitationsforschung der Philipps-Universität, Robert-Koch-Straße 7a, 3550 Marburg

HOFFMANN, G.
Medizinische Universitäts-Poliklinik, Wilhelmstraße 35–37,
5300 Bonn 1

HOLTMEIER, H.-J.
Abteilung für Ernährungsphysiologie der Universität Hohenheim,
Fruwirthstraße 31, 7000 Stuttgart 70, Prof. (Innere Medizin)
Universität, Freiburg i. Br.

KEMPER, F. H.
Institut für Pharmakologie und Toxikologie der Universität,
Albert-Schweitzer-Straße 33, 4400 Münster

KOLLOCH, R. E.
Medizinische Universitäts-Poliklinik, Wilhelmstraße 35–37,
5300 Bonn 1

LENNARZ, M.
Medizinische Universitäts-Poliklinik, Wilhelmstraße 35–37,
5300 Bonn 1

LÖSCH, E.
Biologische Fakultät, Friedrich-Schiller-Universität,
Dornburger Str. 24, 6900 Jena

LUDWIG, M.
Medizinische Universitäts-Poliklinik, Wilhelmstraße 35–37,
5300 Bonn 1

LUFT, F. C.
Abteilung Innere Medizin und Nephrologie, Friedrich-Alexander-Universität, Krankenhausstraße 12, 8520 Erlangen

MÜLLER, M.
Biologische Fakultät, Friedrich-Schiller-Universität,
Dornburger Str. 24, 6900 Jena

MÜNSTERMANN, S.
Medizinische Universitäts-Poliklinik, Wilhelmstraße 35–37,
5300 Bonn 1

NOWACK, R.
Medizinische Universitätsklinik, Abteilung Nephrologie
der Universität, 6900 Heidelberg

OVERLACK, A.
Medizinische Universitäts-Poliklinik, Wilhelmstraße 35–37,
5300 Bonn 1

PICKARDT, C. R.
Medizinische Klinik der Ludwig-Maximilians-Universität,
8000 München

Pittelow, Ch.
Fachberaterin für Ernährungsfragen des Gesundheitsamtes der Landeshauptstadt, Hohe Straße 28, 7000 Stuttgart 1

Ruppert, M.
Medizinische Universitäts-Poliklinik, Wilhelmstraße 35–37, 5300 Bonn 1

Schmidt, L. H.
Institut für Klinische Chemie und Laboratoriumsdiagnostik, Klinikum Görlitz, Girbigsdorfer Straße 1–3, 8900 Görlitz

Schmitt, Y.
Institut für Klinische Chemie und Labormedizin, Katharinenhospital, Kriegsbergstraße 60, 7000 Stuttgart 1

Seifert, J.
Experimentelle Chirurgie der Abteilung Allgemeine Chirurgie der Christian-Albrechts-Universität Kiel, Michaelisstraße 5, 2300 Kiel 1

Spieker, C.
Medizinische Universitäts-Poliklinik Münster, Albert-Schweitzer-Straße 33, 4400 Münster

Stumpe, K. O.
Medizinische Universitäts-Poliklinik, Wilhelmstraße 35–37, 5300 Bonn 1

Stüttgen, G.
Haut- und Poliklinik, Rudolpf Virchow Krankenhaus, Kissinger Straße 12, 1000 Berlin 33

Zidek, W.
Medizinische Universitäts-Poliklinik Münster, Albert-Schweitzer-Straße 33, 4400 Münster

I. Analytik und Physiologie des Natrium- und Chloridstoffwechsels

Vorsitz: J. KRUSE-JARRES, Stuttgart
G. TÖLG, Dortmund

Analytik von Natrium und Chlorid in verschiedenen Körperflüssigkeiten

Y. Schmitt, Stuttgart

Einleitung

Die im Körper ablaufenden biochemischen Reaktionen finden in Wasser als Lösungsvermittler statt. Der Organismus ist dabei auf eine bestimmte Menge und Verteilung von Wasser und Elektrolyten in verschiedenen Flüssigkeitsräumen (Kompartimenten) angewiesen. Es handelt sich zunächst um den intrazellulären Raum (IZR = Gesamtvolumen aller Zellinhalte) und den extrazellulären Raum (EZR), wobei der extrazelluläre Raum weiter in den intravasalen Raum (Plasmavolumen) und den interstitiellen Raum (Raum zwischen den Zellen und Blutgefäßen) unterteilt werden kann. Diese einzelnen Kompartimente sind durch Zellmembranen voneinander getrennt und weisen jeweils eine charakteristische Ionenverteilung auf.

Im Extrazellulärraum ist das Natrium das Hauptkation. Die Hauptaufgabe des Natriums liegt in der Aufrechterhaltung der Osmolalität. Bei intakter Osmoregulation bewirkt jede Abweichung vom normalen Natriumbestand eine Änderung des extrazellulären Volumens. Somit ist die Natriumkonzentration das Maß für die Funktion der Osmoregulation. Der Körper lagert bei einem Überangebot an Natrium vermehrt Wasser ein und verliert bei einem Natriumverlust entsprechend Flüssigkeit. Die Natriumkonzentration kann damit auch als ein Maß des Bestandes an freiem Wasser angesehen werden. Natrium ist ausnahmslos einwertig und steht in der Häufigkeitsliste als Alkalimetall an 6. Stelle. Die Ausscheidung erfolgt vorwiegend über Urin und Haut.

Chlorid befindet sich nahezu ausschließlich im Extrazellulärraum, wo es als Hauptanion dem Natrium und Kalium passiv folgt. Stoffwechselstörungen des Chlorids sind genauso häufig wie die Stoffwechselstörungen des Natrium- und Kaliumhaushaltes. Eine wichtige Indikation zur Analytik des Chlorids ist vorwiegend bei massivem Erbrechen, insbesondere bei Kindern, gegeben. Auch Chlorid ist einwertig und steht in der Häufigkeitsliste an 12. Stelle. Als Träger negativer Ladung leistet es einen Beitrag zur Elektroneutralität zwischen Extra- und Intrazellulärraum.

Obwohl bereits vor etwa 150 Jahren die Bedeutung der Elektrolyte für den Organismus erkannt wurde, dauerte die Entwicklung leistungsfähiger Analysenmethoden bis in den Anfang der 60er Jahre hinein. Die bis damals verwandten Verfahren genügen den heutigen Anforderungen hinsichtlich Spezifität und Präzision nicht mehr. Sie leiden unter erheblichen Störeinflüssen und sind sehr zeitaufwendig. Im folgenden soll daher auf die heutzutage gebräuchlichen Methoden zur Bestimmung der Elektrolyte Natrium und Chlor eingegangen werden.

Analytik von Natrium

Von den zur Verfügung stehenden Methoden zur Natriumbestimmung (Atomabsorptionsspektrometrie, ionenselektive Elektrode und Flammenemissionsspektrometrie – Tabelle 1) ist die Flammenemissionsspektrometrie heute das Referenzverfahren zur Bestimmung der Konzentration in biologischem Material. Dabei werden in der Regel Geräte verwandt, die mittels einer sogenannten Lithiumleitlinie in der Lage sind, unter anderem die Unstetigkeiten der Flamme zu kompensieren. Eine Kalibration der Meßgeräte erfolgt durch Verwendung eingewogener Primärstandards. Die Analyse selbst wird normalerweise mit einer vorverdünnten Probe (Verdünnungsfaktor 100) bei einer Wellenlänge von 589 nm durchgeführt. Die Verwendung von mechanischen Dilutoren kann durch Verbesserung der Genauigkeit und Reproduzierbarkeit der Verdünnung die Präzision der Methode erhöhen. Bei dieser Meßmethode wird die Natriummenge auf das Plasmavolumen (Plasmawasser + Lipide + Proteine) bezogen.

Tabelle 1. Natrium. Analytik

Flammen-Emissionsspektrometrie	Referenzverfahren
Ionenselektive Elektroden	indirekte oder direkte Potentiometrie
Atomabsorptionsspektrometrie	wenig geeignet

Ein zweites Verfahren zur Natriumbestimmung konnte sich in den vergangenen Jahren vermehrt durchsetzen. Es handelt sich um sogenannte ionenselektive Elektroden (Potentiometrie), mit deren Hilfe die Natriumionenaktivität bestimmt wird. Die Selektivität von Natrium zu Kalium ist etwa 300:1. Bei der indirekten Potentiometrie wird die Probe vor der Analyse verdünnt. Dieses Vorgehen ähnelt dem der flammenphotometrischen Bestimmung, so daß sich die gemessenen Aktivitäten und Konzentrationen zwischen beiden Meßverfahren weitgehend vergleichen lassen. Bei der direkten Potentiometrie dagegen kommt es in Abhängigkeit vom Wassergehalt der Probe (92%) zu Differenzen zwischen beiden Verfahren, da die Ionenkonzentration bei der Potentiometrie lediglich auf das Plasmawasser bezogen wird und die Protein- und Lipidanteile nicht in die Messung eingehen. Somit liegen die Werte der direkten Potentiometrie theoretisch etwa 5–8% höher. In der Praxis werden aber meistens nur Unterschiede zwischen 1–4% gemessen. Die Ursachen für diese Differenz sind noch nicht endgültig geklärt. Diese Differenzen sind außerdem von Patient zu Patient

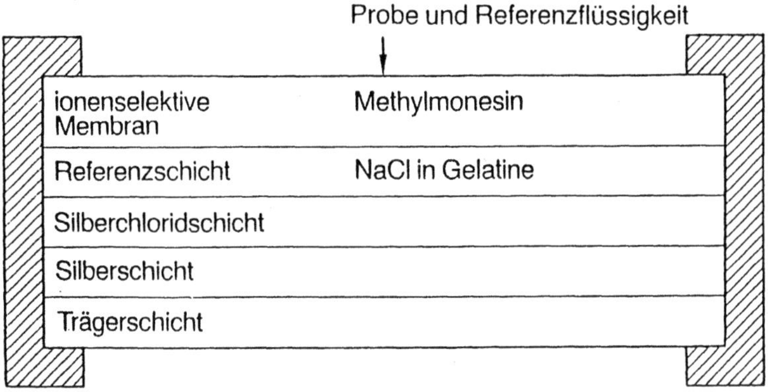

Abb. 1. Schematischer Aufbau der Testplättchen

unterschiedlich. Bei Verwendung der direkten Potentiometrie sollte eine entsprechende Kalibration durchgeführt werden oder die Verwendung eines Umrechnungsfaktors erfolgen, damit die entsprechenden Meßwerte vergleichbar sind. Ebenso sollte ein Wechsel zwischen verschiedenen Bestimmungsmethoden aus den genannten Gründen vermieden werden.

Auch die trägergebundene Analytik („Trockenchemie") einer Firma beruht auf der Anwendung von ionenselektiven Elektroden, die in Form von Testplättchen (Abb. 1) aufgebaut sind. Dabei werden Referenzflüssigkeit und Probe simultan auf das Testplättchen aufgetragen, welches nach der Messung verworfen wird.

Prinzipiell kann auch eine Bestimmung mittels der Atomabsorptionsspektrometrie durchgeführt werden. Sie hat aber bisher keine breitere Anwendung gefunden, da diese Methode in der Regel für die Messung der hohen Konzentration an Natrium zu empfindlich ist. Außerdem ist die Absorption der Natriumatome in der Flamme zur Messung weniger gut geeignet als die Emission.

Analytik von Chlorid

Für die Analytik von Chlorid kommen im wesentlichen 5 bzw. 6 verschiedene Verfahren in Betracht (Tabelle 2).

Bei der coulometrischen Titration werden aus metallischem Silber durch Elektrolyse Silberionen freigesetzt, die mit Chloridionen ein Präzipitat von Silberchlorid bilden. Dieses Verfahren dient als Referenzmethode für die Analytik in Serum, Urin und anderen Körperflüssigkeiten und zeichnet sich durch einen geringen Probenbedarf aus.

Bei der colorimetrischen Methodik reagieren Chloridionen mit Quecksilberthiocyanat zu Quecksilberchlorid, wobei Cyanationen freigesetzt werden,

Tabelle 2. Chlorid. Analytik

Coulometrische Titration	Elektrolyse aus metallischem Silber
Colorimetrische Methode	Chlorid-Ionen + Quecksilberthiocyanat + Eisen(III)-Ionen → roten Eisenkomplex
Potentiometrische Bestimmung mittels ionenselektiver Elektr.	Liquid-Membran-Elektrode oder Festkörper-Elektrode
Radiale Immundiffusion	Imprägnierung einer Agarplatte mit Silbernitrat
Flammen-Emissionsspektrometrie Atomabsorptionsspektrometrie	

die wiederum mit Eisen(III)ionen einen roten Eisenkomplex bilden, dessen Extinktion bei 480 nm gemessen werden kann. Von dieser Methode existieren verschiedene Varianten, die sich im wesentlichen durch Art des gebildeten Komplexe unterscheiden, so daß die Messung bei einer anderen Wellenlänge erfolgt.

Bei potentiometrischen Meßverfahren entwickelt sich an einer Elektrode in einer chloridhaltigen Lösung eine Potentialdifferenz, die gegen eine Referenzelektrode gemessen wird. Dabei ist darauf hinzuweisen, daß diese Art der Messung besonders für den Einsatz der Messung der Chloridkonzentration im Schweiß geeignet ist. Auch hier kann davon ausgegangen werden, daß die auf diese Art gemessenen Werte biochemisch relevanter sind, da die Ionenkonzentration in dem Körperraum gemessen wird, in dem die biochemischen Reaktionen des Organismus ablaufen. Die Durchführung dieser Analytik ist auch im Vollblut möglich. Auch für Chlorid existieren ionenselektive Elektroden auf Testplättchen, die nach der Messung verworfen werden.

Eine seltene und sehr zeitaufwendige Methodik ist die Messung der Chloridkonzentration mittels radialer Immundiffusion, bei der eine Agarplatte anstelle des Antiserums mit Silbernitrat imprägniert wird. Nach dem Auftrag von chloridhaltigem Material diffundieren die Chloridionen in die Agarose und bilden einen Präzipitatring, dessen Durchmesser der Chloridkonzentration proportional ist. Vorteil ist der sehr geringe Probenbedarf.

Richtigkeit, Präzision und Interferenzen

Die Richtigkeit und die Präzision der Bestimmung der Konzentration des Natriums sind im wesentlichen zwischen den verschiedenen Meßverfahren vergleichbar. Dabei weist die Messung mit der ionenselektiven Elektrode geringgradig schlechtere Werte auf. Auch die Werte für Richtigkeit und Präzision bei den verschiedenen Bestimmungsmethoden für Chlorid sind im wesentlichen vergleichbar. Hier finden sich auch nur geringe Unterschiede (Tabelle 3 und 4).

Tabelle 3. Natrium. Richtigkeit und Präzision

- VK in der Serie 0,4 bis 0,6 % (Emission)
  1,0 bis 2,0 % (Elektrode)
- VK von Tag zu Tag unter 1 % (Emission)
  3 % (Elektrode)
- Abweichungen von der Richtigkeit unter 1 mmol/l

Tabelle 4. Chlorid. Richtigkeit und Präzision

- VK in der Serie unter 0,5 % (coulometrisch)
  1,0 % (colorimetrisch)
  1,2 % (potentiometrisch)
  1,3 % (RID)
- VK von Tag zu Tag unter 1 % (coulometrisch)
  2–3 % (colorimetrisch)
  1,2 % (potentiometrisch)
  2,1 % (RID)
- Abweichungen von der Richtigkeit unter 1 mmol/l (coulometrisch)

Die Lage des Patienten und die Art und Qualität des venösen Staus haben nahezu keinen Einfluß auf die Resultate der Natrium- und Chloridmessungen. Großen Einfluß haben Kontaminationen des Entnahmebestecks.

Hinsichtlich der Stabilität bei Aufbewahrung der Proben ist beim Natrium darauf hinzuweisen, daß bei Verwendung der Emmissionstechnik oder der indirekten Potentiometrie innerhalb von 4 Tagen keine wesentlichen Veränderungen im Serum bei Aufbewahrung bei Raumtemperatur auftreten. Dies gilt sogar für die Aufbewahrung von Vollblut. Bei Verwendung der direkten Potentiometrie sollten jedoch nur frische Seren verwandt werden, da durch Anstieg des Bicarbonats und des pH-Wertes ein Abfall der Natriumaktivität im Serum resultiert, so daß bei längerer Lagerhaltung falsch niedrige Werte gemessen werden.

Wichtig ist auch stets die Verhinderung von Verdunstung durch Verschließen der Gefäße – dies gilt für alle Analyte und für alle Analysenverfahren. Urine sollten stets umgehend der Analyse zugeführt werden, damit Verluste durch unkontrollierbare Präzipitationen vermieden werden. Das Abseren der Probe sollte bei der Bestimmung von Chlorid innerhalb kurzer Zeit erfolgen, da die Chloridkonzentration im Plasma durch eine Verschiebung in die Erythrozyten sonst abfällt. Dieser Effekt ist bei Verwendung von Heparin als Antikoagulans besonders ausgeprägt. Nach Zentrifugation ist die Stabilität ausgezeichnet. Als Mittel zur Gewinnung der Plasmaprobe sollte kein Natriumheparinat oder Natriumfluorid eingesetzt werden, da hierdurch falsche hohe Natriumresultate hervorgerufen werden. Oxalat und

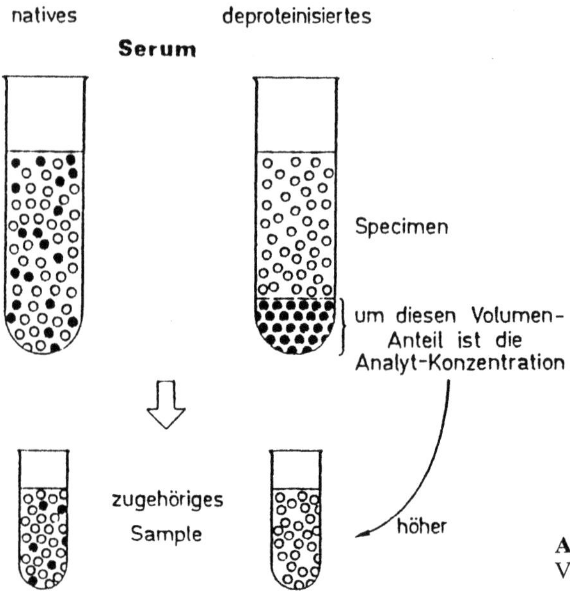

Abb. 2. Prinzip des Volumenverdrängungseffekts

Citrat als Antikoagulans haben einen Einfluß auf die Verteilung von Chlorid zwischen Plasma und Erythrozyten, so daß Heparinat zur Anwendung kommen sollte. Lithiumheparinat eignet sich für beide Bestimmungen.

Durch hohe Lipid- und/oder Proteingehalte der Proben entsteht ein Volumenverdrängungseffekt (Abb. 2), der zu einer Pseudohyponatriämie führt. Dies findet statt bei Patienten mit Makroglobulinämie (monoklonaler Gammapathie, vorwiegend IgM) oder Patienten mit Hyperlipoproteinämie. Dieser Volumenverdrängungseffekt kann auch durch Deproteinisierung überwunden werden. Die Messung mittels ionenselektiver Elektrode liefert in diesen Fällen die klinisch richtigeren Werte. Allerdings werden bei Werten oberhalb 160 mmol/l – gemessen mit der indirekten Potentiometrie – höhere Werte als bei der Emissionstechnik ermittelt. Bei der direkten Potentiometrie können Eisessig, konzentrierte Salzsäure, Toluol, Thymol und Borsäure zu erhöhten Natriumwerten führen, sie sind daher als Konservierungsmittel ungeeignet. Sehr hohe Calciumwerte über 50 mg/dl im Urin führen ebenfalls zu erhöhten Natriumwerten.

Bei der Flammenemissionstechnik ist darauf hinzuweisen, daß in Abhängigkeit von der Temperatur und der Art des Gases eher wenig Atome angeregt werden. Bei zu hoher Temperatur der Flamme kommt es zum Auftreten von Emissionen bei anderen Wellenlängen. Dies kann durch Zugabe von Lithium oder Cäsium kompensiert werden, weil dadurch unter anderem Emmissionseffekte in der Flamme zurückgedrängt werden.

Bei der coulometrischen Chloridmessung führt die Kontamination des Blutes mit gummihaltigem Material zu falsch hohen Resultaten, da freie

Sulfhydrilgruppen oder Sulfide dieses Materials ein negatives Potential produzieren. Störungen durch andere Halogenidionen wie Bromid oder Jodid können ebenfalls auftreten und zu falsch hohen Resultaten führen. Auch Bakterienwachstum kann vorwiegend im Urin zu falsch hohen Werten führen. Bei der colorimetrischen Bestimmungsmethodik gelten im Prinzip die gleichen Einschränkungen.

Bei der potentiometrischen Chloridbestimmung gibt es durch den Volumenverdrängungseffekt bei hohem Protein- und/oder Lipidgehalt unter Umständen erhebliche Differenzen zu den konventionellen Meßverfahren. Hohes Bromid und Jodid führen ebenfalls zu falsch hohen Resultaten, da bei der ionenselektiven Methode diese Substanzen mitgemessen werden. Pro mmol/l Halogen kommt es zu einer Erhöhung der Chloridkonzentration um 6–8 mmol/l. Diese Situation kann bei Verabreichung entsprechender Medikation auftreten und ist unter normalen physiologischen Bedingungen nicht zu erwarten. In seltenen Fällen kann eine Interferenz auftreten, wenn Allopurinol und Hypoxanthin gemeinsam im Untersuchungsmaterial vorhanden sind. Dieser Effekt wurde bei Patienten mit akuter lymphoblastischer Leukämie unter Allopurinolbehandlung mit gleichzeitig akut eingeschränkter Nierenfunktion gemacht.

Die Analytik von Urinen mit der trägergebundenen Technologie der Fa. Kodak ist sowohl für Chlorid als auch für Natrium nicht direkt möglich. Hierfür müssen die Urine mit einem speziellen Diluent verdünnt werden.

Abschließende Betrachtung

Trotz nach wie vor bestehender Abneigung gegenüber dem Einsatz von ionenselektiven Elektroden kann davon ausgegangen werden, daß diese Methode einige Vorteile gegenüber den anderen Techniken aufweist (Tabelle 5).

Trotz reichlich vorhandener Sicherheitseinrichtungen bei Flammenmeßgeräten ist doch auch durch die ionenselektiven Elektroden ein Sicherheitsgewinn gegeben, da nicht mit Gas und Gasflaschen hantiert werden muß.

Weiterhin ist eine direkte Messung im Probenmaterial (Vollblut, Plasma, Serum, Liquor oder Dialysat) möglich. Da dadurch keine Probenvorberei-

Tabelle 5. Direkte Potentiometrie. Vorteile

- direkte Messung im Probenmaterial (Vollblut, Plasma, Serum, Liquor, Dialysat)
- keine Probenvorbereitung
- Messung der biochemisch relevanten Ionenaktivität im Plasmawasser
- Zeit- und Arbeitsersparnis (Kein Zeitverlust für Gerinnung, Zentrifugation, Abseren, Verdünnen)
- universeller Einsatz besonders in Notfallabors
- Sicherheitsgewinn (keine Verwendung von Gasen)

tung notwendig ist, ist der universelle Einsatz besonders in Notfallaboratorien leichter möglich. Die Analytik ist so wesentlich schneller, da ohne notwendige Gerinnungs- und Zentrifugationsschritte, ohne die Notwendigkeit des Abserens und Verdünnens eine erhebliche Zeit- und Arbeitsersparnis eintritt.

Die Messung der biochemisch relevanten Ionenaktivität im Plasmawasser spiegelt den Zustand in vivo wohl am besten wieder, so daß diese Methodik in Zukunft die größte Chance auf Weiterentwicklung wie die direkte intrakutane Messung haben dürfte.

Zusammenfassung

Störungen im Wasserhaushalt gehen meist einher mit Veränderungen der Elektrolyte, zu deren wichtigen Vertretern Natrium und Chlorid gehören. Die Analytik dieser Substanzen in Blut und Urin ermöglicht die Diagnostik von Störungen des Wasser- und des Säure-Basen-Haushaltes, deren Therapie lebenswichtig sein kann. Besonders in Notfallaboratorien gehört die Analtyik vor allem des Natriums zu den unverzichtbaren Bestimmungen, die permanent und schnell durchführbar sein müssen. Obwohl die Bedeutung dieser Parameter seit langer Zeit bekannt ist, gibt es erst seit wenigen Jahrzehnten präzise und richtige Bestimmungsmethoden, die in den vergangenen Jahren noch weiter verbessert werden konnten.

Die heute zur Verfügung stehenden Methoden der Flammenemissions- und Atomabsorptionsspektrometrie, der ionenselektiven Elektroden oder anderen Techniken sind für die verschiedenen Untersuchungsmaterialien Vollblut, Serum, Plasma, Urin, Liquor oder Schweiß unterschiedlich gut geeignet. Sie sind zwar hinsichtlich Präzision und Richtigkeit im wesentlichen vergleichbar, unterscheiden sich jedoch teilweise erheblich in Bezug auf die notwendige Probenvorbereitung und auf die zu erwartenden Interferenzen und Störfaktoren. Durch unterschiedliche Bezugsgrößen resultieren zwischen den einzelnen Methoden unter Umständen deutlich differente Resultate. Für die Anwendung in klinisch-chemischen Laboratorien, und hier besonders in den Notfallaboratorien, sind die ionenselektiven Elektroden, die auch in trägergebundener Form existieren, am besten geeignet, da hiermit eine schnelle Diagnostik ohne aufwendige Probenvorbereitung aus der unverdünnten Probe heraus möglich ist und andererseits die Ionenaktivität auch in dem Kompartiment des Körpers gemessen wird, in dem die Elektrolyte ihre Funktion ausüben.

Zur Bestimmung von Natrium und Spurenelementen in Erythrozyten

L. H. SCHMIDT, Görlitz

Einleitung

Die Bestimmung der Konzentration anorganischer Bestandteile wie Natrium oder Kalium einerseits oder auch die von Spurenelementen wie Magnesium, Zink oder z. B. Selen andererseits, liefern in den üblichen extrazellulären Untersuchungsmaterial Serum (bzw. Plasma) oder Ausscheidungen wie Urin (oder anderen Exkreten) in einer Reihe klinischer Situationen nur bedingt Informationen über die zellulären Konzentrationen dieser Elemente, die extra/intrazelluläre Verteilung bzw. den Versorgungszustand des Organismus. Diese Schwierigkeiten beruhen darauf, daß diese Elemente (bzw. Spurenelemente) entsprechend ihrer Wirkung unterschiedlich im Organismus lokalisiert sind. Eine homöostatische Regelung über die intravasale Flüssigkeit ist im Einzelfall denkbar (z. B. Natrium), aber nicht immer gegeben, ganz abgesehen davon, daß das Serum auch dann ohne weitere Kenntnisse über Speicher u. a. Reserven, nicht als repräsentativ für den Versorgungszustand des Organismus, angesehen werden kann [1]. Funktionale Zuordnungen lassen sich ohnehin nicht immer treffen. Anke [2] zeigt bei Untersuchungen am Tier sehr eindrucksvoll die Bedeutung dieser Problematik für Spurenelemente.

Daraus leitet sich ein deutliches klinisches Interesse an der Bestimmung intrazellulärer Konzentrationen solcher Elemente bei bestimmten Fragestellungen ab.

Die Verfügbarkeit von Zellmaterial ist in der Humanmedizin sehr eingeschränkt, extrem etwa für eine Verlaufskontrolle beim Kranken, wenn man von Erythrozyten bzw. Leukozyten absieht.

Dementsprechend gibt es interessante Arbeiten, beispielsweise zur Bedeutung des Natriums bei der essentiellen Hypertonie (z. B. [3]) und dessen Metabolismus (z. B. [4] – also Bestimmungen von Na^+-Li^+-countertransport oder Na^+-K^+-cotransport u. a. Meßgrößen). Aber auch die Berücksichtigung von Spurenelementen (Magnesium, Kupfer, Eisen, Zink, Selen) etwa bei der Therapie von Hyperlipidämien [5], vor allem aber die Charakterisierung des Versorgungszustandes, wie Mangelzustände betr. Zink, Magnesium, Selen u. a., oder toxikologischer Fragestellungen z. B. betr. Nickel, Cadmium, Mangan u. a., sind zu berücksichtigen. Die Tabellen 1 und 2 zeigen auch für einige Spurenelemente Referenzwerte in Erythrozyten [5] bzw. Vollblut [6], die u. U. für bestimmte Patientengruppen präzisiert

Tabelle 1. Medienwerte von Anorganica im Serum und Erythrozyten [5]

	Serum	Erythrozyten
Na	142,4 mmol/l	6,52 mmol/l
K	4,60 mmol/l	86,1 mmol/l
Ca	2,59 mmol/l	25,0 µmol/l
Mg	0,91 mmol/l	2,26 mmol/l
Fe	21,1 µmol/l	16,55 mmol/l
P	4,39 mmol/l	17,20 mmol/l
Zn	14,1 µmol/l	159,1 µmol/l
Cu	18,9 µmol/l	11,0 µmol/l

Tabelle 2. Referenzbereiche für essentielle Spurenelemente im Serum und Vollblut aus [6]

Element	Serum	Vollblut
µmol/l		
Fe	9,0–28,0	5537 –9330
Cu	12,5–24,5	12,5– 20,5
Zn	10,5–23,0	184 – 198
F	0,5–10,5	1,8– 36,5
Se	0,5– 2,0	0,7– 4,0
nmol/l		
Ni	18,5–78,0	30,0– 120
Co	18,0–34,0	40,0– 51,0
Cr	2,5–40,0	14,0– 185
Mn	7,0–14,5	72,0– 255
Mo	4,0– 8,5	8,5– 34,0

werden müssen. Bestimmungen z. B. von Natrium, Kalium und anderen Meßgrößen wie z. B. Natrium-Lithium-Countertransport, Natrium-Kalium-Austausch usw. in Erythrozyten könnten dementsprechend bei den folgenden klinischen Zuständen bzw. Fragestellungen interessieren:

- Hypertension
- Herz-Kreislauf-Erkrankungen
- Nierenerkrankungen
- Gastrointestinale Erkrankungen
- Leber- und Gallenwegserkrankungen
- Endokrinologische Störungen
- Onkologische Erkrankungen
- Alkoholismus
- best. Knochenerkrankungen
- Neurologische Erkrankungen
- best. Respiratorische Zustände.

Ein Problem bei den Erythrozyten stellt die Repräsentanz dieser Zellen für die des gesamten Organismus dar.

Der Erythrozyt weicht hinsichtlich seiner Morphologie (kernlos), dem Zellstoffwechsel, dem Enzymmuster u. a. von anderen Zellen erheblich ab. Die lange Lebensdauer und die in dieser Zeit beendete Entwicklung lassen die differenten Erythrozytenpopulationen für bestimmte toxikologische bzw. pharmakologische Fragestellungen als „Gedächtnis" geeignet erscheinen.

Für eine Reihe Fragestellungen sind diese Einschränkungen ohne Gewicht, da der Erythrozyt u. U. für diese untersuchten Parameter selbst Ort der biochemischen Wirkung ist.

Zu beachten ist vor allem bei epidemiologischen Studien ein evtl. circadianer Rhythmus, wie er z. B. für den Natrium-Lithium-Countertransport und den Kaliumgehalt in Erythrozyten (nicht für Natrium) beschrieben wird [8].

Die Aufarbeitung der Zellen ist infolge der Konzentrations-Gradienten des Natrium, aber auch von Kalium, Magnesium und evtl. anderer Elemente das gemeinsame Problem. Abb. 1 stellt einige der beschriebenen Möglichkeiten für das analytische Vorgehen dar. Die Abtrennung des Serums bzw. Plasmas und die Berücksichtigung bzw. Ermittlung des „trapped plasma" erfolgt bei den direkten Methoden (also Bestimmungen direkt an Erythrozyten) sehr unterschiedlich. Um solche Probleme zu umgehen, werden auch indirekte Methoden (Bestimmungen im Vollblut und im Serum) benutzt, die

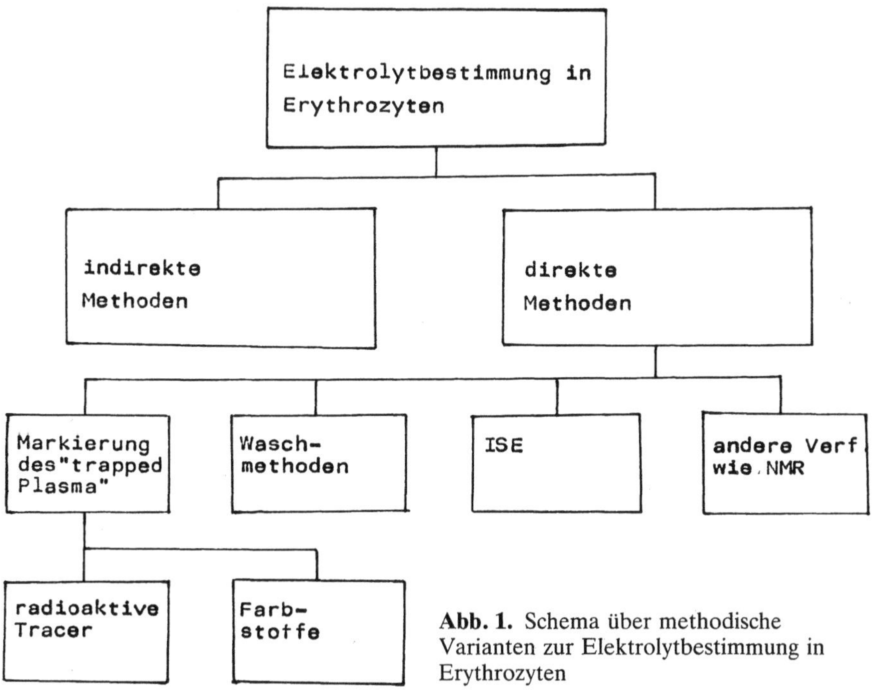

Abb. 1. Schema über methodische Varianten zur Elektrolytbestimmung in Erythrozyten

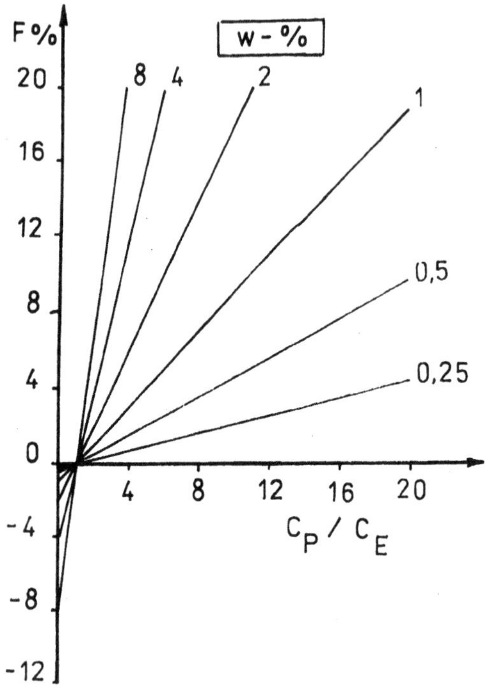

Abb. 2. Darstellung des Fehleranteils bei Elektrolytbestimmungen in Erythrozyten
F % = Elektrolytfehler in %, C_P = extrazelluläre Elektrolytkonzentration, C_E = intrazelluläre Elektrolytkonzentration, w = Restplasma in % im Prüfansatz

allerdings erhebliche Fehler, vor allem bei der Bestimmung des Natrium (bis s ~ 20 %) aufweisen.

Unter der Annahme eines intraerythrozytären Natriumgehaltes von 7 mmol Natrium/l und eines Plasmagehaltes von 140 mmol Natrium/l folgt, daß schon ein Volumenfehler von 1 % im anhaftenden Restplasma einen Natriumfehler von ±20 % bewirkt (Abb. 2). Damit dieser Fehler unter ±2 % gedrückt wird, muß man eine Restplasmabestimmung zur Verfügung haben, welche es erlaubt, Restplasma bzw. sein Volumen mit einer Genauigkeit von 0,1 % zu bestimmen. Prinzipiell ist das schwierig, deshalb wird im allgemeinen der Plasmaanteil durch Waschmethoden auf vernachlässigbare Werte eingestellt.

Als Alternative zu den in der Literatur vorgestellten Waschmethoden wird von uns zur Eliminierung des Plasmafehlers die Erythrozytensuspension mit einer isomolaren/isotonen Waschlösung, die dem üblichen Elektrolytgehalt in den Erythrozyten angepaßt wurde, gewaschen.

In Abb. 3 wird der errechnete prozentuale Natriumfehler für drei verschiedene intraerythrozytäre Natriumkonzentrationen als lineare Funktion des Restplasmagehaltes in Abhängigkeit von der Natriumkonzentration in drei unterschiedlichen Waschlösungen dargestellt. Die geringste Verfälschung der Erythrozytenelektrolyte ist mit einer Waschlösung zu erwarten, welche in der Zusammensetzung derjenigen im Erythrozyten entspricht (vergl. auch

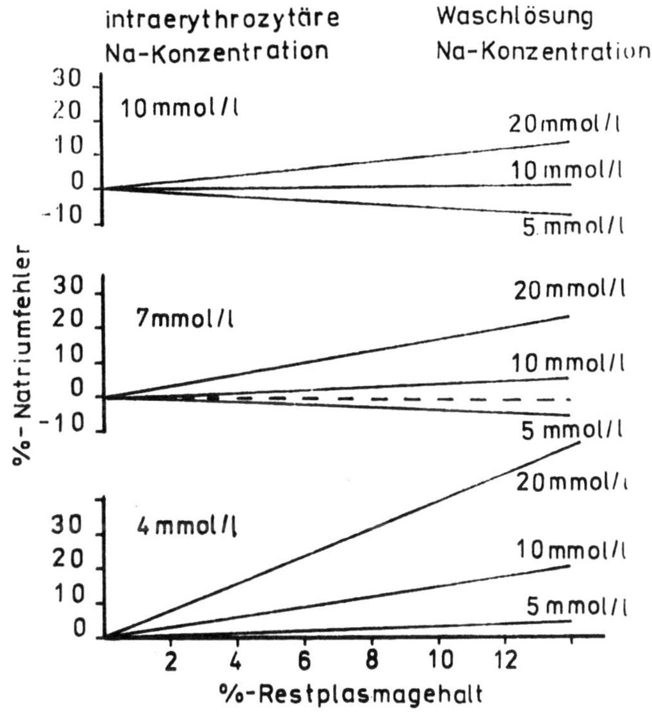

Abb. 3. Mögliche Verfälschung der Na-Erythrozytenkonzentration durch Waschlösungen unterschiedlicher Na-Konzentration

Abb. 2). Der Volumenanteil der im Erythrozytensediment verbleibenden Waschlösung ist dann in einem gewissen Bereich ohne Einfluß auf den Meßwert (Abb. 2 und 3).

Wir erarbeiteten das Verfahren zur Bestimmung von Natrium, Kalium und Magnesium in Erythrozyten. Prinzipiell ist das Verfahren auch für die Bestimmung anderer Elemente anwendbar.

Die Waschlösung kann zweckmäßigerweise mit den weiter zu bestimmenden Elementen in der in den Erythrozyten zu erwartenden Konzentration versetzt werden. Zu beachten sind die Maßnahmen zur Verhütung eventueller Kontaminationen und der Nachweis der Elementfreiheit von Reagenzien, Wasser und Lösungen bezüglich der zu bestimmenden Elemente.

Die Waschlösung wird in ihrer Grundzusammensetzung aus den Chloridsalzen hergestellt und hat die folgende Zusammensetzung:

Natrium	7 mmol/l	Magnesium	3 mmol/l
Kalium	90 mmol/l	Glucose	100 mmol/l

Zur Methodik

Prinzip

Die aus mit Heparin ungerinnbar gemachten Vollblut isolierten Erythrozyten werden mit einer in bezug auf die intrazelluläre Ionenzusammensetzung isomolaren Lösung gewaschen, hämolysiert und die entsprechende Prüfkomponente in der resultierenden Lösung bestimmt.

Untersuchungsmaterial

Als Untersuchungsmaterial dient Blut. Etwa 8 ml Vollblut werden mit 5 μl Heparin (25 E/ml) ungerinnbar gemacht.

Prüfmaterial

Spätestens 15 min nach der Blutentnahme wird das Untersuchungsmaterial für 10 min bei 500 g zentrifugiert. Das Plasma und das buffy coat wird möglichst vollständig entfernt. Die Erythrozyten dienen als Prüfmaterial.

Ausführung

Das Prüfmaterial wird mit 2 Teilen Waschlösung gut gemischt und 10 min bei 1000 g zentrifugiert. Der Überstand über den Erythrozyten wird abgesaugt und die Erythrozyten nochmals mit 1 Teil Waschlösung versetzt, gut gemischt und 10 min bei 8000 g zentrifugiert. Nach dem Absaugen des Überstandes kann das gewaschene Erythrozytensediment (ES) für die Bestimmung der Prüfkomponenten eingesetzt werden. Dazu wird das ES zumindest einmal eingefroren, um eine Hämolyse der Erythrozyten zu erreichen. Die folgenden Analysen werden als Doppelbestimmungen ausgeführt.

Elementbestimmungen

Die Bestimmungen von Natrium und Kalium erfolgen am Flammenphotometer unter Beachtung der entsprechend erforderlichen Bezugskurven. Spurenelemente (z. B. Magnesium) werden entsprechend am Atomabsorptionsspektrophotometer bestimmt.

Waschlösung

Zusammensetzung:

Natrium	7 mmol/l	Biocarbonat	7 mmol/l
Kalium	90 mmol/l	Chlorid	90 mmol/l

Magnesium	3 mmol/l	Sulfat	3 mmol/l
Glucose	100 mmol/l		

Sie wird hergestellt durch Lösen mit dest. H_2O von

$NaHCO_3$	84,01 g/mol	mit den Einwaagen von	0,588 g
KCl	74,56 g/mol		6,710 g
$MgSO_4 \cdot 7\ H_2O$	246,48 g/mol		0,739 g
Glucose	180,16 g/mol		18,016 g

auf 1000,0 ml. Der pH-Wert soll um 7,4 liegen und die Osmolalität ca. 300 mosmol/l betragen.

Ergänzende Untersuchungen und Ergebnisse

Der Restplasmaanteil im ES des Vollblutes wurde mit 131 Jod-Albumin ermittelt und beträgt ($\bar{x} \pm s$) 6,0 ± 2,0 % (n = 20) bei Blutspendern und 1,5 ± 0,6 % (n = 20) bei Dialysepatienten. Durch das zweimalige Waschen reduziert sich der Restplasmaanteil auf 0,2 ± 0,2 % bzw. 0,04 ± 0,04 % bei Dialysepatienten (10 min bei 2000 g zentrifugiert bei den speziellen Ansätzen – statt 8000 g wie sonst im 2. Waschschritt gefordert).

Der Anteil Extrazellulärvolumen (= Anteil Waschlösung im ES) beträgt unter den angegebenen Zentrifugationsbedingungen nach zweimaligem Waschen 4,0 ± 1,5 %. Das ES ist noch nicht lackfarben und läßt sich pipettieren. Der Fehler der Pipettierung (100 µl) beträgt 4–6 %. Die eingesetzte Menge ES läßt sich jedoch auch leicht abwägen und damit wesentlich genauer ermitteln.

Die mit der Methode erhaltenen Meßwerte sind gemessen an dem Problem-Element Natrium gut. Die Reproduzierbarkeit (%) beträgt für Natrium ca. 5 %, für Kalium ca. 2,5 % und für Magnesium ca. 4 % (n = 34 Blutspender).

Die Referenzwerte wurden wie in der Tabelle 3 gezeigt, ermittelt – in zwei Arbeitsgruppen mit der vorgestellten Methode. Im Vergleich die Werte aus

Tabelle 3. Referenzwerte (mmol/l Ery) für die vorgestellte Methode im Vergleich zu anderen Angaben

Arbeitsgruppe	Natrium		Kalium		Magnesium		n
	$\bar{x}$	s	$\bar{x}$	s	$\bar{x}$	s	
Görlitz	6,3	1,2	85,7	3,7	2,4	0,21	34
Greifenwald	6,9	1,2	89,9	5,4	–	–	35
nach Tab. 1	6,5	–	86,1	–	2,26	–	–
Lit 9 (1990)	–	–	–	–	2,68	0,3	–
Lit 10 (1990)	–	–	–	–	2,22	0,34	49

drei Publikationen der letzten Zeit. Die relativ niedrigen Natrium-Werte, sowie die relativ hohen Kalium-, aber auch Magnesium-Werte interpretieren wir als wertvolle Indikatoren für die Wahrung der Repräsentanz des Elementbestandes in den Zellen durch die vorgestellte Methode.

Zusammenfassung

Neben der Bestimmung von anorganischen Analyten im Serum oder Urin erscheinen gelegentlich auch intrazelluläre Bestimmungen solcher Komponenten als geeignet, mit zur Klärung von Ätiologie und Pathogenese bei Störungen normaler Körperfunktionen beizutragen. Zellmaterial ist allerdings schon beim Gesunden problematisch zu gewinnen, noch viel mehr beim Kranken und dann zur Verlaufskontrolle, wenn man von Erythrozyten bzw. Leukozyten absieht. Bei allen Vorbehalten gegen die Verwendung von Erythrozyten, wird eine Methodik empfohlen, die die insbesondere bei der Natrium-Bestimmung größten Fehler herkömmlicher Verfahren reduziert. Die zu analysierenden Erythrozyten (Heparin-Blut) werden mit einer nahezu isotonen/isomolaren (betr. der intrazellulären Konzentration) Lösung gewaschen. Der Restplasmaanteil liegt dann bei 0,2 ± 0,2%, der Anteil Extrazellulärvolumen (= Anteil Waschlösung und Restplasma im noch pipettierbaren Erythrozytensediment) bei 4,0 ± 1,5%.

Die Präzision (S %) beträgt bei der Bestimmung von Natrium 2 bis 5 %, bei Kalium 1 bis 4,5 % und bei Magnesium etwa 4%.

Die Methode erlaubt reproduzierbare Bestimmungen, auch weiterer/anderer Anorganica.

Die Waschlösung ist wie folgt zusammengesetzt (und kann auch für bestimmte Fragestellungen bzw. betr. bestimmter Patientengruppen den entsprechenden Gegebenheiten in den Erythrozyten angepaßt werden): Natrium 7 mmol/l; Kalium 90 mmol/l; Magnesium 3 mmol/l; Glucose 100 mmol/l; Biocarbonat 7 mmol/l; Chlorid 90 mmol/l und Sulfat 3 mmol/l. Der pH-Wert beträgt ca. 7,4; die Osmolalität ca. 300 mosmol/l.

Literatur

1. Schmidt, L. H.; Zur Essentialität der Spurenelemente; Pharmazie *44* (1989) 377–380
2. Anke, M., B. Groppel, Ute Krause, L. Angelow, A. Regius, T. Masaoka, T. Kosla, und M. Langer; Diagnosemöglichkeiten des Zink-, Mangan-, Kupfer-, Jod-, Selen-, Molybdän-, Kadmium-, Nickel-, Lithium- und Arsenstatus; Mengen- und Spurenelemente, Arbeitstagung Leipzig 1988, 368–384
3. Köhler, P., A. Grosser, A. Wünsche, und K.-D. Dück; Zur Bedeutung der Bestimmung des intraerythrozytaren Natriums zur Differentialdiagnosis und Verlaufskontrolle der essentiellen Hypertonie; Z. med. Lab. diagn. *30* (1989) 90–94
4. Trevisan, M., Olga Vaccaro, M. Laurenzi, F. de Chiara, M. di Muro, R. Iacone und Antonietta Franzese; Hypertension, Non-Insulin-Dependent Diabetes, and Intracellular Sodium-Metabolismus; Hypertension *11* (1988) 264–268

5. Thalmann, H. H. und A. N. Sagredos; Individuelle Therapie der Hyperlipidämie mit Mineralstoffen, Spurenelementen, Vitaminen und Fettsäuren – ein Konzept der Zellmilieu-Medizin; Ärztl. Lab. *36* (1990) 313–320
6. Kruse-Jarres, J. D.; Klinische Relevanz essentieller Mikroelemente; GIT Labormedizin, *11* (1988) 704–712
7. Sauer, K., L. H. Schmidt und V. Drescher; Natrium-, Kalium- und Magnesiumbestimmung in Erythrozyten; Zent. bl. Pharm. Pharmakother. Lab. diagn. *127* (1988) 408–414
8. Siebers, R. W. L. and T. J. B. Maling; Diurnal variation of erythrocyte Sodium-Lithium countertransport rate and intracellular cation concentrations; Clin. Chem. Acta *188* (1990) 227–232
9. Geven, W. B., G. G. Vogele-Mentink, J. L. Willems, Th. de Boo, W. Lemmens and L. A. H. Monnens; Reference Values of Magnesium and Potassium in Mononuclear Cells and Erythrozytes of Children; Clin. Chem. *36* (1990) 1323–1327
10. Rosemarie Thiele, M. Schuffenhauer, K. Winnefeld und H. Dawczynski; Magnesiumkonzentration im Serum und Erythrozyten bei Patienten mit akutem Herzinfarkt in der Rehabilitationsphase I bis III; Z. Klin. Med. *45* (1990) 957

Zur Physiologie des Na^+-und Cl^--Haushaltes

R. GREGER, Freiburg i. Br.

Der normale Regelbereich

Ähnlich wie andere terrestrische Vertebraten ist der Mensch gut an Salz-(NaCl) und Wassermangel angepaßt. Die tägliche Wasseraufnahme sollte unter hydropenischen Bedingungen bei einem gesunden Erwachsenen (ca. 70 kg K.G.) bei etwa 1 l pro Tag liegen. Damit ergibt sich zusammen mit dem Wassergehalt der Nahrung und dem Oxidationswasser eine Zufuhr von ca. 2 l. Unter Extrembedingungen kann die Wasseraufnahme willkürlich gesteigert werden, oder sie wird durch zusätzliche Wasserverluste v. a. durch den Schweiß verursacht. In beiden Fällen kann die Wasseraufnahme bis zu 20 l/Tag betragen. Im ersteren Fall muß die Niere dieses Volumen ausscheiden. Im letzteren Fall geht dieses Volumen durch den Schweiß verloren. Damit wird deutlich, daß der Regelbereich des Wasserhaushaltes mit extrem 0,5–20 l/Tag etwa den Faktor 40 ausmacht.

Die Anpassung der Wasseraufnahme und der Wasserausscheidung durch die Niere an die jeweiligen Bedürfnisse geschieht durch mehrere Regelmechanismen, die im folgenden nur kurz zusammengefaßt werden können. Für ausführliche Abhandlungen sei der Leser auf entsprechende Texte verwiesen [1, 10, 12].

1. Das zirkulierende Blutvolumen wird durch Dehnungsrezeptoren im Nierendrucksystem, vorwiegend im rechten Vorhof des Herzens gemessen. Ist die Füllung zu gering, dann wird dies über den N. Vagus an den Hypothalamus gemeldet und es kommt zur Kreislaufaktivierung über den Sympathikus und zur Neurosekretion von antidiuretischem Hormon (ADH). Daneben löst dieser (Henry-Gauer) Reflex Durstgefühl aus. Erhöhte Füllung hat den umgekehrten Effekt. ADH seinerseits wirkt zum einen über V_1-Rezeptoren an glatten Gefäßmuskelzellen vasokonstriktorisch, zum anderen erhöht es die Wasserresorption im Sammelrohr der Niere über sog. V_2-Rezeptoren (vgl. Abb. 3 und 4). Schließlich wirkt ADH am Sammelrohr auch antinatriuretisch, indem es die NaCl-Resorption in den Hauptzellen des Sammelrohres erhöht [14].
2. Ein drohender Volumenverlust wird frühzeitig von Osmorezeptoren im Hypothalamus wahrgenommen. Diese Osmorezeptoren reagieren auf sehr geringe Osmolaritätsänderungen von nur 1 % und sind damit weit empfindlicher als technische Osmometer. Eine Zunahme der Osmolarität wird genau wie eine Abnahme des zirkulierenden Blutvolumens mit

Kreislaufaktivierung, starkem Durstgefühl und ADH-Ausschüttung beantwortet. Die Folgen der ADH-Ausschüttung wurden oben bereits erwähnt.
3. Auch die Leber verfügt über Osmorezeptoren, die ebenfalls über den Hypothalamus bei Hyperosmolarität die ADH-Ausschütung steuern.
4. Bei zunehmender Füllung im Niederdrucksystem werden nicht nur die oben genannten Dehnungsrezeptoren aktiv und vermindern die ADH-Ausschüttung, darüber hinaus kommt es zur Freisetzung eines anderen Hormones des atrialen natriuretischen Peptids (ANP), das seinerseits zur Vasodilation und zur Mehrausscheidung von NaCl und Wasser durch die Niere führt (Abb. 3 und 4).
5. Der Blutdruck im arteriellen System wird über Pressorezeptoren gemessen. Solche Pressorezeptoren befinden sich im Carotis- und Aorten-Sinus. Die Afferenzen laufen über die Nn. Vagi zu den medullären bzw. rhombenzephalen Kreislauf-aktiven Neuronen und lösen dort bei zunehmender Reizung d. h. bei hohem Blutdruck, was ausreichendem oder überhöhtem Füllungszustand des Kreislaufes entspricht, eine Verminderung des vaskulären Widerstandes, der Herzkraft und der Herzfrequenz aus. Ein Abfall des Blutdruckes hat den umgekehrten Effekt.
6. Weitere bisher noch nicht genau lokalisierte Pressorezeptoren finden sich z. B. in den kleinen Nierenarterien. Dort löst eine Verminderung des Füllungsdruckes eine Ausschüttung des in spezialisierten glatten Muskelzellen gebildeten Enzyms Renin aus [12]. Renin führt dann zur Aktivierung von Angiotensin, das seinerseits zum einen stark vasokonstriktorisch wirkt und zum anderen Aldosteron aus der Nebenniere freisetzt. Angiotensin vermindert an der Niere die Filtration und erhöht die proximale NaCl-Resorption (Abb. 3). Darüber hinaus hat Angiotensin zentrale Effekte: Es steigert das Durstgefühl, erhöht die ADH-Freisetzung und aktiviert sympatherge Kreislaufreaktionen.

Der folgende Abschnitt wird weiter verdeutlichen, wie eng die Regulation des Blutvolumens, des Blutdruckes, der Salz- und der Wasserausscheidung miteinander verwoben sind.

Die tägliche NaCl-Aufnahme beträgt zwischen 50 und 250 mmol (das entspricht zwischen 3 und 15 g NaCl). Allerdings werden zumindest im mittelfristigen Experiment auch zwischen 10 und 1000 mmol (0,6–60 g NaCl) vertragen [2]. Insgesamt haben wir im Verlauf der letzten Jahrhunderte, mit einem verbesserten NaCl-Angebot, unsere NaCl-Aufnahme kontinuierlich erhöht. Während ein Großteil der Bevölkerung diese Zunahme der NaCl-Aufnahme toleriert, kommt es bei einer kleineren Gruppe bei dauernder NaCl-Belastung zur Hypertonie [15].

Eine Vielfalt von Regelmechanismen macht den Menschen gegenüber Salzmangel relativ unangreifbar, dagegen verfügen wir über weniger wirksame Mechanismen, Salzüberschüsse auszuscheiden. Voraussetzung für die NaCl-Mehrausscheidung ist immer eine ausreichende Wasserzufuhr, weil der Urin kaum mehr als 20 g/l Salz enthalten kann. Für jeweils ca. 200 mmol Na^+

muß demnach ein zusätzlicher Liter Wasser getrunken werden. Diese Überlegung macht ohne weiteres deutlich, daß für den Menschen ein Überleben mit Meerwasser, das eine Salz-Konzentration von etwa bis zu 35 g/l aufweist, unmöglich ist. Für jeden Liter Meerwasser, der aufgenommen wird, müssen zusätzlich 1–2 Liter Süßwasser getrunken werden.

Im folgenden sollen nun kurz die wichtigsten Regelmechanismen für den NaCl-Haushalt zusammengefaßt werden.

1. Zunahme der Osmolarität (Zunahme der NaCl-Konzentration im Blut) führt im Hypothalamus zur Ausschüttung von ADH, Durstgefühl, Aktivierung der sympathergen Kreislaufreaktion (s. o.).
2. Reizung von entsprechenden peripheren Osmorezeptoren hat, wie oben schon gesagt, einen analogen Effekt.
3. Verfügt die Makula densa, das ist ein Nephronabschnitt, der sich direkt an die dicke aufsteigende Henle-Schleife anschließt (vgl. a. Abb. 3 und 4), über NaCl-Rezeptoren. Eine Zunahme der NaCl-Konzentration in diesem Nephronabschnitt wird über die zelluläre Aufnahme aus dem Lumen wahrgenommen und führt zu einer Verminderung der Filtrationsrate dieses Nephrons sowie zu einer Abnahme der Reninfreisetzung [13]. Eine Abnahme der luminalen NaCl-Konzentration hat den umbekehrten Effekt. Analog lösen auch Schleifendiuretika wie Furosemid (s. unten, Abb. 4) über diesen Mechanismus eine Freisetzung von Renin aus. Die Wirkungen von Renin wurden bereits im vorausgehenden Abschnitt zusammengefaßt. An dieser Stelle sei darauf hingewiesen, daß die wesentlichen Faktoren, die die Freisetzung von Renin erhöhen, die Pressorezeptoren der Nierengefäße, β-Rezeptoren an den Renin-produzierenden Zellen und das Makula-densa-Signal sind. Die Reninfreisetzung wird durch ANP vermindert.
4. Natriummangel geht im allgemeinen mit einer Zunahme der extrazellulären Kalium-Konzentration einher. Eine Zunahme der Plasma-Kaliumkonzentration führt, wohl über eine Depolarisation der entsprechenden Zellen im Nebennierenmark, zu einer vermehrten Aldosteronausschüttung. Der Renin-Angiotensin-Mechanismus (s. oben) und die Zunahme der Plasma-Kalium-Konzentration sind also für die Aldosteronfreisetzung synergistische Mechanismen. Aldosteron wirkt an einer Vielzahl von Epithelien: Es erhöht die NaCl-Resorption im Colon (Abb. 5), in Schweißdrüsengängen (Abb. 6) und im Sammelrohr (Abb. 3 und 4). Gleichzeitig erhöht dieses Hormon die Ausscheidung von Kalium. Auf die beteiligten Mechanismen wird weiter unten eingegangen (Abb. 3 und 4).
5. Auf die Rolle des ANP wurde schon oben hingewiesen. ANP wirkt v. a. am papillären Sammelrohr, wo es die NaCl-Ausscheidung erhöht [16]. Damit wird ANP an der Niere zum Gegenspieler von ADH und Aldosteron.
6. Darüber hinaus wird seit vielen Jahren ein natriuretisches Hormon postuliert, das als „Ouabain-ähnlicher" Faktor an der Niere die NaCl-Resorption vermindern soll [1].

Anhand dieser Diskussion sollte deutlich werden, daß Salz- und Wasserhaushalt funktionell eng aneinander gekoppelt sind. Wesentliche Volumen- und NaCl-konservierende Hormone sind: ADH, Aldosteron und Angiotensin. Die Volumen- und NaCl-Ausscheidung wird dagegen vermehrt durch ANP und natriuretische Faktoren. Die Rezeptoren sind auf einige Körperstellen verteilt: Die Volumenrezeptoren im Niederdrucksystem, die Druckrezeptoren im arteriellen System. Darüber hinaus wird die NaCl-Konzentration durch mehrere periphere und zentrale Rezeptoren gemessen. Diese Vielzahl einander ergänzender, sich unterstützender und eng miteinander verworbener Mechanismen macht deutlich, wie vital die Regulation von Volumen und Osmolarität für den Körper ist. Umgekehrt wird so leicht verständlich, daß die Ausschaltung eines einzelnen Systems akut meist ohne nennenswerte Folgen überstanden werden kann.

Die Verteilung von Na^+ und K^+ im Körper

Abbildung 1 macht deutlich, daß 98 % des totalen Na^+ im Extrazellulärraum zu finden sind, wohingegen sich 90 % des totalen K^+ im Intrazellulärraum befinden. Das Gesamtkörper Na^+ beträgt bei einem Individuum mit 70 kg K.G. ca. 4,1 mol (94 g). Das Gesamtkörper K^+ beträgt 3,8 mol (148 g). Die Konzentration von Na^+ im Extrazellulärraum beträgt 145 mmol/l und wird in

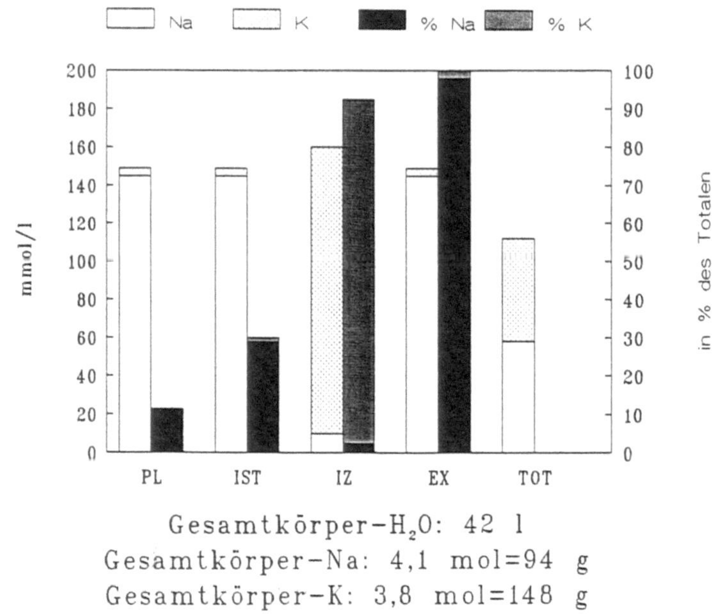

Abb. 1. Verteilung von Na und K im Körper. PL = Plasma, IST = Interstitium, IZ = Intrazellulärraum, EX = Extrazellulärraum, TOT = Gesamtkonzentrationen pro kg K.G. Die Gesamtkörperdaten beziehen sich auf ein K.G. von 70 kg

engen Grenzen konstant gehalten. Die hierfür verantwortlichen Mechanismen wurden weiter oben kurz zusammengefaßt.

Ähnlich konstant wird auch die intrazelluläre K^+-Konzentration gehalten. Sie beträgt ca. 150 mmol/l. Eine direkte Messung der K^+-Aktivität in Zellen kommt für den Menschen kaum in Frage. Aus diesem Grund wird meist die Plasmakonzentration gemessen. Sie beträgt ca. 4 mmol/l. Man sollte sich klar machen, daß wesentliche Abfälle dieses Wertes im allgemeinen bereits Anzeichen eines fortgeschrittenen K^+-Verlustes sind. Die unterschiedliche Verteilung der Ionen Na^+ (extrazellulär) und K^+ (intrazellulär) ist für eine Vielzahl von Zellfunktionen unabdingbar. Aus diesem Grund kann man den Ausgleich der Ionenkonzentrationen zwischen beiden Kompartimenten (Extra- und Intrazellulärraum) mit dem Zelltod gleichsetzen. Jede Zelle verbraucht einen Großteil ihrer Energie (ATP) dafür, diese Ionengradienten aufrecht zu erhalten. Im folgenden sollen diese Vorgänge anhand eines vereinfachten Schemas kurz zusammengefaßt werden [11].

Zelluläre Mechanismen der ionalen Homöostase

Abbildung 2 zeigt am Beispiel einer erregbaren Zelle, also etwa einer Nerven- oder Muskelzelle, welche Art von ionalem Ungleichgewicht zwischen Extra- und Intrazellulärraum besteht. Auf die Konzentrationen von Na^+ und K^+ wurde bereits eingegangen.

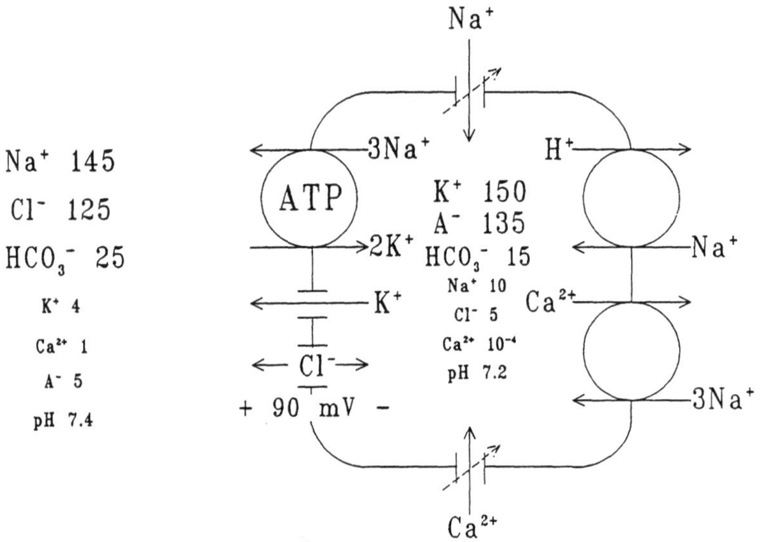

Abb. 2. Ionenverteilung einer erregbaren Zelle. 1: Pumpe symbolisiert durch einen Kreis mit der Beschriftung „ATP". 2: Carrier symbolisiert durch offenen Kreis mit Pfeilen. 3: Ionenkanal symbolisiert durch Pfeil. 4. Spannungsabhängiger Ionenkanal symbolisiert durch Pfeil mit kreuzendem gestrichelten Pfeil. Die Konzentrationsangaben sind alle in mmol/l. A^- sind große nicht diffusible Anionen

Während im Intrazellulärraum vorwiegend große Anionen vorkommen, die die Plasmamembran nicht passieren können, ist im Extrazellulärraum Cl^- das wichtigste Anion. Die Verteilung von Cl^- über die Plasmamembran entspricht an diesen Zellen in etwa dem Membranpotential. Anhand der Nernstschen Gleichung, die diese Verteilung beschreibt, läßt sich errechnen, daß die Cl-Konzentration in der Zelle etwa 30mal niedriger ist als die im Extrazellulärraum. Bricht das Membranpotential auf niedrigere Werte zusammen, dann strömt Cl^- ein und damit nimmt die Gesamtosmolarität der Zelle zu. Hierdurch kommt es zum Einstrom von Wasser das Zellvolumen nimmt zu.

Das Ungleichgewicht für Na^+ und K^+ wird durch die $(Na^+ + K^+)$-ATPase aufrecht erhalten. Diese aktive Pumpe kommt in allen Zellen vor. Sie verbraucht 1 mol ATP, um 2 mol K^+ in die Zelle und 3 mol Na^+ aus der Zelle heraus zu transportieren. Für den Zustand der Zelle, wie er in Abb. 2 wiedergegeben ist, wäre wenig Pumparbeit nötig, solange kaum Na^+ in die Zelle einströmt. Viele Funktionen der Zelle gehen aber mit Na^+-Einstrom einher. Dieser Na^+-Einstrom dient zum einen dem Export von Ca^{2+} über den $3Na^+/Ca^{2+}$-Austauscher, zum anderen wird mit dem Einstrom von Na^+ auch der Export von H^+-Ionen über den Na^+/H^+-Austauscher „bezahlt".

Das Ausmaß des Na^+-Einstromes über beide Systeme hängt zum einen von der H^+-Produktion der Zelle ab, und diese ist solange relativ gering, als der Stoffwechsel aerob (d. h. unter O_2-Verbrauch) erfolgt. Zum anderen bestimmt der Ca^{2+}-Einstrom über spannungsabhängige Ca^{2+}-Kanäle die Umsatzrate des $3Na^+/Ca^{2+}$-Austauschers. Schließlich wird der Na^+-Einstrom ganz entscheidend von der Öffnung der spannungsabhängigen erregbaren Na^+-Kanäle bestimmt [11]. Jedes Aktionspotential kostet ein Quantum Na^+-Einstrom. Etwa 1000 Aktionspotentiale sind an einer Nervenzelle notwendig, damit die intrazelluläre Na^+-Konzentration meßbar zunimmt. Bedenkt man, daß ein einzelnes Aktionspotential nur 1 ms dauert, dann wird deutlich, daß nur etwa 1–2 Sekunden vergehen, bis das Na^+ einer tätigen Nervenzelle mit geblockter $(Na^+ + K^+)$-ATPase deutlich angestiegen ist und daß dieses Neuron nach wenigen Sekunden funktionsuntüchtig wird.

Die Tatsache, daß der Export von Ca^{2+} und H^+ an den Import von Na^+ gekoppelt ist, macht auch deutlich, daß ein Darniederliegen der Pumpfunktion der $(Na^+ + K^+)$-ATPase, wie sie notwendigerweise bei Abfall der ATP-Produktion zu verzeichnen ist, mit dem Anstieg der Konzentrationen dieser Ionen im Intrazellulärraum einhergeht. Eine weitere Folge der verminderten Pumpentätigkeit ist eine entsprechende Abnahme der intrazellulären K^+-Konzentration. Dies hat eine Abnahme des Ruhemembranpotentiales zur Folge, was dann seinerseits, wie oben gesagt, zum Cl^--Einstrom und Wassereinstrom führt.

Aus Gründen der Vereinfachung wurde in Abb. 2 darauf verzichtet, andere bekannte Transportsysteme in die Diskussion einzubeziehen. Dieser Abschnitt sollte verdeutlichen, daß die Homöostase des Na^+- und K^+-Haushaltes auf zellulärer Ebene für die normale Zellfunktionen unabdingbar ist. Ebenso sollte diese Besprechung aufzeigen, daß dieses Gleichgewicht durch eine Vielzahl von Faktoren gestört werden kann.

Die Rolle der Niere

Abbildung 3 zeigt eine Übersicht über das Nephron mit seinen wesentlichen Abschnitten. In $2 \cdot 10^6$ Glomerula werden in den menschlichen Nieren pro Tag ca. 170 l Filtrat gebildet. Dieses Filtrat entspricht in seiner Zusammensetzung weitgehend dem Plasma. Allerdings ist es wegen der Permeabilitätseigenschaften des Glomerulus praktisch Protein-frei. In diesem Filtrat sind ca. 1,5 kg NaCl enthalten. Natürlich drängt sich die Frage auf, warum die Niere derartig große Mengen filtriert, wenn das meiste (>99 % NaCl und ca. 99 % H_2O) im Tubulus wieder resorbiert werden. Die Antwort auf diese Frage geben unsere Lebensgewohnheiten. Ohne weiteres können wir innerhalb einer Stunde z. B. 3 Liter Flüssigkeit zu uns nehmen. Dieses Volumen würde unseren Kreislauf belasten, in der Tat eine Kreislaufüberbelastung auslösen, wenn wir dieses zusätzliche Volumen nicht rasch wieder ausscheiden könnten. Nachdem wir unter solchen Überhydrierungsbedingungen statt 1,5 Liter Urin pro Tag bis zu 1 Liter pro Stunde ausscheiden können, sind wir diese Belastung von 3 Liter nach ca. 3 Stunden wieder los.

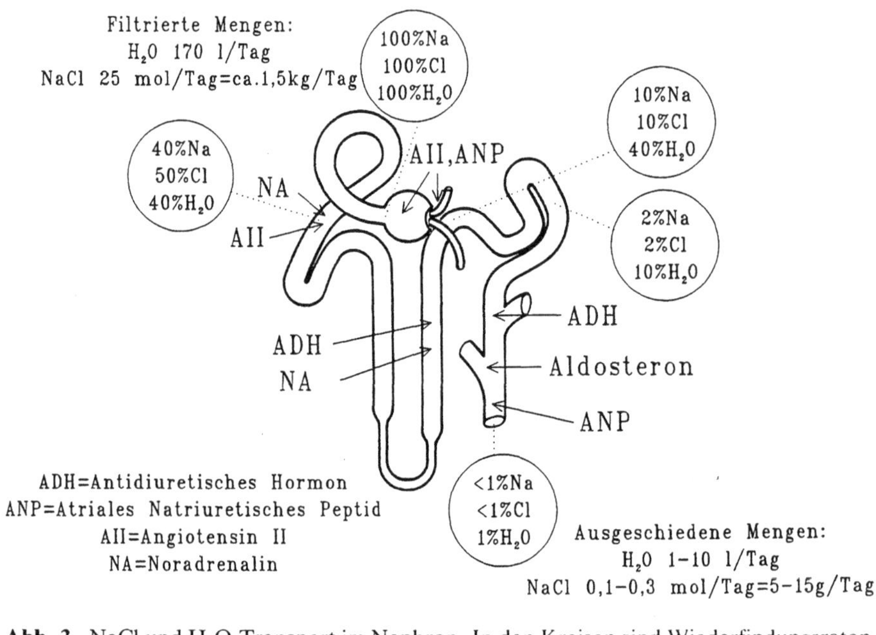

Abb. 3. NaCl und H_2O-Transport im Nephron. In den Kreisen sind Wiederfindungsraten bezogen auf die filtrierte Menge angegeben. Die Pfeile kennzeichnen den Hauptort der hormonalen bzw. neuronalen Steuerung

Jede Einschränkung der Filtrationsleistung der Niere geht mit einer Einschränkung der Salz- und Wasser-Belastbarkeit einher.

Ein Großteil der filtrierten Mengen an Na^+, Cl^- und H_2O wird bereits im proximalen Nephron resorbiert. Am Ende des proximalen Nephrons beträgt die Wiederfindungsrate für Na^+, Cl^- und H_2O ca. 40 % (Abb. 3). Der Mechanismus der tubulären Resorption ist in Abb. 4 wiedergegeben. Die Na^+-Aufnahme in die Zelle erfolgt durch den o. g. Na^+/H^+-Austauscher. Die Protonen werden durch die CO_2-Aufnahme in die Zelle bereitgestellt. Bikarbonat verläßt die Zelle durch ein spezifisches Transportsystem. Na^+ wird aus der Zelle mit Hilfe der (Na^+ + K^+)-ATPase heraustransportiert. Die zelluläre CO_2-Aufnahme und die Bildung von Kohlensäure in der Zelle wird durch das Enzym Karboanhydrase beschleunigt. An diesem Enzym greifen wichtige Diuretika vom Typ des Acetazolamid an. Damit wird ein Teil der proximalen Resorption unterbunden, und es kommt zur Ausscheidung eines alkalischen Urins. Ein Großteil der Resorption von Na^+, Cl^- und H_2O verläuft durch die Zwischenzellspalten. Für eine genauere Beschreibung dieser Mechanismen sei der Leser auf andere Arbeiten verwiesen [3, 7, 9]. An diesem Nephronabschnitt greifen Angiotensin, Katecholamine (sympathische Innervation) und in geringem Umfang wohl auch Aldosteron an [4] und steigern die Resorption.

In der dicken aufsteigenden Henle-Schleife setzt sich die NaCl-Resorption fort. Hier werden ca. 30 % der filtrierten Menge resorbiert. Dieses Nephronsegment ist annähernd Wasser-impermeabel. Damit ist die Tubulusflüssigkeit am Ende dieses Abschnittes und am Anfang des distalen Nephrons stark hypoton. Der Mechanismus der NaCl-Resorption in der dicken aufsteigenden Henle-Schleife ist ebenfalls in Abb. 4 zusammengefaßt. Na^+ gelangt zusammen mit Cl^- und K^+ in die Zelle. Hierfür ist ein Cotransportsystem verantwortlich, das durch Schleifendiuretika vom Furosemidtyp reversibel gehemmt werden kann. Die Tatsache, daß immerhin 30 % der filtrierten NaCl-Menge in diesem Nephronabschnitt resorbiert werden, bedingt, daß durch solche Substanzen eine massive Diurese und Salurese ausgelöst werden kann. K^+ kehrt, nach seiner Aufnahme über das $Na^+2Cl^-K^+$-Cotransportsystem, über K^+-Kanäle wieder ins Lumen zurück. Na^+ wird mit der (Na^+ + K^+)-ATPase aus der Zelle heraustransportiert. Cl^- verläßt die Zelle durch Cl^--Kanäle und zu einem geringeren Teil über ein KCl-Cotransportsystem. Die K^+-Diffusion einerseits und die von Cl^- andererseits bauen ein transepitheliales Potential auf, das einen Teil der Na^+-Resorption zwischen den Zellen ermöglicht [6]. An diesem Nephronabschnitt greifen Katecholamine (sympathische Innervation) und ADH an. ADH steigert die Resorption durch Erhöhung der basolateralen Cl^--Leitfähigkeit.

Im distalen Tubulus setzt sich die NaCl- und H_2O-Resorption fort. Am Ende dieses Nephronsegmentes werden noch ca. 2 % des filtrierten NaCl und ca. 10 % des fitrierten Wassers wiedergefunden. Der Mechanismus der NaCl- und Wasserresorption in diesem Abschnitt des Nephrons ist nicht vollständig geklärt [8]. Na^+ scheint mit Hilfe eines NaCl-Cotransportsystems in die Zelle aufgenommen zu werden (Abb. 4). An diesem Cotransportsystem greifen

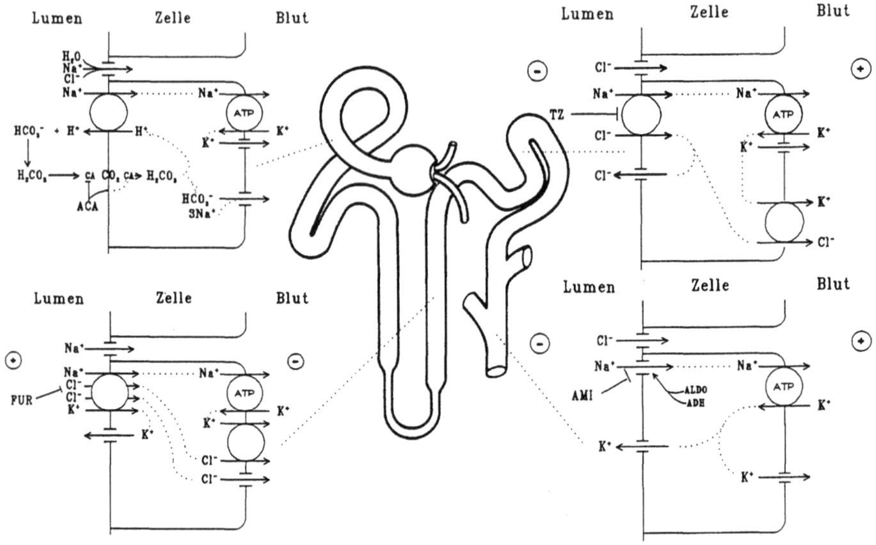

Abb. 4. Mechanismen des Ionentransportes im Nephron. Die einzelnen Schemata sind vereinfacht. 1: Pumpe symbolisiert durch einen Kreis mit der Beschriftung „ATP". 2: Carrier symbolisiert durch offenen Kreis mit Pfeilen. 3: Ionenkanal symbolisiert durch Pfeil. ACA = Acetazolamid, CA = Karboanhydrase, FUR = Furosemid, TZ = Thiazid, AMI = Amilorid, Aldo = Aldosteron, ADH = Antidiuretisches Hormon

Thiazid-Diuretika an. Aus dem oben Gesagten kann gefolgert werden, daß die NaCl-Ausscheidung bei solchen Diuretika auf maximal 10% der filtrierten Menge ansteigen kann. Na^+ wird nach der Aufnahme über das NaCl-Cotransportsystem wie in den anderen Nephronabschnitten vermittels der (Na^+ + K^+)-ATPase aus der Zelle herausgepumpt.

Im Sammelrohr findet die Feinregulation der NaCl- und Wasserausscheidung statt. Hier greifen an den sog. Hauptzellen drei Hormone an: Aldosteron und ADH erhöhen die Na^+-Resorption (und K^+-Sekretion) [14]. ADH erhöht die H_2O-Resorption und ANP vermehrt die NaCl-Ausscheidung. Wie anhand von Abb. 4 ersichtlich, wird Na^+ über entsprechende Ionenkanäle in die Zelle aufgenommen. Hierdurch wird ein Lumen-negatives transepitheliales Potential erzeugt. Die luminalen Na^+-Kanäle können durch Substanzen wie Amilorid oder Triamteren reversibel verschlossen werden. Na^+ wird mit der (Na^+ + K^+)-ATPase aus der Zelle herausgepumpt. Das Ausmaß der luminalen K^+-Sekretion hängt von der Na^+-Resorption ab. Deshalb führt die Verabreichung von Amilorid nicht nur zu einer schwachen Diurese und Salurese, sondern auch zu einer deutlichen Verminderung der K^+-Ausscheidung. Unter maximaler Stimulation von Aldosteron kann der Urin extrem niedrige Na^+-Konzentrationen aufweisen und der renale NaCl-Verlust auf wenige g/Tag absinken. Umgekehrt kann unter dem Einfluß von ANP [16] die NaCl-Konzentration in etwa der des Plasmas entsprechen, und die täglich ausgeschiedenen Mengen können 70 g betragen. Die Wasserausscheidung kann je nach ADH-Ausschüttung zwischen weniger als einem Liter und 25 Liter pro Tag betragen.

Aus dem oben Gesagten wird deutlich, daß die Niere eine erhebliche NaCl-Transportarbeit leistet [7]. Ein Großteil des Energieverbrauches dieses Organes wird für diese Arbeit aufgewandt. In allen Nephronabschnitten wird diese Transportarbeit durch die (Na^+ + K^+)-ATPase geleistet. Die luminale Aufnahme von Na^+ erfolgt je nach Nephronabschnitt durch unterschiedliche Systeme. An diesen Systemen greifen die Diuretika (oder besser Saluretika) an. Die hormonale Regulation betrifft alle Nephronabschnitte. Für die Feinregulation sind die Regelmechanismen im Sammelrohr von herausragender Bedeutung.

Die Rolle des terminalen Ileum und Colon

Ein Großteil der aufgenommenen Wasser- und NaCl-Menge sowie der größte Teil der zugefügten Sekrete sind mit Erreichen des Ileum bereits resorbiert. Hierauf soll in diesem Zusammenhang nicht eingegangen werden. Etwa 2 Liter/Tag erreichen das terminale Ileum. Hier werden NaCl, resorbierbare Bestandteile des Nahrungsbreies und Wasser resorbiert.

Im Colon setzt sich diese Resorption fort, so daß der Kot nur ca. 100 ml H_2O und 0,3 g NaCl enthält. Der Hauptmechanismus dieser Resorption ist in Abb. 5 (Oberflächenzelle) dargestellt. Ganz analog zu den Vorgängen am Sammelrohr wird auch hier Na^+ über Na^+-Kanäle aufgenommen. Auch diese Kanäle werden durch Aldosteron kontrolliert, und auch diese Kanäle werden durch Amilorid verschlossen.

In den Krypten des Colons findet sich ein weiterer Zelltyp, der für einen umgekehrten Transportmechanismus verantwortlich ist. Hier wird NaCl sezerniert. Wasser folgt passiv nach. Das Ausmaß dieser Sekretion wird durch vegetative Innervation (Acetylcholin) und lokale Hormone (Prostaglandin E_2) gesteuert. Pathologischerweise kann dieser Prozeß durch Bakterientoxine massiv aktiviert werden [5]. Das Gleichgewicht zwischen Resorption und Sekretion bestimmt den Nettotransport und damit die Konsistenz des Stuhles. Überwiegt die Resorption, dann liegt eine „Verstopfung“ vor. Überwiegt die Sekretion, so spricht man von sekretorischer Diarrhoe. Der Sekretionsprozeß in den Kryptzellen bedient sich der Transportsysteme, wie sie auch an anderen Organen vorkommen. Na^+ wird über ein $Na^+2Cl^-K^+$-Cotransportsystem in die Zellen aufgenommen (das gleiche Transportsystem ist in der dicken aufsteigenden Henle-Schleife für die NaCl-Resorption verantwortlich). Na^+ wird mit der (Na^+ + K^+)-ATPase aus der Zelle heraustransportiert, und Cl^- verläßt die Zelle über luminale Cl^--Kanäle. An diesen Kanälen greifen die hormonalen Regelmechanismen an. Die transepitheliale Potentialdifferenz bedingt, daß Na^+ passiv ins Lumen gelangt. Wasser folgt osmotisch nach. Einige Befunde sprechen

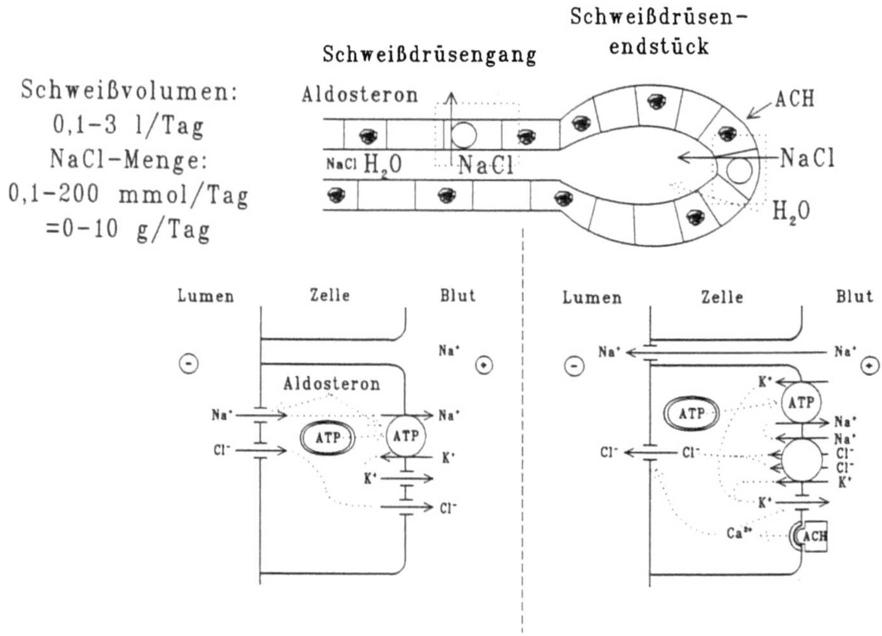

Abb. 5. Schweißproduktion. Die gestrichelten Rechtecke werden unten als Schemata dargestellt. Beide Schemata sind vereinfacht. ACH = Acetylcholin, PGE_2 = Prostaglandin E_2, VIP = vasointestinales Peptid, ATP = Adenosintriphosphat, 1: Pumpe symbolisiert durch einen Kreis mit der Beschriftung „ATP". 2: Carrier symbolisiert durch offenen Kreis mit Pfeilen. 3: Ionenkanal symbolisiert durch Pfeil.

dafür, daß Kryptzellen bei ihrer weiteren Reifung an die Oberfläche wandern und dann ihre Funktion vektoriell ändern: Aus NaCl-sezernierenden werden NaCl-resorbierende Zellen.

Die Tatsache, daß die Oberflächenzellen der Kontrolle durch Aldosteron unterliegen, hat man sich zunutze gemacht, um den „Aldosteronstatus" als Größe des Lumen-negativen Potentiales direkt zu messen. Bei erhöhter Resorption erzeugen diese Zellen ein besonders hohes transepitheliales Potential.

Die distalen Darmabschnitte dienen der Resorption von Wasser und NaCl, um für den Körper enterale Verluste so gering wie möglich zu halten. Die Fähigkeit der Kryptzellen, NaCl und Wasser zu sezernieren, kann unter dem Einfluß von Toxinen (hitzestabiles E. Coli-Toxin und Choleratoxin) zu massiven Wasser und NaCl-Verlusten führen.

Die Rolle der Verluste durch den Schweiß

Die Schweißverluste unterliegen, abgesehen von der emotionalen Kontrolle, vor allem der Kontrolle des Temperaturhaushaltes. Bei Ruhe und neutraler

Temperatur sind die Verluste gering. Sie können jedoch bei hohen Umgebungstemperaturen und bei körperlicher Arbeit ganz massiv sein (2 Liter/Stunde). Der Salzgehalt dieses Schweißes liegt bei etwa 50 mmol/l und darunter. Niedrigere Konzentrationen werden dann beobachtet, wenn der Proband „gelernt" hat zu schwitzen. Dieser Lernvorgang erfolgt z. B. bei Anpassung an neue klimatische Bedingungen oder im jahreszeitlichen Rhythmus. Zu Beginn der warmen Jahreszeit ist der Schweiß noch stärker salzhaltig. Der Salzgehalt nimmt bei gleichem Schweißvolumen aber mit der Anpassung ab.

Primärschweiß wird in den Schweißdrüsenstücken gebildet. Der Vorgang wird in Abb. 6 schematisch dargestellt. Ganz analog zu den Vorgängen an der Kryptzelle werden NaCl und Wasser sezerniert. Die Kontrolle erfolgt durch Acetylcholin und in geringerem Umfang auch durch Katecholamine. Der Primärschweiß ist annähernd Plasma-isoton. Entlang dem Schweißdrüsengang wird NaCl resorbiert, so daß der Schweiß eine deutlich niedrigere NaCl-Konzentration aufweist als der Primärschweiß und das Plasma.

Der Vorgang der NaCl-Resorption im Schweißdrüsengang ist ebenfalls in Abb. 6 zusammengefaßt. Ganz analog zu den Vorgängen im Sammelrohr der

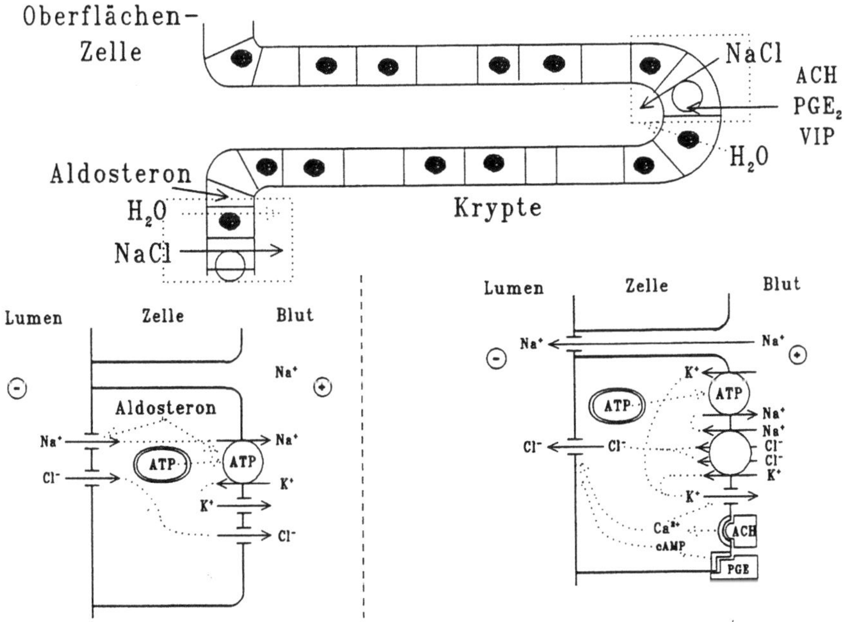

H_2O Ausscheidung: 100 ml/Tag; NaCl Ausscheidung 5mmol/Tag=0,3g/Tag
bei sekretorischer Diarrhoe bis zu 20 l/Tag und 180 g/Tag

Abb. 6. Ionentransport im Colon. Die gestrichelten Rechtecke werden unten als Schemata dargestellt. Diese beiden Schemata sind vereinfacht. ACH = Acetylcholin, ATP = Adenosintriphosphat, 1: Pumpe symbolisiert durch einen Kreis mit der Beschriftung „ATP". 2: Carrier symbolisiert durch offenen Kreis mit Pfeilen. 3: Ionenkanal symbolisiert durch Pfeil.

Niere (Abb. 4) und der Oberflächenzelle im Colon (Abb. 5) wird auch hier Na^+ über Amilorid-hemmbare und Aldosteron-gesteuerte Na^+-Kanäle in die Zellen aufgenommen. Na^+ verläßt die Zelle über die (Na^+ + K^+)-ATPase. Wieder erzeugt die Na^+-Resorption eine Lumen-negative Potentialdifferenz. Mit diesem Mechanismus können sehr niedrige Na^+-Konzentrationen im Schweiß erzielt werden.

Die Salz- und Wasserverluste durch den Schweiß können gerade beim „Ungeübten" sehr erheblich sein. Während die Wasserverluste dem „höheren" Zweck der Temperaturregulation dienen durch die über Verdunstungskälte entzogene Wärme, sind die NaCl-Verluste keineswegs wünschenswert. Zur Verhinderung großer Salzverluste stehen auch die Schweißdrüsenausführungsgänge, ähnlich wie das distale Nephron und der distale Darm, unter der Kontrolle von Aldosteron.

Schlußbetrachtung

Der vorliegende kurze Text soll in dieses umfangreiche und komplizierte Gebiet einführen. Der ausgeglichene NaCl- und Wasserhaushalt sind für die normale Funktion des Körpers unabdingbar. Eine Vielzahl von Mechanismen stellt sicher, daß trotz großer Störeinflüsse wesentliche Funktionsbeeinträchtigungen vermieden werden. Die große Bedeutung dieser homöostatischen Mechanismen wird auf der Ebene der Zellfunktion leicht einsehbar, weil die Homöostase des Ungleichgewichtes der Ionenverteilung von Extra- und Intrazellulärraum für das normale Funktionieren der Zelle unverzichtbar ist. In der jüngeren Vergangenheit haben sich unsere Lebensgewohnheiten, v. a. was die Aufnahme von NaCl angeht, verändert. Heute droht mit einer relativ hohen chronischen NaCl-Aufnahme, zumindest für einen Teil unserer Bevölkerung, die Gefahr der chronischen „Ausreizung" unserer natriuretichen Mechanismen. Wir scheinen dabei zu verdrängen, daß wir zur Gruppe der salz-sparenden terrestrischen Säuger gehören.

Zusammenfassung

Der Salz- und Volumenhaushalt wird mit einer Vielfalt von Mechanismen an die jeweiligen Bedürfnisse angepaßt. So werden das zirkulierende Blutvolumen, der Blutdruck, und die Osmolarität im Blut laufend gemessen und in entsprechende Reaktionen des vegetativen Nervensystemes und des Hormonhaushaltes umgesetzt. Generell lassen sich zwei prinzipielle Störkonstellationen charakterisieren: Zum einen der akute Volumen- und NaCl-Mangel, der

1. mit einer Aktivierung des sympathischen Nervensystemes, im Sinne der Stabilisierung des Kreislaufes,
2. mit einer Reninausschüttung und damit Angiotensin II-Bildung,
3. mit der Ausschüttung von Aldosteron, und
4. mit der Freisetzung von Vasopressin/Antidiuretin einhergeht.

Umgekehrt löst die akute Überfüllung des Extrazellulärraumes eine Hemmung all dieser Mechanismen und zusätzlich die Ausschüttung von atrialem natriuretischem Hormon und möglicherweise von anderen natriuretischen Faktoren aus. Insgesamt ist der Mensch weitaus besser an erstere als an letztere Konstellation angepaßt.

Störungen des Elektrolythaushaltes lassen sich weitgehend auf der Ebene der einzelnen Zelle verstehen. Na^+ und Cl^- sind die dominanten Ionen des Extrazellulärraumes, K^+ und große Anionen dominieren im Intrazellulärraum. Die Ionenbewegungen zwischen beiden Kompartimenten werden durch Membrantransportproteine vermittelt, die meist in vielen unterschiedlichen Zelltypen vorkommen. Wasser folgt den Ionen passiv nach. Die meisten Zellen verfügen über Sensor- und Effektormechanismen, um ihr Zellvolumen zu begrenzen und auf dem Normalwert zu halten. Das Verständnis dieser Vorgänge hat die Pathophysiologie des Volumen- und Elektrolythaushaltes auf eine neue Basis gestellt.

Die Kontrolle einer ausgeglichenen Volumen-Elektrolytbilanz wird durch die Niere gewährleitet. Die prinzipiellen Transportvorgänge dieses Organes werden hier diskutiert. Darüber hinaus wird ausführlich beschrieben, wie die aus Gründen der Homöothermie notwendige Schweißproduktion den Elektrolyt- und Wasserhaushalt stören kann und wie sehr auch der Gastrointestinaltrakt für eine ausgeglichene Bilanz von Bedeutung ist.

Literatur

1. de Wardener H. E. Natriuretic factors other than atrial natriuretic peptide. In: *Nephrology,* edited by Davison, A. M. London: Baillière Tindall, 1988, p. 137–144
2. Folkow B (1990) Salt and hypertension. NIPS 5:220–224
3. Frömter E, Rumrich G, Ullrich KJ (1973) Phenomenologic decription of Na^+, Cl^- and HCO_3-absorption from proximal tubules of the rat kidney. Pflügers Archiv 343:189–220
4. Gögelein H, Greger R (1986) Na^+ selective channels in the apical membrane of rabbit late proximal tubule (pars recta). Pflügers Archiv 406:198–203
5. Goerg KJ, Rummel W (1987) Der Elektrolyt- und Wassertransport im Kolon. Med Welt 38:290–298
6. Greger R (1985) Ion transport mechanisms in thick ascending limb of Henle's loop of mammalian nephron. Physiol Rev 65:760–797
7. Greger R (1987) Pathophysiologie der renalen Ischämie. Z Kardiol 76 S4:81–86
8. Greger R (1988) Chloride transport in thick ascending limb, distal convolution, and collecting duct. Annu Rev Physiol 50:111–122
9. Greger R (1989) Diuretika-Spezifische Transportinhibitoren. Start 1989:25–29
10. Greger R. Niere. In: *Lehrbuch der Physiologie,* edited by Deetjen, P. and Speckmann, E. J. München: Urban Schwarzenberg, 1992, p. im Druck
11. Greger R. Einführung. In: *Lehrbuch der Physiologie,* edited by Klinke, R. and Silbernagel, S. Stuttgart: Thieme, 1992, p. im Druck
12. Kramer H. J., Düsing R. and Knipowski J. *Das Renin-Angiotensin-System bei Hypertonie und Herzinsuffizienz,* Frankfurt: Hoechst AG, 1987
13. Schlatter E, Salomonsson M, Persson AEG, Greger R (1989) Macula densa cells sense luminal NaCl concentration via the furosemide sensitive Na-2Cl-K cotransporter. Pflügers Archiv 414:286–290

14. Schlatter E, Schafer JA (1987) Electrophysiological studies in principal cells of rat cortical collecting tubules. ADH increases the apical membrane Na^+-conductance. Pflügers Archiv 409:81–92
15. Skrabal F, Hamberger L, Gruber G, Meister B, Doll P, Cerny E (1985) Hereditäre Salzsensitivität als Ursache der essentiellen Hypertonie: Untersuchungen des Membrantransportes und der intrazellulären Elektrolyte. Klin Wochenschr 63:891–898
16. Sonnenberg H, Honrath U, Chong CK, Wilson DR (1986) Atrial natriuretic factor inhibts sodium transport in medullary collecting duct. Am J Physiol 250:F963–F966

Kochsalzbilanz und Hypertoniepathogenese: Mögliche Bedeutung zellulärer Membrantransportsysteme

R. Düsing, G. Hoffmann und B. O. Göbel, Bonn

Einleitung

Der unimodale Verteilungsmodus des arteriellen Blutdrucks weist auf ein polygenes Vererbungsmuster der arteriellen Hypertonie hin. Die beteiligten Gene vermitteln die Funktionsstörung Hypertonie über sogenannte intermediäre Phänotypen. Als solche werden derzeit neben Funktionsänderungen neurohumoraler Systeme (z. B. verschiedene Neurotransmitter und deren Rezeptoren, Renin, Kallikrein etc.) insbesondere auch quantitative und qualitative Alterationen von Membrantransportproteinen diskutiert. Unabhängig oder auch durch Interaktion mit exogenen Faktoren bewirken solche intermediäre Phänotypen dann die Ausbildung der arteriellen Blutdrucksteigerung. Diese Anschauung ist vereinbar mit dem Konzept der multifaktoriellen Pathogenese der essentiellen Hypertonie, wie es erstmals von Page 1949 formuliert wurde.

Erste Anstöße zur Untersuchung des zellulären Membrantransports ergaben sich aus Untersuchungen von Tobian und Binion (1952), die zeigen konnten, daß der Natriumgehalt von arteriellem Gefäßgewebe bei Hypertonie erhöht ist. Dieser Befund ist an verschiedenen Blutzellen von Patienten mit essentieller Hypertonie bestätigt worden (Hilton 1986). Als Konsequenz dieser Befunde entstand ein Konzept, demzufolge bei der arteriellen Hypertonie eine generalisierte Abnormalität des zellulären Membrantransports vorliegt. Bis zum heutigen Zeitpunkt sind jedoch eine Reihe von Aspekten dieses Konzepts weiterhin unklar:

- Welche Teilfunktion des Membrantransports ist primär verändert?
- Handelt es sich bei der alterierten Membranfunktion um ein Epiphänomen oder eine pathogenetisch relevante Abnormalität?
- Ist die Membranfunktion sekundär (infolge anderer Veränderungen) oder primär (hereditär) abnormal?
- Bestehen Interaktionen der (bei Hypertonie veränderten) Membranfunktion mit exogenen Faktoren (z. B. Kochsalzbilanz) und welche Relevanz haben diese bezüglich der Hypertoniepathogenese?

Die vorliegende Arbeit gibt eine kurze Übersicht über die vorliegenden Daten bezüglich einer Beteiligung der relevanten Membrantransportsysteme bei der primären Hypertonie. Darüber hinaus wird die mögliche Interaktion dieser Transportsysteme mit der NaCl-Bilanz beleuchtet.

Membran-Transportsysteme

Die überwiegende Mehrzahl der Untersuchungen von Membran-Transportsystemen bei essentieller Hypertonie wurde an Erythrozyten durchgeführt. Die leichte Verfügbarkeit großer Zellzahlen und der relativ einfache Umgang mit diesem Zelltypus erklären diese Präferenz. Auch andere Blutzellen wie Granulozyten, Lymphozyten und Thrombozyten sind z. T. intensiv für membranphysiologische Untersuchungen genutzt worden. In eigenen Untersuchungen haben wir Lymphozyten verwandt, da dieser karyote Zelltypus leicht isolierbar ist und sich in Vorversuchen für unsere Untersuchungen als geeignet erwies.

Unter den Transportmechanismen der Zellmembran stellt die *Na^+/K^+-Pumpe* den primär aktiven Transportmodus dar, welcher normalerweise drei Na^+-Ionen aus der Zelle heraus und im Gegenzug zwei K^+-Ionen in die Zelle hinein „pumpt". Sie wird durch herzwirksame Glykoside wie z. B. Strophantin gehemmt. Da dieser Transport gegen einen elektrochemischen Gradienten stattfindet, erfordert er Energie, die durch hydrolytische Spaltung von Adenosintriphosphat (ATP) zur Verfügung gestellt wird. Das *$Na^+/K^+/2Cl^-$-Cotransport System* kann Natrium und Kalium Ionen in Abhängigkeit vom elektrochemischen Gradienten sowohl in die Zelle hinein als auch aus der Zelle hinaus transportieren. Es wird durch Schleifendiuretika gehemmt. Unter bestimmten Bedingungen kann dieses Cotransport-System auch einen K^+-K^+ oder Na^+-Na^+-Austausch vermitteln (Duhm und Göbel 1984a). Das *Na^+-$K^+(Li^+)$-Gegentransport System* induziert einen Na^+-Na^+-Austausch über die Zellmembran im Verhältnis 1:1. Dieses System wird unter anderem durch Na^+ und/oder Li^+ auf beiden Seiten der Zellmembran stimuliert und wird durch Phloretin gehemmt. Es ist spekuliert worden, daß es sich bei diesem Transportsystem um einen speziellen Arbeitsmodus des ubiquitären *Na^+/H^+-Antiports* handelt, der durch Amilorid und dessen Derivate gehemmt werden kann (Mahnensmith und Aronson 1985). Die Tatsache, daß die beiden Systeme durch verschiedene Substanzen inhibiert werden, ist als Argument gegen die Identität der beiden Transportsysteme verwandt worden. Die Diskussion um das Verhältnis dieser beiden Membran-Transportsysteme miteinander ist daher weiterhin Gegenstand der wissenschaftlichen Diskussion (Funder et al. 1984; Mahnensmith und Aronson 1985; Semplicini et al. 1989).

Auch *anionischer Ionentransport* kann letztlich einen in die Zelle hinein gerichteten Na^+-Transport vermitteln, der über eine Bildung von Ionenpaaren mit CO_3^{--} verläuft (Becker und Duhm 1978). Dieser Transport kann durch die Stilben-Derivate SITS und DIDS gehemmt werden. Bis heute ist eine Beteiligung dieses Transportweges bezüglich der Hypertoniepathogenese nicht postuliert worden. Die verbleibenden Kationenfluxe (wenn alle oben genannten Transportwege gehemmt bzw. blockiert sind) stellen den sogenannten *„Leckflux"* dar, der auch als intrinsische oder Grundpermeabilität der Zellmembran bezeichnet wird. Die Menge an Kationen, die über diesen Weg „transportiert" werden, nimmt linear dem Konzentrationsgradienten des betreffenden Kations über die Zellmembran zu. An Erythrozyten ist das auswärtsgerichtete Leck für K^+ quantitativ vergleichbar dem inwärtsgerichteten Na^+ Leck. Dipyridamol kann, zumindest teilweise, die Grundpermeabilität der Zellmembran verkleinern.

Die vorliegende Übersicht beschränkt sich auf die Diskussion der Na^+/K^+-Pumpe, des Cotransports und des Gegentransports.

Die Na^+/K^+-Pumpe

Vor 30 Jahren wurde aufgrund experimenteller Befunde erstmalig die Existenz eines oder mehrerer im Blut zirkulierender Faktoren gefordert, die in der Niere die tubuläre NaCl-Resorption hemmen und dadurch die renale NaCl-Ausscheidung steigern (de Wardener et al. 1961). Es wurde weiter postuliert, daß zumindest einer dieser natriuretischen Faktoren seine Wirkungen über eine Hemmung der Na^+/K^+-Pumpe entfaltet. Blaustein hat 1977 ein derart wirksames natriuretisches Hormon in ein Konzept der Hypertoniepathogenese integriert. Demzufolge stimuliert jede Expansion des Extrazellularvolumens, z. B. infolge inadäquater renaler Ausscheidung der zugeführten NaCl-Menge, die Biosynthese bzw. Freisetzung dieses putativen, die Na^+/K^+-Pumpe inhibierenden natriuretischen Hormons. Zusätzlich zu seiner renalen Wirkung führt dieser Faktor auch in extrarenalen Geweben zu einer Pumpenhemmung, so z. B. auch in der glatten Gefäßmuskulatur. Der so vermittelte Anstieg der intrazellulären Na^+-Konzentration führt über einen gesteigerten Membran Na^+-Ca^{++}-Austausch letztlich zu einem Anstieg der freien zytosolischen Ca^{++}-Konzentration. Diese bedingt einen erhöhten Tonus und eine gesteigerte Antwort der Gefäßmuskulatur auf konstriktorische Stimuli. Das Konzept der Verknüpfung von Kochsalzbilanz und Hochdruckpathogenese über ein die Na^+/K^+-Pumpe hemmendes natriuretisches Hormon ist bis heute aufgrund einiger nach wie vor offener Fragen umstritten geblieben. So konnte dieses putative natriuretische Hormon trotz intensiver Anstrengungen bis heute nicht identifiziert werden und auch die Signifikanz des Membran Na^+/Ca^{++}-Austausches in glatten Gefäßmuskelzellen wird widersprüchlich beurteilt (Mulvany 1985).

Bei essentieller Hypertonie sind die vorliegenden Untersuchungen bezüglich der Na^+/K^+-Pumpe kontrovers. An Erythrozyten sind sowohl eine erniedrigte (Walter und Distler 1982), eine unveränderte (Swarts et al. 1981) und eine gesteigerte Aktivität (Woods et al. 1981) beobachtet worden. In einer Untersuchung zur Kinetik der erythrozytären Na^+/K^+-Pumpe konnten Diez et al. (1987) ebenfalls zeigen, daß Patienten mit essentieller Hypertonie bezüglich dieses Parameters kein einheitliches Verhalten aufweisen. Zumindest an Erythrozyten kann demzufolge eine inhibierte Aktivität der Na^+/K^+-Pumpe nicht übereinstimmend nachgewiesen werden.

Im Gegensatz dazu ist an weißen Blutzellen von Patienten mit essentieller Hypertonie überwiegend eine erniedrigte Aktivität der Pumpe beschrieben worden (Heagerty et al. 1982; Poston 1987). Der zugrundeliegende Mechanismus dieser Diskrepanz der Ergebnisse an roten und weißen Blutzellen ist bis dato unklar. Unterschiede bezüglich der molekularen Struktur der Na^+/K^+-Pumpe in der Membran dieser beiden Blutzelltypen sind bisher nicht beschrieben worden.

Wenn man trotz der insgesamt widersprüchlichen Befunde von einer Pumpenhemmung bei essentieller Hypertonie ausgeht, stellt sich die Frage nach dem Mechanismus dieser Veränderung. Hier könnte einerseits ein zirkulierender Faktor entsprechend dem geschilderten Blaustein'schen Konzept postuliert werden. In diesem Fall muß von einer hohen Affinität des Faktors ausgegangen werden, da die üblichen Zell-„Waschvorgänge" vor Membrantransportuntersuchungen sonst den Inhibitor vom Rezeptor entfernen würden und eine Pumpenhemmung nicht mehr erkennbar wäre. Andere Mechanismen, insbesondere intrinsische Änderungen der Membranfunktion, stellen ein alternatives Erklärungskonzept dar. Zusammenfassend ist das Konzept, daß Änderungen der Aktivität der Na^+/K^+-Pumpe pathogenetische Bedeutung für die essentielle Hypertonie innehaben, aufgrund der widersprüchlichen Befunde als hypothetisch anzusehen.

Auch eine mögliche Abhängigkeit der Aktivität der Na^+/K^+-ATPase von der Kochsalzbilanz, ein zentrales Postulat der Blaustein-Hypothese, ist derzeit durch experimentelle Befunde nicht zweifelsfrei gestützt. Am Menschen konnten Canessa et al. (1989) keinen Effekt einer hohen oder niedrigen Kochsalzzufuhr auf die maximale erythrozytäre Pumpenaktivität sowohl bei normotensiven Probanden als auch bei Patienten mit essentieller Hypertonie nachweisen. Darüber hinaus wurde in dieser Untersuchung auch die Affinitätskonstante (K_m) der Na^+/K^+-ATPase in Bezug auf deren Stimulation durch intrazelluläres Na^+ in keiner der beiden Gruppen durch die Änderung der Kochsalzzufuhr beeinflußt. Ähnlich konnten Stokes et al. (1986) an gewaschenen Erythrozyten von normotensiven Kontrollpersonen und Patienten mit unbehandelter Hypertonie keine Änderung der Pumpen-Aktivität nach nutritiver Kochsalzrestriktion feststellen. Auch an Leukozyten von normotensiven Probanden und hypertensiven Patienten war die Aktivität der Na^+/K^+-Pumpe durch eine gesteigerte Kochsalzzufuhr unverändert. Im Gegensatz zu diesen Befunden einer unveränderten Na^+/K^+-ATPase Aktivität nach Modifikationen der Kochsalzbilanz wurde von Morgan et al. (1981) an Erythrozyten hypertensiver Patienten eine Verminderung des Strophantin-sensitiven Na^+-Effluxes nach diätetischer Kochsalzrestriktion beschrieben. Eine Abnahme des aus der roten Blutzelle heraus gerichteten pumpenabhängigen Na^+-Transports nach Infusion von Kochsalzlösung ist von Boero et al. (1985) beschrieben worden. Zusammenfassend liegen von Untersuchungen an menschlichen Blutzellen überwiegend Hinweise auf eine unveränderte Aktivität der Na^+/K^+-Pumpe unter NaCl-Belastung als auch Restriktion vor.

An Erythrozyten verschiedener Rattenspezies war eine gesteigerte NaCl-Zufuhr ebenfalls nicht mit einer inhibierten Pumpenaktivität assoziiert (De Mendonca et al. 1983; Feig et al. 1988). Untersuchungen an glatten

Gefäßmuskelzellen von Ratten mit „Salzsensitiver Hypertonie" (Dahl sensitive Ratten) konnten unter Kochsalzbelastung eine gesteigerte Pumpenaktivität in aus der thorakalen Aorta gewonnenen Zellen darstellen, während in Zellen der Schwanzarterie keine Veränderungen der Pumpenaktivität nachweisbar waren (Overbeck et al. 1981). Vergleichbare kinetische Parameter der Pumpe wurden an Erythrozyten von „Dahl sensitiven" und „Dahl resistenten" Ratten gefunden (Zicha und Duhm 1990). Zusammenfassend geben demzufolge auch die vorliegenden tierexperimentellen Daten wenig positive Hinweise auf eine Beteiligung der Kochsalzbilanz bei der Regulation der Aktivität der Na^+/K^+-Pumpe. Dies wird auch durch eine neuere molekularbiologische Untersuchung unterstrichen, die eine Beteiligung der Na^+/K^+-ATPase an der Blutdrucksteigerung unter Kochsalzbelastung bei Dahl-sensitiven Ratten weitgehend ausschloß (Rapp et al. 1990).

Der $Na^+/K^+/2Cl^-$-Cotransport

Ein funktionell verändertes Cotransportsystem bei der essentiellen Hypertonie wurde erstmals 1980 postuliert (Garay et al. 1980). Seither ist die Bedeutung dieses Transportsystems bei der primären Hypertonie von einer Reihe von Arbeitsgruppen untersucht worden, wobei ebenfalls inkonsistente Befunde vorgelegt wurden. So wurde die Aktivität des Cotransports bei Patienten mit essentieller Hypertonie im Vergleich zu normotensiven Probanden als erniedrigt (Garay et al. 1980), unverändert (Weder et al. 1984; Wiley et al. 1984) oder sogar geteigert beschrieben (Canessa et al. 1984; Smith et al. 1984). Eine Rolle des Cotransports bei der Pathogenese der primären Hypertonie, möglicherweise als intermediärer Phänotyp im oben beschriebenen Sinne, erscheint daher wenig wahrscheinlich.

Auch die Bedeutung der Kochsalzbilanz für die Aktivität des Cotransport-Systems ist bis heute noch unklar. Am Menschen ist von Stokes et al. (1988) eine unveränderte Aktivität dieses Systems nach niedriger oder hoher Kochsalzzufuhr beschrieben worden, während Boero et al. (1985) dieses Membrantransportsystem nach akuter NaCl-Infusion als supprimiert beschrieben haben. In einer detaillierten Untersuchung der Kinetik des $Na^+/K^+/2Cl^-$-Cotransports wurde eine reduzierte Affinität des Systems bezüglich der durch intrazelluläres Na^+ stimulierten Na^+-Extrusion bei hypertensiven Patienten unter hoher Kochsalzzufuhr beobachtet. Bei normotensiven Probanden war diese Veränderung nicht nachweisbar. Der Vergleich zwischen normotensiven Probanden und Patienten mit essentieller Hypertonie zeigte dementsprechend nur für die Kochsalzbelastung einen Unterschied zwischen den beiden Gruppen in Form einer reduzierten Affinität des Cotransport-Systems bei den Patienten mit Hypertonie (Canessa et al. 1989). Im Gegensatz zu diesen Befunden ist auch eine signifikante Reduktion der Cotransport-Aktivität unter chronischer Kochsalzbelastung beschrieben worden (Dagher et al. 1985).

Die Mehrzahl der Untersuchungen hat an hypertensiven und normotensiven Ratten unter hoher Kochsalzzufuhr keine Unterschiede in der Kinetik des Cotransport-Systems darstellen können (Feig et al. 1985; Zicha und Duhm 1990). Im Gegensatz dazu berichteten De Mendonca et al. (1983) einen fast zweifachen Anstieg der mittleren Cotransport-Aktivität in Erythrozyten von Wistar-Kyoto Ratten nach der Gabe 1 %iger NaCl-Lösung als Trinkflüssigkeit. Dabei zeigten die Einzelwerte jedoch eine große Überlappung. Andere Untersucher konnten unter diesen experimentellen Bedingungen nur geringfügige Änderungen beobachten. Eine signifikante Zunahme der Aktivität des erythrozytären Cotransports konnte jedoch durch Zugabe des Mineralokortikoids Corticosteron induziert werden (Duhm et al. 1983). Diese war jedoch auf die gleichzeitige K^+-Verarmung der Versuchstiere zurückzuführen, da K^+-Depletion alleine die gleichen Ergebnisse zutage brachte (Duhm und Göbel 1984b). Auf der Basis dieser Ergebnisse kann spekuliert werden, daß der Cotransporter möglicherweise für die zelluläre K^+-Homöostase bedeutsam ist. Änderungen der Kochsalzbilanz kommt jedoch keine bedeutsame Rolle bei der Regulation der Aktivität dieses Membran-Transportsystems zu.

Na^+/Li^+ und Na^+/H^+ Gegentransport

1980 wurde von Canessa et al. erstmals ein gesteigerter maximaler erythrozytärer Na^+/Li^+-Austausch bei Patienten mit essentieller Hypertonie beschrieben. Auch normotensive Kinder hypertensiver Eltern (wobei beide Elternteile eine Hypertonie aufwiesen) zeigten im Gegensatz zu Kindern normotensiver Eltern einen gesteigerten Na^+/Li^+-Austausch (Woods et al. 1982). Andere Untersucher konnten das Ergebnis eines stimulierten maximalen Na^+/Li^+-Austausches bei primärer Hypertonie nicht reproduzieren (Duhm et al. 1982; Wiley et al. 1984). Die vorliegenden Untersuchungen lassen insgesamt jedoch einen bei essentieller Hypertonie gesteigerten maximalen erythrozytären Na^+/Li^+-Austausch als den am besten reproduzierbaren Befund bezüglich der bis dato untersuchten Membrantransportsysteme erscheinen (Williams et al. 1983; Trevisan et al. 1983).

Es ist spekuliert worden, daß der erythrozytäre Na^+/Li^+-Austausch einem spezifischen Operationsmodus des ubiquitären Na^+/H^+-Antiports entspricht. In der Folgezeit ist daher dieses Transportsystem gezielt untersucht worden. Eine bei primärer Hypertonie gesteigerte Aktivität des Na^+/H^+-Antiports ist derzeit an Thrombozyten (Livne et al. 1987), Lymphozyten (Düsing et al. 1990), Granulozyten (Ng et al. 1989, 1990), Erythrozyten (Semplicini et al. 1989) und der quergestreiften Muskulatur (Dudley et al. 1990) aufgezeigt worden. Bei Ratten mit genetisch bedingter Hypertonie sind derzeit kontroverse Befunde bezüglich des lymphozytären Antiports verfügbar (Feig et al. 1987; Saleh und Battle 1990).

Es ist spekuliert worden, daß der Aktivitätssteigerung des Na^+/H^+ Antiports bei Patienten mit essentieller Hypertonie eine pathogenetische

Schlüsselrolle zukommt (Düsing et al. 1988; Mahnensmith und Aronson 1985). So könnte ein gesteigerter Antiport neben anderen Effekten eine verstärkte Antwort glatter Gefäßmuskelzellen auf vasokonstriktorische, trophische und mitogene Stimuli beinhalten (Düsing et al. 1988; Moolenar et al. 1983).

Bis heute ist der Einfluß von Änderungen der Kochsalzbilanz auf den Membran-Kationen-Gegentransport nicht systematisch untersucht worden. Dabei hatten akute und chronische Änderungen der Kochsalzbilanz keinen Einfluß auf den erythrozytären Na^+/Li^+ Gegentransport (Boero et al. 1985; Canessa et al. 1989; Stokes et al. 1986). In Untersuchungen unserer Arbeitsgruppe wurde die Aktivität des lymphozytären Na^+/H^+-Antiports an 25 gesunden Probanden untersucht, die über 7 Tage entweder eine hohe (320 mmol/Tag) oder niedrige (20 mmol/Tag) Kochsalzzufuhr erhalten hatten. Dabei wurde die Antiport-Aktivität bei chronisch hoher Kochsalz-Zufuhr gegenüber der Kochsalzrestriktion signifikant gesteigert gefunden (Düsing et al. 1991; Göbel et al. 1991). Somit geben diese eigenen Befunde erstmals einen Hinweis darauf, daß der menschliche Membran Na^+/H^+-Gegentransport durch die nutritive Kochsalzbilanz beeinflußt wird.

Zusammenfassung

Die essentielle oder primäre Hypertonie ist durch eine *polygene Vererbung charakterisiert.* Als intermediäre Phänotypen des bei Hypertonie veränderten Erbgutes kommen neben anderen Faktoren auch die Membrantransportproteine in Betracht. Die vorliegende Übersicht beleuchtet die mögliche Rolle dreier Membrantransportsysteme, der Na^+/K^+-Pumpe, des $Na^+/K^+/2Cl^-$-Cotransports und des Gegentransportsystems bei der Genese der arteriellen Hypertonie. Weiterhin wird die mögliche Bedeutung von Änderungen der Kochsalzbilanz für Aktivitätsänderungen dieser Membrantransportsysteme beschrieben. Sowohl bezüglich der Abhängigkeit von der Blutdruckregulation als auch von der Kochsalzbildung liegen für die Na^+/K^+-Pumpe als auch für den $Na^+/K^+/2Cl^-$-Cotransport widersprüchliche Befunde vor. Im Gegensatz dazu zeigen eine Reihe von Untersuchungen übereinstimmend einen stimulierten Gegentransport bei der primären Hypertonie auf. Dabei war in einer eigenen Studie insbesondere die maximale Transportrate des lymphozytären Na^+/H^+-Antiports bei Patienten mit primärer Hypertonie im Gegensatz zu normotensiven Kontrollpersonen erhöht. In einer weiteren Untersuchung mit gesunden Probanden war die Aktivität des lymphozytären Na^+/H^+-Antiports unter einer hohen NaCl-Zufuhr (320 mmol/Tag) im Gegensatz zu einer niedrigen Zufuhr (20 mmol/Tag) signifikant gesteigert. Dem Kationen-Gegentransportsystem könnte diesen Befunden zufolge die Rolle eines intermediären Phänotypes bei der essentiellen Hypertonie zukommen. Der Kochsalzbilanz könnte in diesem Zusammenhang eine modulierende Rolle zukommen.

Literatur

Becker BF, Duhm J (1978) Evidence for anionic cation transport of lithium, sodium and potassium across the human erythrocyte membrane induced by divalent anions. J Physiol (Lond) 282: 149–168

Blaustein MP (1977) Sodium ions, calcium ions, blood pressure regulation and hypertension: a reassessment and a hypothesis. Am J Physiol 232: C165–C173

Boero R, Quarello F, Guarena C, Rosati C, Piccoli G (1985) Effects of an intravenous saline load on erythrocyte sodium transport in normal human subejcts. Clin Sci 69: 709–712

Canessa M, Adragna N, Solomon HS, Connolly TM, Tosteson DC (1980) Increased sodium-lithium countertransport in red cells of patients with essential hypertension. N Engl J Med 302: 772–776

Canessa M, Spalvins A, Adragna N, Falkner B (1984) Red cell sodium countertransport and cotransport in normotensive and hypertensive blacks. Hypertension 6: 344–351

Canessa M, Redgrave J, Laski C, Williams GH (1989) Doses sodium intake modify red cell Na^+ transporter in normal and hypertensive subjects? Am J Hypertension 2: 515–523

Dagher G, Brossard M, Feray JC, Garay RP (1985) Modulation of erythrocyte Na^+ transport pathways by excess sodium intake. Life Sci 37: 243–253

De Mendonca M, Grichols ML, Dagher G, Garay R, Meyer P (1983) Modulation of Na^+ transport systems in Wistar rat erythrocytes by excess Na^+ intake. Pflügers Arch 398: 64–68

De Wardener HE, Mills LH, Clapham WF, Hayler CJ (1961) Studies on the efferent mechanism which follows the administration of intravenous saline in the dog. Clin Sci 21: 249–258

Diez J, Hannaert P, Garay RP (1987) Kinetic study of Na^+-K^+ pump in erythrocytes from essential hypertensive patients. Am J Physiol 252 (Heart Circ Physiol 21): H1–H6

Dudley CRK, Taylor DJ, Ng LL, Kemp J, Ratcliffe PJ, Radda GK, Ledingham JGG (1990) Evidence for abnormal Na^+/H^+ antiport activity detected by phosphorus nuclear magnetic resonance spectroscopy in exercising skeletal muscle of patients with essential hypertension. Clin Sci 79: 491–497

Duhm J, Göbel BO, Lorenz R, Weber PC (1982) Sodium-lithium exchange and sodium-potassium cotransport in human erythrocytes. Part 2: A simple uptake test applied to normotensive and essential hypertensive individuals. Hypertension 4: 477–482

Duhm J, Göbel BO, Beck FX (1983) Sodium and potassium ion transport accelerations in erythrocytes of DOC, DOC-salt, two kidney one clip, and spontaneously hypertensive rats. Role of hypokalemia and cell volume. Hypertension 5: 642–652

Duhm J, Göbel BO (1984a) Role of the furosemide-sensitive Na^+ K^+ transport system in determining steady-state Na^+ and K^+ content and volume of human erythrocytes in vitro and in vivo. J Membrane Biol 77: 243–254

Duhm J, Göbel BO (1984b) Na^+-K^+ transport and volume of rat erythrocytes under dietary K^+ deficiency. Am J Physiol 246 (Cell Physiol 15): C20–C29

Düsing R, Göbel BO, Weißer B, Dittrich D, Kraemer S, Vetter H (1988) Mechanismus und Bedeutung der arteriolären Media-Hypertrophie/Hyperplasie bei der arteriellen Hypertonie. Rolle des Na^+/H^+ Antiports. Klin Wochenschr 66: 1151–1159

Düsing R, Göbel BO, Hoffmann G, Siffert W, Vetter H (1990) Lymphocyte Na^+/H^+ exchange kinetics in essential hypertension J. A. S. N. 1: 488

Düsing R, Göbel BO, Hoffmann G, Siffert W, Ruppert M, Stumpe KO, Vetter H Lymphocyte Na^+/H^+-exchange in essential hypertension and in normotensive volunteers: effect of changes in NaCl balance. Am J Hypertens im Druck

Feig PU, Mitchell PP, Boylan JW (1985) Erythrocyte membrane transport in hypertensive humans and rats. Effect of sodium depletion and excess. Hypertension 7: 423–429

Feig PU, D'Occhio MA, Boylan JW (1987) Lymphocyte membrane sodium-proton exchange in spontaneously hypertensive rats. Hypertension 9: 282–288

Funder J, Wieth JO, Jensen HAE, Ibsen KK (1984) The sodium-lithium exchange mechanism: is it sodium/proton exchanger? In: Villareal H, Sambhi MP, eds., Topics in Pathophysiology of Hypertension, Martinus Nijhoff, Boston, pp 147–161

Garay RP, Daher G, Pernollet MG, Devynek MA, Meyer P (1980) Inherited defect in a Na^+, K^+- co-transport system in erythrocytes from essential hypertensives patients. Nature 284: 281–283

Göbel BO, Hoffmann G, Ruppert M, Stumpe KO, Vetter H, Düsing R Membrane transport, sodium balance, and blood pressure regulation. Klin Wochenschr im Druck

Heagerty AM, Milner M, Bing RF, Thurston H, Swales JD (1982) Leucocyte membrane sodium transport in normotensive populations: dissociation of abnormalities of sodium efflux from raised blood pressure. Lancet II, 894–896

Hilton PJ (1986) Cellular sodium transport in essential hypertension. N Engl J Med 314: 222–229 1986

Livne A, Balfe JW, Veitch R, Marquez-Julio A, Grinstein S, Rothstein A (1987) Increased platelet Na^+/H^+ exchange rates in essential hypertension: application of a novel test. Lancet I, 533–536

Mahnensmith RL, Aronson PS (1985) The plasma membrane sodium hydrogen exchanger and its role in physiological and pathophysiological processes. Circ Res 57: 773–788

Morgan T, Myers J, Fitzgibbon W (1981) Sodium intake, blood pressure and red cell sodium efflux. Clin Exp Hypertens 3(4): 641–653

Moolenar WH, Tsien LY, Van der Saag PT, DeLaat SW (1983) Na^+/H^+ exchange and cytoplasmatic pH in the action of growth factors in human fibroblasts. Nature 304: 645–648

Mulvany MJ (1985) Changes in sodium pump activity and vascular contraction. J Hypertension 3: 429–436

Ng LL, Dudley C, Bomford J, Hawley D (1989) Leucocyte intracellular pH and Na^+/H^+ antiport activity in human hypertension. J Hypertension 7: 471–475

Ng LL, Fennell DA, Dudley C (1990) Kinetics of the human leucocyte Na^+/H^+ antiport in essential hypertension. J Hypertension 8: 533–537

Page IH (1949) Pathogenesis of arterial hypertension. JAMA 140: 451–459

Poston L, Johnson VE, Gray HH, Hilton PJ, Markandu ND, MacGregor GA (1985) The effect of dietary sodium restriction on leucocyte sodium transport in normotensive subjects and in patients with essential hypertension. Klin Wochenschr 63 (Suppl III) 136–138

Poston L (1987) Endogenous sodium pump inhibitors: a role in essential hypertension? Clin Sci 72: 647–655

Rapp JP, Dene H (1990) Failure of alleles at the Na^+, K^+-ATPase $alpha_1$ locus to cosegragate with blood pressure in Dahl rats. J Hypertension 8: 457–462

Saleh AM, Battle DC (1990) Kinetic properties of the Na^+/H^+ antiporter of lymphocytes from the spontaneously hypertensive rat: role of intracellular pH. J Clin Invest 85: 1734–1739

Semplicini A, Canessa M, Mozzato MG, Ceolotto G, Marzola M, Buzzacarini F, Casolino P, Pessina AC (1989) Red blood cell Na^+/H^+ and Li^+/Na^+ exchange in patients with essential hypertension. Am J Hypertension 2: 903–908

Smith JB, Ash KO, Hunt SC, Hentschel WM, Sprowell W, Dadone MM, Williams RR (1984) Three red cell sodium transport systems in hypertensive and normotensive Utah adults. Hypertension 6: 159–166

Stokes GS, Monaghan JC, Middleton AT, Shirlow M, Marwood JF (1986) Effects of dietary sodium deprivation on erythrocyte sodium concentration and cation content in normotensive and untreated hypertensive subjects. J Hypertension 4: 35–38

Swarts HGP, Bonting SL, DePont JJHHM, Schuurmans Strekhoven FMAH, Thien TA, van't Laar A (1981) Cation fluxes and Na^+, K^+-activated ATPase activity in erythrocytes of patients with essential hypertension. Hypertension 3: 641–649

Tobian L, Binion JT (1952) Tissue cations and water in essential hypertension. Circulation 5: 754–758

Trevisan M, Ostrw D, Cooper R, Liu K, Sparks S, Okunek A, Stevens E, Marquardt J, Stamler J (1983) Abnormal red blood cell ion transport and hypertension. The people's gas company study. Hypertension 5: 363–367

Walter U, Distler A (1982) Abnormal sodium efflux in erythrocytes of patients with essential hypertension. Hypertension 4: 205–210

Weder AB, Rorretti BA, Julius S (1984) Racial differences in erythrocyte cation transport. Hypertension 6: 115–123

Wiley JS, Clarke DA, Bonacquisto LA, Scarlett JD, Harrap SB, Doyle AE (1984) Erythrocyte cation cotransport and countertransport in essential hypertension. Hypertension 6: 360–368

Williams RR, Hunt SC, Kuida H, Smith JB, Ash KO (1983) Sodium-lithium countertransport in erythrocytes of hypertension prone families in Utah. Am J Epidemiol 118: 338–344

Woods JN, Falk RJ, Pittman AW, Klemmer PJ, Watson BS, Namboodiri K (1982) Increased red cell sodium lithium countertransport in normotensive sons of hypertensive parents. N Engl J Med 306: 593–595

Zicha J, Duhm J (1990) Kinetics of Na^+ und K^+ transport in red blood cells of Dahl rats. Hypertension 15: 612–627

Zicha J, Kronauer J, Duhm J (1990) Effects of a chronic high salt intake on blood pressure and the kinetics of sodium and potassium transport in erythrocytes of young and adult subtotally nephrectomized Sprague-Dawley rats. J. Hypertension 8: 207–217

II. Klinik des Natrium- und Chloridstoffwechsels

Vorsitz: K. O. STUMPE, Bonn
P. BRÄTTER, Berlin

Zur geschichtlichen Rolle von Natrium und Chlorid in der Genese und Therapie des Bluthochdrucks und von Ödemen

H.-J. HOLTMEIER, Hohenheim

Allgemeines

Nicht nur in der Geschichte der Medizin wird man sich zeitlebens schwer tun, die tatsächlichen Anfänge eines Forschungszweiges sicher festzustellen. *Harvey,* geb. am 1. 4. 1578 zu Folkstone, wird die Entdeckung des menschlichen Blutkreislaufes zugeschrieben. Er hatte sie 1619 erstmals vorgetragen und in seinem Werk über Experimentalphysiologie 1628 als Physiologe brilliant niedergelegt. 1615 war er zunächst Professor für Anatomie und Chirurgie gewesen. Bisher hatte man „dem Puls und der Respiration gleiche Funktionen zugeschrieben, in dem man glaubte, daß auch die Arterien bei der Diastole von außen Luft aufnehmen und bei der Systole die verbrauchten Stoffe nach außen entweichen lassen" würde (*Haeser*, Jena 1845).

Aber man würde sich irren, wenn man glauben würde, daß diese Zusammenhänge nicht bereits auch in früherer Zeit Gegenstand genauerer Forschung gewesen wären, so zur Zeit von *Galen,* der 131 nach Chr. zu Pergamus geboren wurde. *Galen* wirkte als Arzt und Physiologe. Vortrefflich war seine Beschreibung des Herzens und des Blutkreislaufes. *Galen* war vermutlich der Erste, der den doppelten Kreislauf des Blutes genau beschrieben hat.

Galen's Lehre vom Kreislauf ist in folgenden Worten enthalten: „Durch die Zusammenziehung der linken Herzkammer wird das Blut derselben in die Aorta getrieben, ohne wieder zurückfließen zu können, weil ihm der Weg durch die drei halbmondförmigen Klappen verschlossen wird. Es strömt von da durch die ganze Länge der Arterien, bis in ihre äußersten Enden, und ergießt sich hier durch die unzähligen Anastomosen in die Blutadern, so daß also der Nutzen des Athmens, die Aufnahme von Lebensgeist, nicht allein dem Herzen und den Arterien, sondern durch diese auch den Venen zu Theil wird. Durch die Hohlader gelangt das Blut wieder zum rechten Herzen, wird von da vermittelst der Lungenarterie in die Lunge geleitet, hier von den Lungenvenen aufgenommen, und kommt auf diesem Wege endlich wieder zum linken Herzen, um in die Aorta auszuströmen" (Vergl. Hecker, Die Lehre vom Kreislauf vor Harvey. Berl. 1831. S. 14).

Der Glanzpunkt der Anatomie *Galens* war seine Nervenlehre mit dem Ursprung aller Nerven im Gehirn und Rückenmark, die er musterhaft beschrieb, so auch die Bedeutung des *Nervus Vagus* für den Magen.

Wenn man schon zu Galens Zeiten bei der Betrachtung des Kreislaufs von Systole und Diastole wußte, wie dies die Literatur vermuten läßt, dann müßten auch andere medizinische Probleme der Druckverhältnisse im Kreislauf bekannt gewesen sein. *Galen* experimentierte sogar über Kreislauffragen:

So wird z. B. der Einteilung des Pulses die geometrische Ausdehnung der Arterie nach Länge, Breite und Tiefe zu Grunde gelegt.

Galen legte in die geöffnete Arterie eine Röhre und schloß die Wunde. Die Arterie pulsierte in ihrer ganzen Länge fort; dies geschah aber nicht mehr nach ihrer Unterbindung oberhalb der Röhre (*Haeser*, 1845).

Ich erwähne diese Dinge nur, um die gegenwärtige Forschung daran zu erinnern, daß man nicht allzu leichtfertig stets nur die „neuesten" wissenschaftlichen Publikationen beachten sollte. Man sollte sich erinnern, daß der wirkliche wissenschaftliche Fortschritt zum Teil nur langsam fortschreitet, und viele Dinge schon lange zuvor erforscht und beschrieben wurden.

Der Beginn der Hochdruckdiagnostik vor ca. 100 Jahren

Die Blutdruckmessung ist eng mit dem Namen *Riva Rocci,* 1863 bis 1937, verbunden. Der Italiener war Internist zu Pavia und gilt Ende des vergangenen Jahrhunderts als Erfinder der unblutigen Blutdruckmessung mittels einer Armdruckmanschette unter Benutzung eines Quecksilbermanometers. Er legte eine bestimmte Größe der Manschettenbreite fest. Sie sollte ca. 12 cm breit sein.

Die Manschette soll die Hälfte des Armumfanges betragen. Ein größerer Armumfang erfordere eine größere Manschette und ein kleinerer eine kleinere Manschette. Deshalb ergäbe eine zu kleine Manschette einen zu hohen und eine zu große Manschette einen zu niedrigen Blutdruckwert. Den richtigen Blutdruck könne man nur bei einer Messung gewinnen, bei der sich der Standort des Quecksilbermanometers in Herzhöhe befinde, um einen Einfluß von hydrostatischen Effekten auszuschließen.

Der Russe *Korotkow,* geb. 1874, Chirurg aus Moskau/Leningrad, beschrieb das typische Strömungsgeräusch unter der Manschettenöffnung, welches wir heute noch als Korotkow'sches Geräusch bezeichnen.

Der Einfluß von Hungerzeiten auf die „essentielle" Hypertonie

Es ist fraglich, ob die sog. „essentielle" Hypertonie und ihre gefährlichen Folgekrankheiten im vergangenen Jahrhundert oder sogar davor so weit verbreitet waren, daß diese in der Medizin stärker auffallen konnten. Die Deutschen haben aus den schlechten Ernährungszeiten und dem Hunger in zwei Weltkriegen nachhaltig in Erinnerung, daß unter der Entwicklung von Normal- bzw. Untergewicht nicht nur alle sog. Wohlstandskrankheiten weitgehend verschwanden, wie Gicht, Herzinfarkte, Zuckerkrankheit,

Hypercholesterinämie usw. sondern vor allem auch der „essentielle“ Bluthochdruck extrem selten wurde. Es ist kaum anzunehmen, daß in den Hungerzeiten vergangener Jahrhunderte diese Situation anders war, so in den Jahren 1312, 1352, 1397, 1416, 1426, 1467, 1527, 1548, 1598, um hier nur einige Daten der ganz schlimmen Hungersnöte zu nennen, ebenso im

Tabelle 1. Mittlere Lebenserwartung[1]

Land Zeitraum	Männer	Frauen	Land Zeitraum	Männer	Frauen
Niederlande			England/Wales		
1840–1981	36,2	38,5	1838–1854	39,9	41,9
1870–1879	38,4	40,7	1871–1880	41,4	44,6
1900–1909	51,0	53,4	1901–1910	48,5	52,4
1921–1930	61,9	63,5	1920–1922	55,6	59,6
1931–1940	65,7	67,2	1930–1932	58,7	62,9
1947–1949	69,4	71,5	1948	66,4	68,0
1950–1952	70,6	72,9	1952	67,1	72,4
1953–1955	71,0	73,9	1954	67,6	73,1
			1955	67,5	73,0
Belgien			1956	67,8	73,3
1881–1890	43,8	47,0			
1891–1900	45,4	48,8	Frankreich		
1928–1932	56,0	59,8	1817–1831	38,3	40,8
1946–1949	62,0	67,3	1877–1881	40,8	43,4
			1898–1903	45,7	49,1
Deutschland (BRD)			1920–1923	52,2	56,1
1871–1880	35,6	38,5	1928–1933	54,3	59,0
1901–1910	44,8	48,3	1933–1938	55,9	61,6
1924–1926	56,0	56,8	1946–1949	61,9	67,4
1932–1934	59,9	62,8	1950–1951	63,6	69,3
1919–1951	64,6	68,5	1952–1956	65,0	71,2
Deutschland (DDR)			Südafrika		
1952–1953	65,1	69,1	(europ. Bevölkerung)		
1953–1954	65,6	69,5	1920–1922	55,6	59,2
1954–1955	66,2	70,2	1925–1927	57,8	61,5
1956–1957	66,3	71,0	1935–1937	59,0	63,1
			1945–1947	63,8	68,3
Schweden					
1841–1850	41,7	46,1	Vereinigte Staaten v.		
1871–1880	45,3	48,6	Nordamerika (Weiße)		
1901–1910	54,4	57,0	1900–1902	48,2	51,1
1921–1925	60,7	63,0	1919–1921	56,3	58,5
1926–1930	61,2	63,3	1929–1931	59,1	62,7
1931–1935	63,2	65,3	1939–1941	62,8	67,3
1936–1940	64,3	66,9	1945	64,4	69,5
1946–1950	69,0	71,6	1950	66,6	72,4
1951–1955	70,5	73,4	1956	67,3	73,3

[1] Nach Sleeswijk, De Ouderdom, Amsterdam (1948). Demographie Yearbook der Vereinten Nationen, Ausgabe 1953 bis 1958

30jährigen Krieg ab 1618 oder im vergangenen Jahrhundert in den Jahren 1843, 1845, 1848 bis 1850. Die Lebenserwartungen betrugen in Deutschland 1871–1880 bei Männern noch 35,6 Jahre und bei Frauen 38,5 Jahre (Tabelle 1). Die Masse der Bevölkerung erreichte gar nicht erst das Alter, in dem es vor allem zu den Folgekrankheiten der Hypertonie kommt. Erst gegen Ende des Jahrhunderts besserte sich die allgemeine Ernährungssituation durch umwälzende Erfolge: Transport von Nahrungsmitteln durch die Erfindung der Eisenbahn, Erfindung von Kunstdünger, Einmachtopf und Zinkblechdosen usw.

Als die deutschen Truppen von Oktober 1941 bis März 1942 Leningrad belagerten und eine fürchterliche Hungersnot den Tod von fast einer Million Menschen verursachte, verschwand die „essentielle" Hypertonie dort fast vollständig. Nach dem Einsetzen besserer Ernährung traten geradezu epidemische Wellen von Hypertoniekranken auf.

Tabelle 2a. Durchschnittliche Änderung der Ernährung in Deutschland 1939 bis 1948 (aus Holtmeier H.-J., Überlebensernährung, Nymphenburger Verlagshandlung München, 1986)

Rations-jahr	Kalorien	Eiweiß g	(tier.) Anteil	Fett g	Kohlen-hydrate g
1939/40	2435	74,0		57,7	389,1
1940/41	2445	70,0		57,0	397,0
1941/42	1928	49,0		47,0	315,0
1942/43	2078	54,3	(17,2 %)	42,4	356,0
1943/44	1981	52,4	(15,8 %)	40,2	333,1
1944/45	1671	46,9	(16,1 %)	31,9	278,2
1945/46	1412	43,2	(12,6 %)	21,8	251,6
1946/47	1426	44,3		14,3	272,5
1947/48	1503	43,0		15,1	288,3

Tabelle 2b. Energieversorgung (kcal/Tag/Person) für den Normalverbraucher im 1. Weltkrieg (1914–1918) in den Jahren 1915 bis 1920

Zeitpunkt	kcal/Tag	% des Normalbedarfs
Sommer 1915 (Frankfurt)	3200	131
Sommer 1916 (Essen)	1326	54
Winter 1916/17 (Essen)	1010	41
Sommer 1917 (Essen)	1176	48
Winter 1917/18 (Essen)	1370	56
Sommer 1918 (Essen)	1353	55
Winter 1918/19 (Essen)	1337	55
Sommer 1919 (Essen)	1883	77
Winter 1919/20	1194	49
März 1920 (München)	1058	43

(Quelle: nach Rubner M. 1928)

In Deutschland verschwanden ungefähr ab 1942 weitgehend die sog. Wohlstandskrankheiten (Diabetes mellitus, Gicht, Herzinfarkte, „essentielle“ Hypertonien usw.), Tabelle 2a zeigt einen Überblick über die Änderung der Ernährungssituation von 1939 bis 1948 in Deutschland und Tabelle 2b diejenige von 1915–1920.

Als ich Mitte der 50er Jahre unter *Paul Martini* in Bonn, als Vorlesungsassistent nach drei Wochen intensiver Suche keine „essentielle“ Hypertonie in seiner Klinik „finden“ konnte, sagte mir Martini „Holtmeier, suchen Sie, suchen Sie. Glauben Sie mir, die Krankheit gibt es.“ Als nach der Währungsreform 1948 die Hungerzeit aufhörte, sich die Wirtschaft allgemein erholte, die Menschen wieder mehr, ja überreichlich zu essen vermochten, der Bewegungsmangel durch die Verbreitung von Autos zunahm, traten Bluthochdruckkrankheiten wieder gehäuft auf. Die genetischen Anlagen hierzu, die während der erzwungenen Hungerzeit „geruht“ hatten, wurden durch die äußeren Umstände einer falschen Ernährungs- und Lebensweise wieder aktiviert. Diejenigen Patienten, die schon vor dem zweiten Weltkrieg ihre „essentielle“ Hypertonie gehabt, diese dann jedoch auf Zeit „verloren“ hatten, bekamen alle ihren alten Hypertonus wieder zurück. Vielen dieser Menschen ist damals ein zusätzliches Lebensjahrzehnt (durch die schlechte Ernährungszeit) „geschenkt“ worden. Die Abbildungen 1 und 2 vermögen hier einen kurzen Einblick zu verschaffen. Nicht verändert hatte sich selbstverständlich der Anteil an sekundär ausgelösten Hypertonien z. B. infolge von Nierenkrankheiten usw.

Genetische Einflüsse auf die Entstehung der „essentiellen“ Hypertonie

In früheren Jahrzehnten sprach man von Konstitution, heute von genetischen Einflüssen, so z. B. auf die Entstehung der „essentielle“ Hypertonie. Der Gesunde kann sich die Anlage zu einer „essentiellen“ Hypertonie weder erwerben noch „anessen“, auch nicht durch eine überhöhte Kochsalzaufnahme. Die Erbanlage kann allerdings sekundär durch falsche Ernährungs- und Lebensweise aktiviert werden. Die „essentielle“ Hypertonie ist überwiegend durch einen Erbdefekt bedingt, wie soviele andere Krankheiten auch (Gicht, Diabetes mellitus usw.).

Das Vorangesagte erklärt, warum die heute mehr oder weniger falsche, überreichliche, zu fette und kohlenhydratarme, ja fast typisch uniforme Wohlstandsernährung mit Bewegungsmangel mal diesen, mal jenen Erbdefekt auslöst. Es gibt keine andere ernährungsphysiologische Erklärung dafür, warum der eine durch falsche Lebens- und Ernährungsweise Gicht bekommt und der andere bluthochdruckkrank wird usw. Dies alleine erklärt die unterschiedliche Verteilung der genetischen Defekte.

Bei Erbanlagen zur „essentiellen“ Hypertonie kann überhöhte Kochsalzzufuhr und Übergewicht diese Krankheit auslösen, aber nicht beim Gesunden, der nicht kochsalzempfindlich ist. Jeder reagiert anders krankhaft und

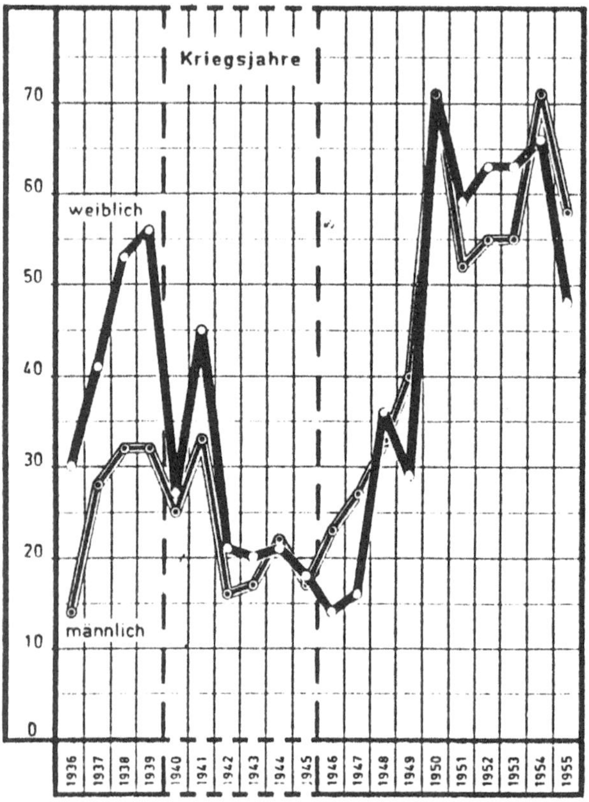

Abb. 1. Gesamtzahl aller Hypertonieerkrankungen („ess." und „sympt." Formen) in der Bonner Med. Univ. Klinik, welche unter der Hauptdiagnose „Hypertonie" in der Klinik archiviert wurden. Der ernährungsbedingte RR-Anstieg nach dem Krieg und der Abfall zuvor betrifft nur die „essentiellen", nicht aber die „sympt." Hochdruckkranken (s. Abb. 2). Der Anteil der Frauen überwiegt den der Männer ebenfalls nur bei den „ess." Hochdruckformen und nicht symptomatischen Fällen (vgl. Abb. 2). Unter schlechten Ernährungsbedingungen sinkt der Blutdruck im Kriege (1940–1945) stark ab und steigt nach der Währungsreform 1948/49 unter gebesserter Lebensweise erneut rasch und stark an. Es ist unwahrscheinlich, daß die Rolle von „NaCl" in diesem Geschehen allein von entscheidender Bedeutung war, zumal der Kochsalzverbrauch im Kriege sicher nicht wesentlich verringert und häufig sogar erhöht war. Für die Therapie des Hochdrucks ist bekannt, daß eine kalorienbeschränkte, leichtverdauliche Kost und Vermeidung jeder Fettsucht in gleicher Weise für die Behandlung des Bluthochdrucks wie der Kochsalzentzug aus der Nahrung wichtig sind (aus Holtmeier H.-J. „Die kochsalzarme Kost", Thieme-Verlag, Stuttgart, 1960).

entsprechend seiner jeweiligen Erbanlage auf einen anderen Ernährungs- und Umweltfehler. England ist das Erbland der Gicht, Israel dasjenige der Zuckerkranken usw.

Wir sollten uns nicht täuschen lassen, daß natürlich der Folgezustand extremer Fehlernährung z. B. von extremer Fettsucht das Bild gewisser Krankheitserscheinungen zeigen kann. Ein schwer Fettsüchtiger läßt

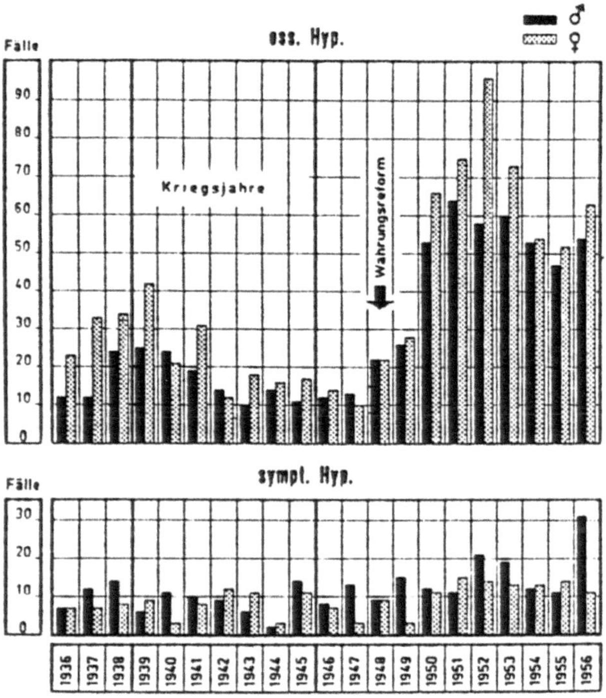

Abb. 2. Anstieg der Fälle mit essentieller Hypertonie nach dem Krieg unter gebesserter Ernährung (Überwiegen der Frauen). Im Gegensatz dazu bleiben die symptomatischen Hochdruckformen von der Ernährung unbeeinflußt. Berechnet auf das Gesamtkrankengut kann dieser Befund als statistisch gesichert angesehen werden ($p = <0{,}01$). (Aus „Die kochsalzarme Kost“ 1960, Thieme-Verlag, Stuttgart

Störungen in der Zuckerregulation erkennen, aber in der Regel nicht das echte Krankheitsbild des Diabetes mellitus, es sei denn, es läge hierfür eine Erbanlage vor. Der Fettsüchtige kann eine Neigung zu hypertonen Kreislaufregulationsstörungen entwickeln, aber in der Regel nicht das echte Krankheitsbild der „essentiellen“ Hypertonie, wenn hierzu nicht die Anlage besteht. Ansonsten müßten alle Fettsüchtigen eine „essentielle“ Hypertonie, eine Zuckerkrankheit und viele andere Krankheiten bekommen, die durch Fettsucht ausgelöst werden können. Das ist nicht der Fall. Jeder bekommt infolge Fettsucht diejenige Krankheit, für die er einen Gendefekt besitzt. Es gibt durchaus Fettsüchtige, die die „richtigen“ Gene haben und trotz „vieler Sünden“ auf dieser Welt ein biblisches Alter erreichen.

Deswegen sind in der ehm. BRD über 80% der Bevölkerung nicht kochsalzempfindlich, sondern nur ein Teil davon sind kochsalzempfindliche Hypertoniker. Wenn es bei den internationalen Studien zu einem Rückgang an Bluthochdruckkrankheiten unter Kochsalzrestriktion kommt, kann es sich nur um den Anteil an kochsalzempfindlichen „essentiellen“ Hypertonikern handeln. Deshalb ist es wissenschaftlich nicht angezeigt, der ganzen Bevölkerung eine vernünftige Verwendung von Kochsalz zu verbieten.

Der Einfluß von Kochsalz auf die „essentielle" Hypertonie

Es ist unbestritten, daß die sog. „Kochsalzempfindlichkeit" ein typisches Merkmal für einen Großteil der „essentiellen" Hypertoniker ist, und daß bei ihnen durch vermehrten Kochsalzkonsum Hochdruck ausgelöst werden kann (Abb. 3). *Allen, Volhard, Martini* u. a. haben dies bereits zu Beginn unseres Jahrhunderts eindeutig nachgewiesen. Aber der Kochsalzkonsum ist nicht das einzige Problem der „essentiellen" Hypertonie.

Martini postulierte in den 50er Jahren seinen Studenten in jedem Semester die Grundweisheit, daß schlechte Ernährungszeiten, so im ersten und zweiten Weltkrieg, stets mit einer drastischen Zunahme des Kochsalzverbrauchs einhergingen und infolge der damit verbundenen Körpergewichtsabnahme mit einem extremen Rückgang an „essentiellen" Hypertonien. Tabelle 3 zeigt den nach Steuertabellen ermittelten Anstieg für Speisesalzverkauf (nicht für Industriesalz) in den schlechten Ernährungszeiten Mitte des vergangenen Jahrhunderts und während der Hungerzeit im ersten (1914–18) und zweiten Weltkrieg (1939–45) und danach (Tabelle 2a, 2b). Der tatsächliche Verzehr pro Person von Kochsalz liegt niedriger als in Tabelle 3 ausgewiesen, da zusätzlich gewisse Verluste durch Nahrungszube-

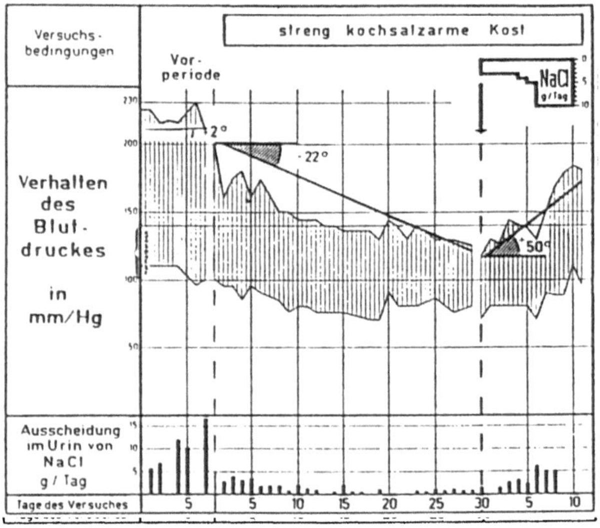

Abb. 3. Abfall des Blutdrucks unter Kochsalzentzug in der Nahrung. Nach einer Vorperiode von mindestens 3 Wochen mit NaCl-reicher Kost, in der der Blutdruck nicht absinkt, tritt unter NaCl-Entzug eine RR-Erniedrigung bis in den Normalbereich auf. Aus der Vorperiode wurde hier nur noch die letzte Woche graphisch dargestellt. Der Beweis, daß unter NaCl-Gabe tatsächlich wieder eine Blutdruckerhöhung auftritt, ist der erneute Hochdruck unter Kochsalzbelastung im Anschluß an die Drosselung der NaCl-Zufuhr. Die meisten Fälle zeigen einen signifikanten Blutdruckabfall erst, wenn die tägliche NaCl-Zufuhr unter 1 g liegt (= streng kochsalzarme Kost). (Aus P. Martini, Münch. med. Wschr. 35, 1217, 1957)

Tabelle 3. Verkauf (nicht Verzehr) von Kochsalz, berechnet nach den Steuereinnahmen der Finanzämter. Es gilt die Faustregel, daß in armen Zeiten stets überwiegend Vegetabilien und viel Kochsalz aufgenommen werden, weil es an hochwertigen tierischen Eiweißträgern und Geschmacksträgern wie Fett, Sahne usw. mangelt, die in Wohlstandszeiten überwiegen. Die Zahlenangaben stammen aus der Besteuerung von NaCl, welches ausschließlich für Essenszwecke beschafft wurde (Quellen: Statistische Jahrbücher für das Deutsche Reich 1887, 1898, 1904, 1909, 1915, 1919, 1923, 1924/25, 1926, 1934, 1936, 1937, 1938. Statistisches Jahrbuch über Ernährung, Landwirtschaft und Forsten der Bundesrepublik Deutschland 1952, 1958, 1959, 1965, 1970, 1977, 1979, 1981ff.

Jahr	NaCl g/Tag	Jahr		NaCl g/Tag	Jahr	NaCl g/Tag
1870	21,09	1906		21,36	1952	18,82
1871	21,64	1907		21,64	1953	19,12
1872	20,82	1908		21,09	1954	17,89
1873	21,36	1909		21,36	1955	18,63
1874	21,91	1910		21,91	1956	17,04
1875	21,36	1911		20,82	1957	17,26
1876	21,36	1912		21,64	1958	16,21
1877/78	21,36	1913		22,19	1959	15,83
1878/79	21,09				1960	16,21
1879/80	21,09	1914	1.	23,83	1961	15,83
1880/81	21,09	1915		24,31	1962	15,75
1881/82	20,82	1916	Welt-	29,86	1963	16,38
1882/83	21,36	1917		37,26	1964	15,20
1883/84	21,36	1918	krieg	29,47	1965	15,12
1884/85	21,09				1966	15.17
1885/86	20,32	1919		27,87	1967	15,15
1886/87	21,09	1920		26,84	1968	15,56
1887/88	20,82	1921		26,01	1969	15,69
1888/89	21,09	1922		36,16	1970	15,80
1889/90	20,27	1923		27,12	1971	15,61
1890/91	21,09	1924		21,64	1972	15,23
1891/92	21,09	1925/26		26,82	1973	15,34
1892/93	20,82				1974	15,45
1893/94	20,82	1932/33		8,20	1975	15,42
1894/95	21,09	1933/34		19,36	1976	15,56
1895/96	21,36	1934/35		20,27	1977	15,83
1896/97	21,36	1935/36		20,00	1978	15,80
1897/98	21,09	1936/37		20,27	1979	16,30
1899	21,64	1937/38		20,27	1980	15,69
1900	21,09				1981	16,08
1901	20,82	1946/47*		36,00	1982	15,78
1902	21,36	1948		18,57	1983	15,61
1903	21,64	1949		16,71	1984	15,53
1904	20,54	1950		18,08	1985	15,51
1905	21,36	1951		19,12	1986	15,50

* Nach eigenen Unterlagen und von Paul Martini aus den Bonner Universitätskliniken 1955 erreicht der Kochsalzkonsum 1946/47 ca. 36 g/Tag und Person

Tabelle 4. NaCl-Ausscheidung im 24-h-Urin bei Erwachsenen, Jugendlichen und Kindern (nach *Weber* et al, 1986)

Probanden	NaCl-Ausscheidung (g/Tag)					
	n	Mittelw.	Median	1. Quartile	2. Quartile	Extrem-ber.
Männer + Jungedl. ≥12 Jahre	47	11,96	12,21	9,70	14,70	4,83–17,51
Frauen + Mädchen ≥12 Jahre	46	9,76	9,54	7,58	11,81	4,75–17,68
Kinder 6–11 Jahre	36	6,57	5,90	5,02	7,59	3,17–11,91
Kinder <6 Jahre	18	3,60	3,19	2,53	4,70	1,06– 9,09

reitung und -Versand auftreten (Tabelle 4). Das ändert nichts an der Tatsache, daß die grundsätzlichen Bewegungen parallel laufen und daß insgesamt der Speisesalzverkauf (und parallel dazu auch der Verbrauch) nach dem zweiten Weltkrieg von ca. 36 g/Tag 1946/47 (Tabelle 3) auf ca. 15,5 g/Tag und Kopf bis 1986 wieder stark zurückging. Gleichzeitig wurde der Speisesalzverzehr mit steigendem Wohlstand durch bessere Geschmackskorrigenzien auf Fettbasis und durch ausländische Gewürze ersetzt. In den Kriegen war Deutschland von den Alliierten eingeschlossen. Alle wertvollen tierischen Eiweiß- und Fettträger (Sahne, Butter u. a., Fette sind die besten Geschmacksvermittler) wurden rar und waren nur noch auf Lebensmittelkarten zu beziehen. Kochsalz gab es ausreichend. Es gehört zu den gesicherten Erkenntnissen, daß unter der eintretenden Magersucht der Menschen in zwei Weltkriegen nicht nur der Anteil an „essentiellen" Hypertonien zurückging. Ein Großteil der bislang kochsalzempfindlichen Hypertoniker verlor sogar vorübergehend ihre bisherige Kochsalzempfindlichkeit. Ich erinnere mich genau, daß die mageren Hypertoniker damals teils wie „verrückt" ihr Essen wieder salzten, aus Freude darüber, daß ihre Kochsalzempfindlichkeit verschwunden war. Natürlich darf man diese Beobachtung nicht ausnahmslos verallgemeinern.

Die „essentiellen" Hypertonien nahmen nach dem zweiten Weltkrieg parallel zur Zunahme von Übergewicht wieder drastisch zu. Im gleichen Zuge ging der Kochsalzkonsum stark zurück (Tabelle 3). Daraus resultiert, daß der entscheidende Faktor für die Aktivierung der „essentiellen" Hypertonie Übergewicht an erster und Kochsalz erst an zweiter Stelle war.

Die Ausscheidung an NaCl dürfte für den nicht kochsalzempfindlichen Gesunden in der ehem. BRD gegenwärtig nicht zu hoch liegen. Tabelle 4 zeigt nach *Weber* (1986) beispielhaft, daß die derzeitige Urinausscheidung um ca. 10 bis 12 g/Tag/Kopf an NaCl beträgt. 92 % des Speisesalzes werden „versteckt" über das fertige Nahrungsmittel geliefert. Nur ca. 3 g des zum Essen gestreuten Speisesalzes gehen nach Abzug aller Verluste täglich direkt in die Nahrung über.

Zur Ursache der Kochsalzempfindlichkeit der „essentiellen" Hypertonie

Noch sind die pathophysiologischen zellulären Veränderungen im Natrium- und Chloridhaushalt bei „essentieller" Hypertonie nicht vollständig geklärt. Verschiedene physiologische und pathophysiologische Aspekte werden an anderer Stelle in diesem Buch besprochen. Ich möchte mich deshalb auf Analysen in Erythrozyten, die später von anderer Seite auch in Thrombozyten bestätigt und wiederholt wurden, beschränken.

Nach unseren Kenntnissen hat weltweit als erster *D'Amico* 1958 bei „essentieller Hypertonie" im Erytrozyten eine Zunahme von Natrium von 18,37 ± 6,49 mval/l auf 29,3 mval ± 9,17 beschrieben. Die unterschiedlichen Ergebnisse im Vergleich zu späteren Autoren hängen von den unterschiedlichen Bestimmungsmethoden ab (Tabelle 5). Eine Verdoppelung von Kalzium in Erythrozyten bei „essentieller" Hypertonie von 0,26 ± 0,018 mval/l auf 0,59 ± 0,029 mval/l wurde von uns 1967 erstmals weltweit publiziert (*Holtmeier, Heilmeyer, Marongiu,* 1967). Tabelle 6 zeigt unsere Analysenergebnisse aus 1967. Diese beiden Befunde könnten mit erklären, warum der „essentielle" Hypertoniker auf den Entzug von Natrium bzw. NaCl anspricht und wodurch sich die positive Wirkung der Kalziumantagonisten mit erklären ließe.

Tabelle 5. Natrium, Kalium und Chlorid in Erythrozyten bei „essentieller" Hypertonie (aus Holtmeier H.-J., Heilmeyer L. und Marongiu F. (1967) Med Klinik 62: 246)

Autor		Normal	Hypertonie	
D'Amico (1958)	Na^+	18,37 ± 6,49	29,3 ± 9,17	essentielle Hypertonie
	K^+	95,96 ± 3,99	94,54 ± 2,87	essentielle Hypertonie
	Na^+	13,00 ± 0,45	16,94 ± 1,70	essentielle Hypertonie
			13,03 ± 0,94	symptomatische Hypertonie
Losse u. Wehmeyer (1960)	K^+	89,83 ± 1,86	90,41 ± 1,84	essentielle Hypertonie
			93,35 ± 2,74	symptomatische Hypertonie
	Cl^-	57,86 ± 1,07	57,73 ± 2,01	essentielle Hypertonie
			57,56 ± 1,99	symptomatische Hypertonie
Gessler (1962)	Na^+	14,3 ± 0,9	17,0 ± 2,4	essentielle Hypertonie
	K^+	86,3 ± 4,0	87,5 ± 6,9	
Gross (1964)	Na^+	18,8 ± 1,8	25,5	Hypertonie
	K^+	89,1 ± 1,1	101,5	
	Na^+	7,85 ± 2,30	13,1 ± 3,46	
Holtmeier, Marongiu (1965)	K^+	88,0 ± 6,0	75,4 ± 9,23	essentielle Hypertonie
	Cl^-	67,9 ± 4,5	65,4 ± 7,6	

Tabelle 6. Zunahme des Kalzium- und Natriumgehaltes in Erythrozyten bei „essentieller" Hypertonie (aus Holtmeier H.-J., Heilmeyer L. und Marongiu F. (1967) Med Klinik 62: 246)

		Gesunde	Hypertoniker	Irrtum-wahrschein-lichkeit P = 2a
Serum	$[Na^+]$	143,1 ± 3,8	133,6 ± 5,0	P < 0,1 %
	$[K^+]$	4,05 ± 0,34	3,98 ± 0,35	P < 0,1 %
	$[Ca^{++}]$	4,95 ± 0,40	4,77 ± 0,85	P < 10 %
	$[Cl^-]$	102 ± 4,0	103 ± 5,7	P < 85 %
	$[Mg^{++}]$	1,48 ± 0,16	1,39 ± 0,07	P < 70 %
Erythrozyten	**$[Na^+]$**	**7,85 ± 2,30**	**12,1 ± 3,46**	**P < 0,1 %**
	$[K^+]$	88,0 ± 6,0	75,4 ± 9,23	P < 0,1 %
	$[Ca^{++}]$	**0,26 ± 0,018**	**0,59 ± 0,029**	**P < 0,1 %**
	$[Cl^-]$	67,9 ± 4,5	65,4 ± 7,6	P < 0,1 %
	$[Mg^{++}]$	3,70 ± 0,26	3,82 ± 0,57	P < 50 %

Periode des diätetischen Chloridentzuges

Der Entzug von Natrium und Chlorid als Behandlungsmaßnahme der „essentiellen" Hypertonie kann demnächst seinen 100jährigen Geburtstag feiern.

Widal richtete als erster um 1902 das allgemeine Interesse durch seine Arbeit über das „Syndrome chloruremique" auf das Chloridion. Es war die Pariser Schule unter *Lemierre, Weil, Blum* und *Strauß* u. a., die diesem Ion die wichtigste Bedeutung beimaßen. Seit der Jahrhundertwende führte sich damit zunächst eine therapeutisch erfolgreiche Periode des diätetischen Chloridentzuges ein. Neben den klinischen positiven Erfahrungen führten zu diesem Erfolg auch einige nicht unbedeutende technische Voraussetzungen. Man konnte damals hervorragend einfach mit der Silbernitratmethode Chlorid bestimmen, aber routinemäßig nicht das Natriumion. Dies gelang erst Ende der fünfziger Jahre durch die Einführung der Flammenphotometrie. Alle Nahrungsmitteltabellen, so die von *Schall* in Deutschland und *McCancer* in England, waren deshalb vor 1959/60 ausschließlich nach dem Chloridgehalt der Nahrungsmittel bestimmt, obwohl man diese offiziell als „Kochsalztabellen" verkaufte. Die Kochsalzausscheidung im Urin von Patienten wurde nur nach dem Chloridgehalt bestimmt (und nicht nach dem Natriumgehalt), obwohl man von „Kochsalzausscheidung" sprach (Abb. 3). Die Zufuhr natriumhaltiger Nahrungsmittel war uneingeschränkt frei. Diese Natriumbelastung geschah ohne jegliche Nachteile für die „essentielle" Hypertonie und die Behandlung von Ödemleiden. Die Natriumbelastung erhöhte weder den Blutdruck noch trug sie zur krankhaften Wassereinlagerung bei. Natrium „alleine" wirkte weder hydrophil noch hypertensiv. Als Kochsalzersatzmittel waren nur solche zugelassen, die chloridfrei waren, aber natriumhaltig. Ein bekanntes Kochsalzersatzmittel, das in den 50er Jahren im Handel war, hieß: *Titrosalz spezial.* Es enthielt in 100 g 1230 mval an Natrium, aber Chlorid nur in Spuren (*Heilmeyer* u. *Holtmeier* in „Hochdruckforschung", 1965). Ich habe die Therapieerfolge mit Chloridentzug persönlich noch aus meiner klinischen Zeit in den 50er Jahren in Bonn unter Paul *Martini* in bester Erinnerung. Man sollte sich heute in einer Zeit, in der man dem Natriumion oft eine einseitige „Schuld" für die Blutdrucksteigerung und Ödembildung zuschreibt, dieser Erfahrung ernsthaft erinnern.

Allerdings machte man die Beobachtung, daß sich bei den meisten Kranken mit „essentieller" Hypertonie ohne Anwendung von Medikamenten, die es zur Blutdrucksenkung damals in wirksamer Weise noch nicht gab, im Stadium des noch labilen und nicht fixierten Hochdrucks, überwiegend erst eine Blutdrucksenkung unterhalb einer Einschränkung von 1 g/Tag an NaCl (umgerechnet auf den Chloridgehalt) erzielen ließ (Abb. 3). *Volhard* und *Sarre* schrieben, daß ein positiver blutdrucksenkender Effekt nur unter der strengen Aufsicht einer stationären, klinischen Aufnahme zu bewerkstelligen, aber ambulant unmöglich zu erreichen wäre (*Heilmeyer* u. *Holtmeier*, 1965). Aus diesen über einen Zeitraum von fast 50 Jahren gewonnenen klinischen Beobachtungen (bis Ende der fünfziger Jahre) kann man schließen, daß der alleinige Chloridentzug zur Behandlung der „essen-

Tabelle 7. Zeigt zusammenfassend das Ergebnis (n 300) von Belastungen mit Kochsalz, einer chloridhaltigen Lösung (*Titrosina spezial*) und einer natriumhaltigen Lösung (Curtasal) an kochsalzempfindlichen Ratten

Versuchs-Gruppen (Ratten)	Normal Tiere	Belastungen mit		
		Na*	Cl*	NaCl*
Monate	mm Hg	mm Hg	mm Hg	mm Hg
1	78,7 ± 1,1	78,6 ± 1,09	91,4 ± 2,09	78,2 ± 1,23
2	84,0 ± 0,69	77,5 ± 2,81	92,0 ± 2,50	74,6 ± 1,98
3	84,2 ± 1,01	78 ± 0,97	86,6 ± 3,55	87,7 ± 1,48
4	83,1 ± 1,05	76,3 ± 1,80	80,8 ± 2,43	99,0 ± 1,19
5	81,8 ± 1,08	70,6 ± 2,42	90,6 ± 3,25	105,1 ± 1,86
6	83,5 ± 1,06	82,3 ± 1,88	98,4 ± 1,99	118,0 ± 2,12
7	81,2 ± 1,09		83,0 ± 3,39	
8	80,6 ± 0,83		98,3 ± 5,83	
9	80,4 ± 1,06			
10	75,0 ⊥ 1,58			

Ein Blutdruckanstieg ist bei den NaCl-sensitiven Ratten nur unter einer Kochsalzlösung (NaCl, rechte Rubrik) zu beobachten, nicht unter einer alleinigen Belastung mit Nasalzen ohne Chlorid oder einer alleinigen Chloridsalzbelastung ohne Natrium.

* Na-Belastung durch 1,7 % Curtasal-Trinkwasserlösung
Cl-Belastung durch 1,5 % Titrosina-Trinkwasserlösung
NaCl-Belastung durch 1 % NaCl-Trinkwasserlösung
(nach Martini P., Kaiser K. und Holtmeier H.-J. (1956) Internat. Kongr. Inn. Medizin, Madrid, Summary S. 90)

tiellen“ Hypertonie wirksam war, und auch eine gleichzeitige Natriumbehandlung den Blutdruck nicht zu steigern vermochte, solange Chlorid in der Nahrung beschränkt blieb (Tabelle 7). Das gleiche galt für die Ödembildung.

Periode des Natriumentzuges

Grollmann behauptete 1945, daß in der Hochdruckbehandlung dem Natriumentzug die wichtigste Rolle zukäme. Das hatten vor ihm schon 1913 *Pfeiffer* und *v. Wyss* gesagt. Die Erfindung des Hormons Elektrocortin Ende der 50er Jahre, später auch als Aldosteron bezeichnet, welches seinen primären Angriffspunkt am Natriumion hat, während Chlorid diesem nur sekundär und passiv folgt (Abb. 4), lenkte die Aufmerksamkeit weltweit auf das Natriumion. Zugleich ermöglichte die Einführung der Flammenphotometrie die einfache routinemäßige Natriumanalyse in jeder Klinik und Praxis. Damit lenkte sich das Interesse weg vom Chlorid nun auf das Natriumion.

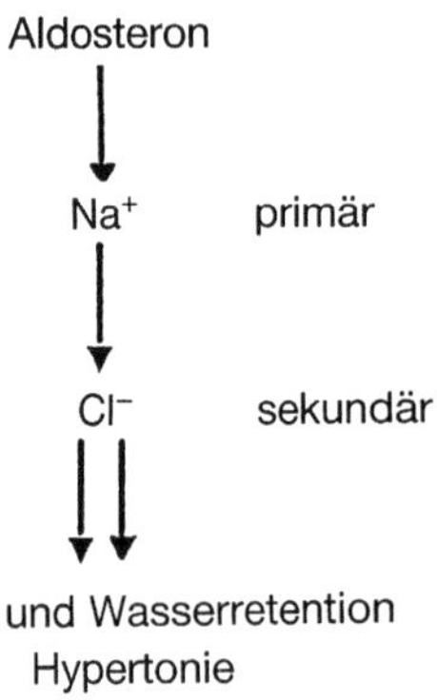

Abb. 4. Schematische Darstellung der Entstehung von Ödemen sowie der Einfluß von Kochsalz- und Wasserretention auf die Hypertonie. (Aufgezeigt an Hand der Mineralokortikoidwirkung der NNR.) Primäre Natriumretention unter Aldosteron ohne direkte Wasserbindung. Durch sekundäre Chloridretention mit Natrium Bildung von „Kochsalz“ im physiologischen Konzentrationsverhältnis Na/Cl = 1,4 mit nachfolgender Wasserretention. Nur Na^+ und Cl^-, nicht aber Na^+ oder Cl^- allein, bewirken eine Hypertonie oder Ödembildung.

Der Natriumentzug ist bei freier Chloridzufuhr seit Beginn der 60er Jahre mit großem Erfolg in der Behandlung der „essentiellen“ Hypertonie und von Ödemleiden geübt worden. Damit wurde gezeigt, daß auch die isolierte Chloridbelastung alleine keine Blutdrucksteigerung bewirken und auch keine Ödembildung fördern konnte, solange Natrium in der Zufuhr beschränkt blieb. Alle Kochsalzersatzmittel wurden damals natriumfrei, aber hochgradig chloridreich hergestellt.

Viele Autoren, so auch *Martini et al.*, führten in den 50er Jahren Belastungen an Ratten mit Kochsalzlösungen etc. durch. Die Ergebnisse sind grob schematisch in Tabelle 7 dargestellt. Sie ergaben im Prinzip den gleichen Effekt, den man schon von den klinischen Erfahrungen her kannte. Die Belastung mit einem einzelnen Ion – sei es mit Natrium oder Chlorid alleine – hatte keine blutdrucksteigernde Wirkung zur Folge, sondern nur die alleinige Kochsalzgabe.

Änderung der Diätverordnung zu Gunsten eines Natriumentzuges um 1958

Ende der 50er Jahre konnte ich in Bonn an Verhandlungen teilnehmen, die auch für die ehem. BRD zur Einführung der natriumarmen Diätformen führten und zu einem Verzicht auf die bisher übliche chloridarme Diät (*Holtmeier*, 1960). Damals entstanden die Vorschriften für eine „natriumarme" bzw. „streng natriumarme" Diät. Die Festlegung auf eine Tageszufuhr von 17,11 mval an Natrium und an Chlorid, oder umgerechnet eine Zufuhr von 1 g NaCl/Tag, ergab sich aus den bisherigen Erfahrungen mit der chloridarmen Diät. Man wußte, daß eine wirksame Blutdrucksenkung bei den meisten „essentiellen" Hypertonikern nur unterhalb einer Zufuhr von 17,11 mval Chlorid oder unter 1 g NaCl/Tag möglich war. Da man davon ausging, daß ein Patient ca. 1 kg täglich an fester Nahrung aufnehmen würde, bezog man die Werte für die Diätverordnung auf 1/10 der Menge von 1 kg, also auf 100 g Nahrung.

Besonders die Befunde mit dem Hormon Aldosteron (Abb. 4) zeigten, daß unterhalb einer Zufuhr von 1 g NaCl täglich eine fast totale Rückresorption von Natrium und nachfolgend von Chlorid zustande kam aber eine Kochsalzeinschränkung von über 1 g, etwa auf 4 oder 5 g täglich, nur selten den Hochdruck zu beeinflussen vermochte.

Die späteren Erfolge der medikamentösen Therapie haben die Diätetik, welche einmal mit zur Domäne in der Therapie zählte, zu Recht überflügelt.

Man erreicht einen günstigen therapeutischen Effekt viel wirkungsvoller unter der Gabe von Diuretika in Kombination mit anderen Medikamenten mit einer mäßigen Kochsalzeinschränkung auf 4 bis 6 g NaCl täglich. Nur Unwissende wollen gesunden Personen, die weder Hypertoniker sind noch eine Kochsalzempfindlichkeit besitzen, aus prophylaktischen Gründen eine Kochsalzbeschränkung auf 1 bis 2 g täglich „einreden", eine Maßnahme, die man einem Hochdruckkranken mit Kochsalzempfindlichkeit alleine niemals mehr zumuten würde und die auch nicht ungefährlich sein kann.

Erfolge in der Hochdruckbehandlung unter moderner Therapie

Ohne Anwendung der heutigen, modernen Medikamente drohten dem „essentiellen" Hypertoniker damals unter der unzureichenden Diättherapie mittels Kochsalzentzug in der Regel drei Ausgänge: Herzinsuffizienz, Schlaganfall oder Urämie infolge Nierenschrumpfung. Mitte 1950 gab es noch massenhaft auftretende Augenhintergrundveränderungen vom Stadium III und auch Erblindungen.

Eine Diät unter 1 g NaCl/Tag konnte die Masse der Hypertoniker nicht durchführen. Der entscheidende Durchbruch in der Behandlung der Hypertonie geschah erst durch die Einführung moderner wirksamer Medikamente wie der Diuretika, der Kalziumantagonisten, der Betablocker und anderer Hemmstoffe. Die oben aufgezeigten damals alltäglichen Ausgänge sind

Tabelle 8. Sterbefälle an ischämischen Koronarkrankheiten in der ehem. BRD pro 100 000 Einwohner der entsprechenden Altersgruppe von 1952 bis 1987 (nach Daten des Stat. Bundesamtes Wiesbaden) unter Berücksichtigung der Bevölkerungszahl und der Gesamtsterbefälle an Koronarkrankheiten

Jahr		**0–65 Jahre**	**65–75 Jahre**	**über 75 Jahre**
Tod durch koronare Herzkrankheiten		(CHD 410–414) = (Tod durch Krankheiten der Herzkranzgefäße)		
Männer:				
1952	**Koronartote**	**36,3**	**394,1**	**614,7**
Lebende Personen in Mill.		19,3	1,45	0,58
1961	**Koronartote**	**72,6**	**751,5**	**1013,8**
Lebende Personen in Mill.		23,1	1,6	0,795
1987	**Koronartote**	**69,3**	**1027,3**	**2516,6**
Lebende Personen in Mill.		26,1	1,8	1,3
Frauen:				
1952	**Koronartote**	**9,9**	**198,8**	**434,8**
Lebende Personen in Mill.		23,4	1,75	0,72
1961	**Koronartote**	**11,1**	**306,3**	**1278,6**
Lebende Personen in Mill.		25,0	2,4	1,1
1987	**Koronartote**	**18,2**	**391,9**	**1613,9**
Lebende Personen in Mill.		25,6	3,1	3,0

heute zur Rarität geworden. Die Hochdruckkrankheit ist als Risikokrankheit damit im Rückgang begriffen, so auch im Hinblick auf die Entwicklung der Arteriosklerose, des Koronarinfarktes, Schlaganfalles u. a. Leiden mehr.

Damit haben wir möglicherweise auch mit eine Erklärung dafür, daß in der ehem. BRD seit ca. 15 Jahren der tödliche Koronarinfarkt in der Altersgruppe der bis zu 65 Jahre alten Personen stetig im Rückgang begriffen ist (Tabelle 8b). Er entwickelt sich infolge der ständig steigenden Lebenserwartungen neuerdings zu einer „Absterbekrankheit“ im Greisenalter. Menschliches Leben ist genetisch begrenzt. Mit ca. 115 Jahren verliert die menschliche Zelle ihre Teilungsfähigkeit. *Max Bürger* erwähnte Ende der 50er Jahre in seinem Buch über Altersforschung, daß sich das Lebensende unter dem Bild des Versagens seiner feinsten Gefäße vollzöge. Er prägte den Ausdruck „Physiosklerose“.

Verteilung von Natrium und Chlorid in den Flüssigkeitsräumen

Es bedarf zunächst einer kurzen Beschreibung des Vorkommens der beiden Ionen in den Flüssigkeitsräumen. Natrium- und Chloridionen spielen im zellulären (IzF) Raum (Abb. 5), quantitativ gesehen, nur eine geringe Rolle. Andere Mineralstoffe wie Kalium, Magnesium usw. kommen dort ungleich häufiger vor. Eine wichtige quantitative Rolle spielen Natrium und Chlorid als Hauptträger der extrazellulären *Flüssigkeit (EzF) oder des Blutserums* (Abb. 6) mit ca. 140 mval Natrium und ca. 100 mval Chlorid pro Liter. Sie unterliegen dort damit auch den physikalischen Gesetzen vom „osmotischen Druck“ einer Flüssigkeit. Dieser wird stets aus der Summe der Kat- und

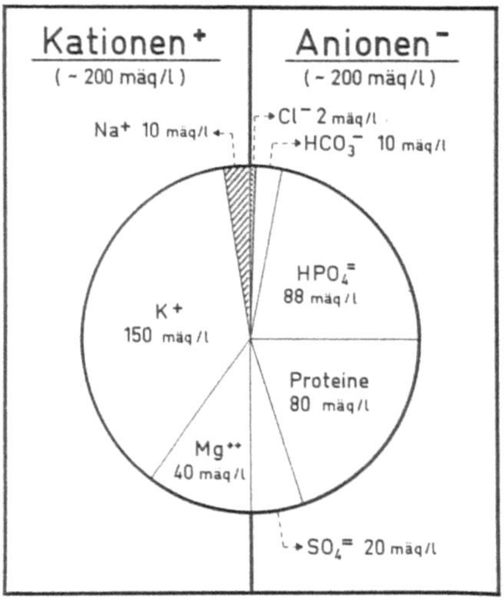

Abb. 5. Durchschnittliches Konzentrationsverhältnis der Elektrolyte der intrazellulären Flüssigkeit. Auffällig ist der geringe Anteil an Na und Cl (Aus Holtmeier H.-J. „Die kochsalzarme Kost", Georg Thieme, Stuttgart, 1960)

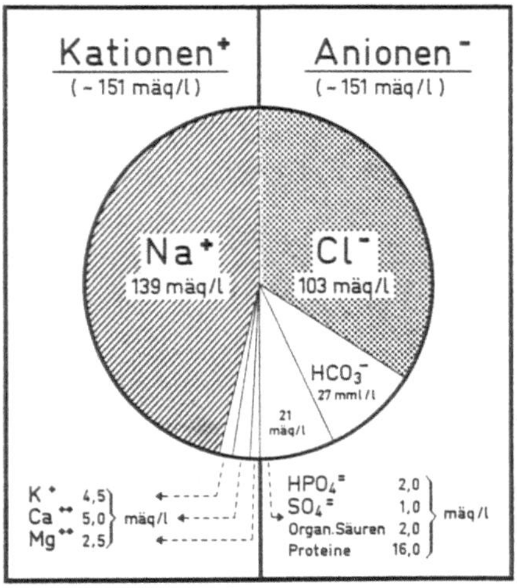

Abb. 6. Durchschnittliches Konzentrationsverhältnis der wichtigsten Serumelektrolyte. Besonders auffällig ist das überwiegende Vorkommen von Na und Cl sowie der Na/Cl-Quotient von ca. 1,4 (Aus Holtmeier H.-J. Die kochsalzarme Kost, Georg Thieme, Stuttgart, 1960)

Anionen gebildet. Entferne ich die Kationen, so folgen passiv auch die Anionen nach oder umgekehrt. Da sowohl Natrium als auch Chlorid sog. „essentielle" Elemente sind und eine Minderzufuhr stets auch zu einer Verarmung an diesen beiden Mineralstoffen in der extrazellulären Flüssigkeit führen muß, wird dem diätetischen Entzug von Chlorid alleine stets auch die Ausscheidung von Natrium folgen.

Auch der alleinige Natriumentzug muß stets von einem Verlust von Chlorid begleitet sein. Ein Kation allein kann sich in der menschlichen extrazellulären Flüssigkeit ebenso wenig halten wie ein Anion. Deshalb führte eine chloridarme Diät, wie sie in den ersten ca. 50 Jahren dieses Jahrhunderts erfolgreich durchgeführt wurde, ebenso zum Erfolg wie der spätere Natriumentzug. Im Falle der Ödembehandlung machte sich der Entzug alleine von Chlorid oder alleine von Natrium durch einen starken Verlust an krankhaft eingelagertem Natrium, Chlorid und Wasser bemerkbar. Bereits der Gesunde verliert unter einer „streng kochsalzarmen Diät" bis zu 2,5 kg an Flüssigkeit. Die beiden genannten Wirkungen hätte man ebensogut auch durch einen gleichzeitigen Entzug von Natrium und von Chlorid in Form einer kochsalzarmen Diät erreichen können. Im Prinzip reichte jedoch der Entzug etnweder vom Kation oder vom Anion alleine aus.

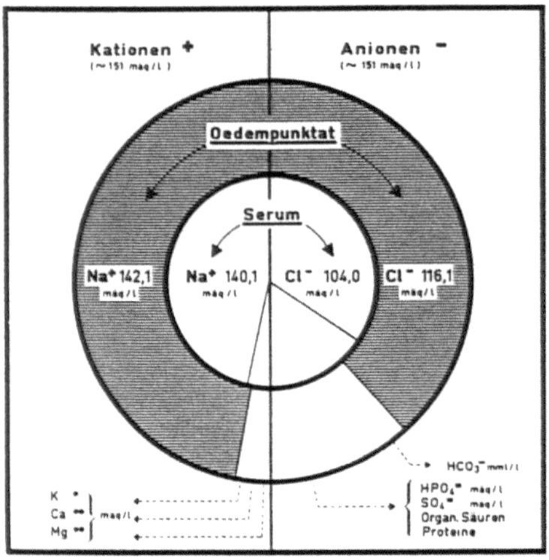

Abb. 7. Die durchschnittliche Elektrolytkonzentration an Na und Cl bei ödemkranken Patienten. Es fällt das Überwiegen von Na und Cl in der Ödemflüssigkeit wie im Serum auf. Der Na-Anteil überwiegt den von Cl (Na/Cl = 1,27)

Naturgemäß kann nicht die Zufuhr vom Kation Natrium alleine zu einer Ödembildung oder zur Blutdrucksteigerung führen, solange nicht die Anwesenheit von Chlorid sozusagen seine „Speicherung“ in der extrazellulären Flüssigkeit ermöglicht. Eine alleinige „Speicherung“ von Natrium müßte sich auf Kosten anderer Kationen vollziehen. Überall sind die Hauptträger der extrazellulären Flüssigkeit die beiden Kat- und Anionen Natrium und Chlorid so auch in der Ödembildung (Abb. 7).

Möglicher Einfluß von Kalium auf die Hauptträger der extrazellulären Flüssigkeit und die Wasserbindung

Die Zusammensetzung der Ionen in der EzF wird von den Stoffwechselorganen besonders der Niere beim Gesunden und – soweit wie möglich – auch beim Kranken versucht, im Normbereich aufrechtzuerhalten. Dies gilt auch für den hiervon abhängigen Blut-pH-Wert. Man kann also nicht einfach Natrium beliebig in der extrazellulären Flüssigkeit ohne schwerwiegende Folgen erhöhen oder erniedrigen. Auch kann das normale physiologische Konzentrationsverhältnis nicht durch die Zufuhr von Ionen, wie z. B. Kalium über die Nahrung, beim Gesunden ad libidum erhöht werden. Kalium kommt (abhängig von Analyseverfahren) in der EzF mit ungefähr 4,1–5,6 mval/l vor. Man könnte zwar alle Kaliumspeicher extrazellulär (und auch intrazellulär) „randvoll“ füllen, aber nicht wesentlich darüberhinaus. Sonst würde die Überlebensfähigkeit des Organismus infrage gestellt. Bei Niereninsuffizienz ist dies bekannt. Wenn der untere Normbereich für Kalium bei ca. 4,1 mval/l liegt, dann könnte man durch eine Zunahme auf 5,6 mval/l eine Steigerung von plus 1,5 mval/l erreichen, die eventuell auf Kosten einer Minderung der Natriumkonzentration gehen könnten. Für diese würde eine solche Steigerung oder Minderung allenfalls eine unbedeutende Bewegung innerhalb des physiologischen Normalbereiches bedeuten, der ohne jeden Effekt auf das Ausmaß der Wasserbindung bliebe. Denn selbst bei einer Zunahme des Kaliumanteils um 1,5 mval/l würde sich ja die Gesamtsumme der Kationen nicht ändern und damit auch nicht die Gesamtwasserbindung. Deshalb kann eine orale Kaliumzufuhr durch die Ernährung auch keine Diurese bewirken, wie dies oft behauptet wird. Allerdings könnte eine Azidose einen Flüssigkeitsverlust herbeiführen (Abb. 12). Die Wasserbewegung steht und fällt mit der gemeinsamen Bewegung der wichtigsten Kat- und Anionen Natrium und Chlorid. Auch die experimentell ausgelöste Erniedrigung des Serumkalium (Abb. 10), die durch Natriumretention bewirkt wurde, führte zu keiner Bewegung im Wasserhaushalt.

Über die Rolle des unterschiedlichen Vorkommens von Natrium und Chlorid in der extrazellulären Flüssigkeit

In der EzF kommt Natrium mit ca. 140 mval/l quantitativ wesentlich häufiger vor als Chlorid mit ca. 100 mval/l. Dies hat u. a. eine Bedeutung für die Diätbehandlung des Hochdrucks und von Ödemen. Wenn ich bei einem Ödemkranken eingelagertes Wasser, welches stets in einer ähnlichen Konzentration an Elektrolyten wie in der extrazellulären Flüssigkeit vorliegt (Abb. 7) und an die Hauptträger Natrium und Chlorid gebunden ist, durch eine Diätmaßnahme entziehen möchte, so kann ich dies quantitativ wirksamer bewerkstelligen, wenn ich das in der EzF in geringerer Konzentration vorliegende Anion Chlorid entferne. Da der Organismus mit seinen Stoffwechselorganen stets den ihm eigenen osmotischen Druck mit seiner unterschiedlichen Verteilung an Natrium und an Chlorid aufrechterhält, wird dem Entzug von ca. 100 mval/l an Chlorid stets auch der Entzug von 140 mval/l an Natrium folgen und diesem wiederum die Ausschwemmung von ca. 1 Liter Wasser. Der Chloridentzug wäre also diätetisch, quantitativ gesehen, wirkungsvoller. Würde ich 100 mval Natrium diätetisch entziehen, dann könnten stets nur etwa 70 mval/l an Chlorid mit ausgeschwemmt werden und nur ca. 70 ccm an Wasser. Dies würde auch ohne Rücksicht auf den Effekt von Aldosteron auf das Natriumion passieren. Man würde nun einen großen Fehler begehen, aus diesem Umstand gleich dem Chlorid eine gewichtigere Rolle als dem Natrium zuzuschreiben. Abbildung 8 zeigt grob schematisch das unterschiedliche Verhalten der Ionen beim diätetischen Entzug von Natrium und von Chlorid auf die Wasserbindung auf. Ein umgekehrter Effekt würde auftreten, wenn noch kein Ödem entstanden wäre.

Dann fahre ich quantitativ besser mit einer primären Drosselung der Natriumzufuhr. Wenn ich die Zufuhr auf 14 mval Natrium beschränke, könnten nur 10 mval an Chlorid retiniert werden und 100 ccm an Wasser (Abb. 8b). Würde ich die Diät auf 14 mval Chlorid beschränken, würden zusätzlich 20 mval Natrium eingelagert und 140 ccm Wasser (Abb. 8c).

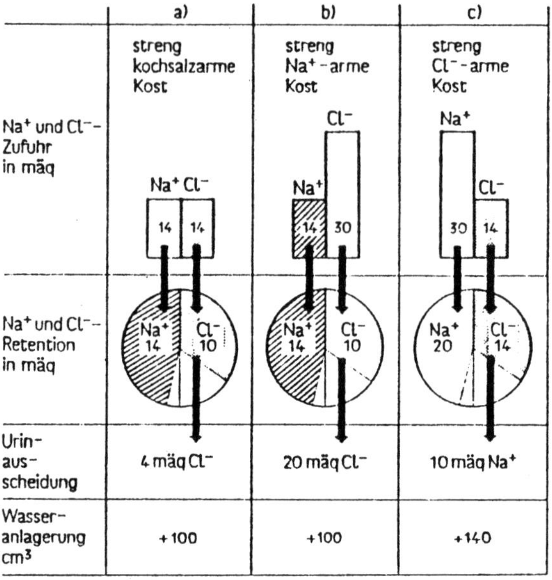

Abb. 8. Die Wirkung der „streng kochsalzarmen", „streng natriumarmen" und „streng chloridarmen" Kost auf Ödembildung und Elektrolytausscheidung im Harn. (Aus Holtmeier H.-J. und Martini P. (1959) Deutsch. med. Wschr. 27: 1208)

Die Untersuchung von Dahl, USA, 1954 bis 1958

Seine Arbeit hat die Welt seinerzeit wie heute in Aufregung versetzt, insbesondere deswegen, weil sie später in der Regel einseitig interpretiert worden ist. Sie ist u. a. in deutscher Sprache unter dem Titel: „Der mögliche Einfluß der Salzzufuhr auf die Entwicklung der essentiellen Hypertonie" im Springer Verlag Heidelberg, 1960, im Symposienband „Essentielle Hypertonie" auf Seite 61–75 publiziert worden.

Dahl befaßt sich in diesem Band (das war sein Vortragsthema und sein Hauptinteressengebiet) fast ausschließlich mit der Wirkung der Kochsalzbelastung. Er schreibt über seine Ergebnisse einschränkend, es sei bemerkenswert, daß in seiner Arbeit: „alle anderen möglichen Faktoren bei der Diskussion weggelassen wurden, die uns sehr interessant erscheinen, wie ... Wechselwirkungen zwischen Umwelteinflüssen und Anlagen." „Es existieren viele Beweise dafür, daß *Anlagefaktoren* bei der Hypertension eine Rolle spielen." Erst auf der *„ererbten Disposition"* spielten oft Umwelteinflüsse eine Rolle. Das Auftreten von „Heufieber läßt an eine angeborene Empfindlichkeit gegen dieses Allergen denken". „Diese Überlegungen brachten uns dazu, den Begriff der Letaldosis für die Relation zwischen Salzeinnahme und Entwicklung einer Hypertension einzuführen". „Viele rauchen zwei oder mehr Packungen Zigaretten täglich und werden sehr alt, ohne je ein Bronchialkarzinom zu bekommen. Wir wagen zu behaupten, daß das gleiche auch für die chronisch überschüssige Salzaufnahme zutrifft." Daß die ... *meisten Menschen nach übermäßigem dauerndem Salzgenuß keine*

Hypertension bekommen, läßt sich ... mit der Tatsache vergleichen, daß die meisten Individuen ... gegenüber auslösenden Faktoren auch nicht sonst übliche Krankheiten entwickeln". „Das bedeutet nicht, daß Kochsalz nicht beteiligt ist, sondern lediglich, daß Kochsalz nicht allein beteiligt ist".

Was hat die Presse aus dieser Arbeit gemacht? Sie hat ausschließlich die experimentellen Mitteilungen über den Anstieg des Blutdrucks unter Kochsalzgabe beim „essentiellen" Hypertoniker, die schon jahrzehnte bekannt waren, und die *Dahl* auf Vergleiche zwischen Hypertoniehäufung und unterschiedlichem Kochsalzkonsum mehrerer Völker ausgedehnt hatte, auf den „Schild gehoben". Sie hat daraus eine Art „öffentlicher" Lehrmeinung gemacht, mit der Aussage, daß jedermann eine Bluthochdruckkrankheit bekommen könnte, wenn er gewisse Kochsalzmengen ißt. Man hat eine publikumswirksame Behauptung aus einer angeblich wissenschaftlich fundiert erwiesenen Grundsatzthese über die Schädlichkeit von Kochsalz für den Menschen erhoben.

In der genannten Arbeit finden wir die Aufstellung einer reinen Korrelation ab ca. 1954 über das Auftreten von „essentiellen" Hypertonien bei einigen Völkern mit unterschiedlichem Kochsalzverzehr. Es werden weder Fragen von Hunger, Mangel- oder unterschiedlicher Ernährung noch von genetischen Anlagen berührt. Tabelle 9 und Abb. 9 geben die Ergebnisse bei 20 primitiven Eskimos (diese Anzahl würde man heute als unzureichend empfinden) wieder, die bei einem geringeren Kochsalzkonsum im Gegensatz zu den Japanern seltener Hypertensionen aufwiesen. *Scott et al.* sollen 1958 bei Eskimos die „gleiche Häufigkeit" an Hypertensionen wie in den USA gefunden haben. Die Einbeziehung der Verhältnisse in Deutschland 1954 hätten die Aussagen von *Dahl* in Abb. 9 in Frage gestellt. Mit einem Salzkonsum um ca. 18 g/Tag und Person hätten die Deutschen mehr Kochsalz als in den USA (wo kein Hunger herrschte) verbraucht, aber nicht annähernd die gleiche Quote an Hochdruckkranken gehabt. Die Deutschen hätten eher

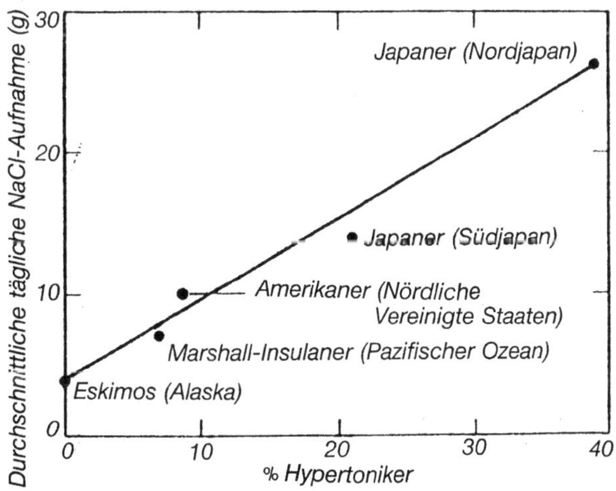

Abb. 9. Beziehungen zwischen durchschnittlicher täglicher Salz-(NaCl-)-Aufnahme und Häufigkeit des Hochdrucks in verschiedenen geographischen Bezirken und bei verschiedenen Rassen

Tabelle 9. Kochsalzzufuhr (gemessen an der Salzausscheidung im Urin) im Vergleich zum Vorkommen der Hypertonie in fünf geographischen Gebieten (Aus Dahl L.K. in „Essentielle Hypertonie", Springer Heidelberg, 1960, S. 71)

Gruppe	Jahr	Geschlecht	Zahl der Untersuchungen	Alter (im Durchschnitt)	Kochsalzzufuhr		% Hypertension (140/90 und mehr)
					Durchschnitt (g/Tag)	Streubreite (g/Tag)	
Eskimos in Alaska	1958, 1960	Beiderlei	20	38	4	1–10	0
Marshall-Insulaner (Pazifischer Ozean)	1958	Beiderlei	231	41	7	1,5–13	6,9
Vereinigte Staaten (Brookhaven)	1954–1956	Männlich	1124	36	10	4–24	8,6
Japan							
Hiroshima (Südjap.)	1958	Männlich	456	43	14	4–20	21
Akita (Nordjap.)	1954	Beiderlei	5301	45	26	5–55	39

in der Nähe der Kochsalzaufnahme von Südjapan mit i. D. 14 g/Tag gelegen, wo es große Quoten an Hypertensionen gab. Gänzlich umgeworfen hätte Abb. 9 die Feststellung, daß 1946/47 in Deutschland (Tabelle 3) ein extrem hoher Kochsalzverbrauch mit ca. 36 g/Tag und Kopf bestand (Tabelle 3), es jedoch so gut wie keine „essentiellen" Hypertonien mehr gab, wobei der Verzehr niedriger lag. Der Salzverbrauch hätte dann in Deutschland über demjenigen in Nordjapan mit i. D. 26 g/Tag gelegen, allerdings mit einem Unterschied: in Japan mit vielen Hypertonikern, bei uns mit einem extrem seltenen Vorkommen. Wie ausschlaggebend die Berücksichtigung polyfaktorieller Dinge, wie z. B. von Umwelteinflüssen, vor allem Anlagen, ist, zeigt auch die Mitteilung von *Dahl*, daß „seit 1951 die zerebro-vaskulären Komplikationen der Hypertension, die Hirnblutungen, die Haupttodesursachen in Japan" wären. In den USA und bei uns ist das ganz anders. Hier spielen u. a. tödliche Koronarinfarkte als Hypertoniefolge eine große Rolle, nicht so in Japan. Koronarinfarkte sind auf der Welt am seltensten in Japan zu finden. Sie traten dort nicht einmal in den Gebieten mit vielen Hypertensionen gehäuft auf. Ein japanischer Pathologe zeigte mir, daß Japaner auf grund genetischer Eigenarten ungleich zartere und empfindlichere Hirngefäße hätten, als wir und deshalb eher mit Schlaganfällen reagierten. Er fügte hinzu: „ihr Europäer und Amerikaner habt „Bleirohre" im Kopf".

Dahl faßte seine Untersuchunge wie folgt zusammen:

> „Wir möchten das, was wir früher gesagt haben, noch einmal wiederholen: In Populationen und Gruppen, die wenig Salz verbrauchen (etwa 5 g oder weniger Natriumchlorid pro Person und Tag), ist die essentielle Hypertension ungewöhnlich. In Populationen und Gruppen mit hohem Salzkonsum (über 10–15 g pro Person und Tag) ist die essentielle Hypertension häufig. Die individuelle Empfindlichkeit bestimmt, welche Menschen von der Krankheit befallen werden."

Es entspricht der mathematischen Logik, daß die Zahl der Hypertoniker abnimmt, wenn sich das gesamte Volk kochsalzarm ernährt. Aber den Blutdruck senken tun nur jene Anteile der Bevölkerung, die eine kochsalzempfindliche Hypertonie haben, nicht aber die Masse der Gesunden, die keine Kochsalzempfindlichkeit besitzen. Man stelle sich einmal vor, man würde nach diesem Prinzip die gesamte Bevölkerung gegen jede nur mögliche Krankheit, von der jede ein andersartiges Diätregime fordert (z. B. Gicht, Hyperlipidämie, Zuckerkrankheit usw.) prophylaktisch mit einer andersartigen Ernährung schützen wollen? Was dürfen wir dann noch essen?

Am Ende bleibt jedoch die Befolgung einer allgemeinen, kargen gesunden Ernährungs- und Lebensweise als gültige Empfehlung bestehen. Ich darf alles essen, aber alles in Maßen (so auch Kochsalz)! Jede Einzelkrankheit erfordert darüber hinaus ihre eigene Diät.

Belastungen mit DOCA, NaCl sowie Natrium und Chlorid

Um 1948 bis 50 wurden zahlreiche Belastungen mit hypertonischen Kochsalzlösungen als einzige Art der Flüssigkeitszufuhr zur Auslösung einer

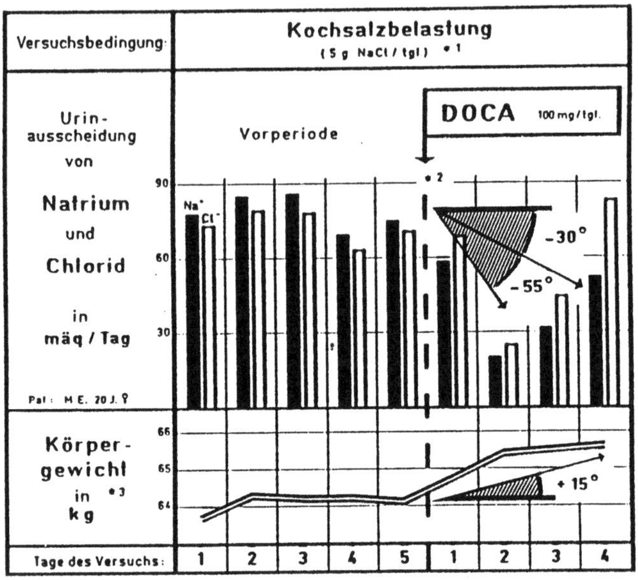

*1 Gabe von NaCl-Enzeals zu einer „streng kochsalzarmen“ Kost (85,5 mäq Na^+ und Cl^-/tgl.)
*2 Desoxycorticosteronacetat in öliger Lösung i.m. (als Percorten) 100 mg/tgl.
*3 Das Körpergewicht, am Morgen gemessen, entspricht den Gewichtsveränderungen der vergangenen 24 Stunden und ist graphisch unter dem vergangenen Versuchstag eingezeichnet.

Abb. 10. Verhalten des Wasserhaushaltes und der Urinausscheidung von Na^+ und Cl^- vor und unter DOCA unter „Kochsalzbelastung“. Unter DOCA deutlicher Gewichtsanstieg als Ausdruck der Wasserretention im Organismus durch Retention von „Kochsalz“ und Wasser. Im Urin entsprechende Abnahme der Ausscheidung von Na^+ und Cl^-. Die Winkelberechnung bezieht sich auf den Abfall der Na^+-Ausscheidung und des Gewichtes unter DOCA. Entsprechend der stärkeren Retention von Na^+ als von Cl^- im Ödem ist die Ausscheidung unter DOCA nach Berechnung des „Retentionsquotienten“ Na/Cl = 0,7 verringert. Diese Untersuchungen stellen auch für die Mineralwirksamkeit von Aldosteron ein Modellversuch dar. Die Kaliummehrausscheidung im Urin unter DOCA ist gering im Vergleich zum Versuch mit Natriumbicarbonatgabe in Abb. 11 gesteigert.

Hypertension bei Küken (*Lenel* et al. 1948), Ratten (*Sapirstein* et al. 1950) und Kaninchen (*Fukuda* 1951) u. a. durchgeführt. Die späteren Nachprüfungen von *Martini et al.*, die in Tabelle 7 aufgezeigt sind, entsprechen, soweit es die Kochsalzbelastung angeht, diesen Befunden. Allerdings hatten wir aufgezeigt, daß weder die isolierte Natriumbelastung alleine noch die von Chlorid blutdruckwirksam war. Wegen der genetischen Anlage mancher Tiere zur Hypertension sind die Tierversuche nicht ausnahmslos auf den Menschen übertragbar. *Meneely et al.* (1953, 1954) stellten die These auf, daß die alleinige chronische Verabreichung von NaCl bei Ratten eine Hypertonie auslöst, die der menschlichen gleicht.

Selye et al. (1943) und *Knowlton et al.* (1947) hatten nachgewiesen, daß die Gabe des synthetischen Nebennierenrindenhormons Desoxycorticosteronacetat (DOCA) gemeinsam mit NaCl eine Hypertension auslösen konnte, dies allerdings nur, wenn unter der Hormongabe gleichzeitig auch NaCl angeboten wurde. Daraus schloß man, daß der pressorisch wirksame Anteil des Nebennierenrindenhormons Aldosteron bzw. seine Mineralokortikoidwirkung mit abnehmender Kochsalzzufuhr zunehmend unwirksam würde. Die Ausschüttung von Aldosteron würde sich erhöhen, aber die Natriumrückresorption in den Nierentubuli mußte auf Grenzen stoßen, die etwa unterhalb von 1 g NaCl der Tageszufuhr lagen.

Es stellte sich für uns die neue Frage, wie der gesunde Mensch auf die Gabe von DOCA unter „alleiniger" Natriumbelastung (ohne Chloridzufuhr) und unter „alleiniger" Chloridbelastung (ohne Natriumzufuhr) im Hinblick auf seinen Wasserhaushalt und den Blutdruck reagieren würde. Die Ergebnisse zeigen übersichtlich Abb. 10, 11 und 12 an Einzelfällen. In den Versuchsanordnungen wurden jeweils Gruppen von 12 freiwilligen Personen unter einer Gabe von 100 mg DOCA i.m. nach einer ca. 3wöchigen Vorperiode unter einer „streng kochsalzarmen" Diät (Zufuhr unter 1 g NaCl/Tag) erfaßt. Die Ergebnisse müßten noch an einer größeren Zahl von Probanden erhärtet werden. In der ersten Versuchsanordnung erhielten die Gesunden zusätzlich zur „streng kochsalzarmen" Diät Kochsalztabletten, in der zweiten solche mit Natriumbicarbonat und in der dritten Ammoniumchlorid in ungefähr äquivalenten Dosen, bezogen auf die Zufuhr von Natrium und Chlorid. Eine

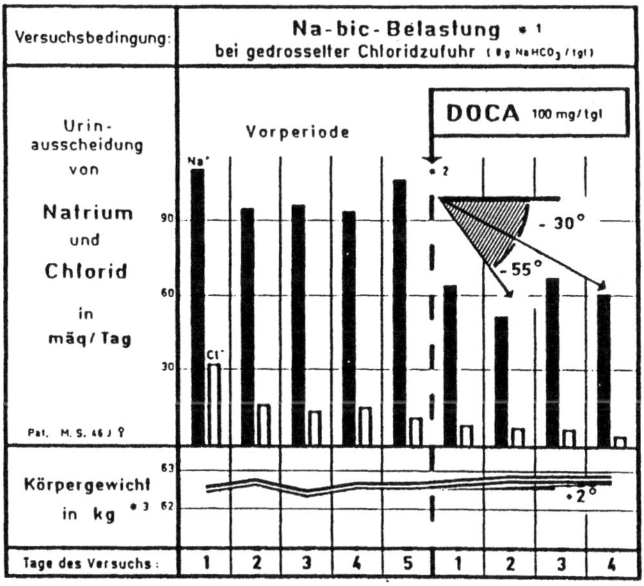

*1 Gabe von NaHCO₃ in Enzeals zu einer „streng kochsalzarmen" Kost (95,2 mäq Na^+/tgl.)

*2 Desoxycorticosteronacetat in öliger Lösung i.m. (als Percorten) 100 mg/tgl.

*3 Das Körpergewicht, am Morgen gemessen, entspricht den Gewichtsveränderungen der vergangenen 24 Stunden und ist graphisch unter dem vergangenen Versuchstag eingezeichnet.

Abb. 11. Verhalten des Wasserhaushaltes und der Urinausscheidung von Na^+ und Cl^- vor und unter DOCA unter „Natriumbelastung". Unter DOCA deutliche Na^+-Retention im Organismus, die nur mit geringem Gewichtsanstieg verläuft im Gegensatz zur „Kochsalz"- und Wasserretention unter äquivalenten Versuchsbedingungen in Abb. 10. Somit besteht kein direkter Zusammenhang zwischen Natrium- und Wasserretention, d. h. Natrium ist nicht primär hydrophil, sondern nur NaCl. Die Winkelberechnung bezieht sich auf den Abfall der Na^+-Ausscheidung und das Verhalten des Körpergewichtes. Für retiniertes Natrium wird sekundär Kalium eliminiert, so daß sich die Gesamtsumme retinierter Kationen kaum erhöht.

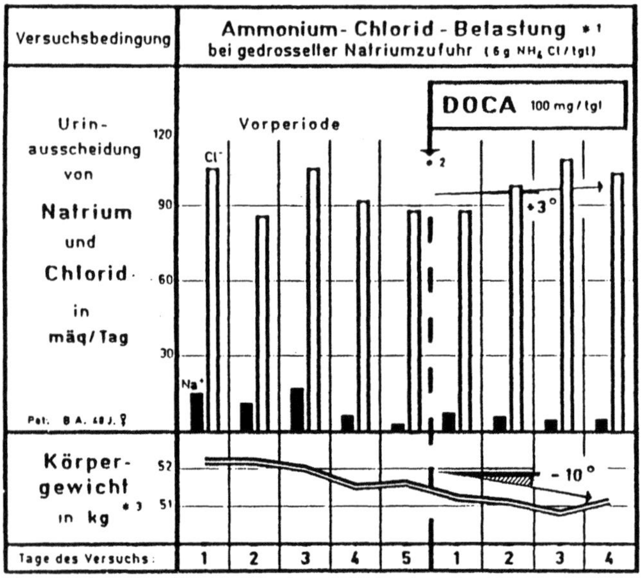

*1 Gabe von NH_4Cl in Enzeals zu einer „streng kochsalzarmen“ Kost. 112 mäq Cl^-/tgl.
*2 Desoxycorticosteronacetat in öliger Lösung i.m. (als Percorten) 100 mg/tgl.
*3 Das Körpergewicht, am Morgen gemessen, entspricht den Gewichtsveränderungen der vergangenen 24 Stunden und ist graphisch unter dem vergangenen Versuchstag eingezeichnet.

Abb. 12. Verhalten des Wasserhaushaltes und der Urinausscheidung von Na^+ und Cl^- vor und unter DOCA unter „Chloridbelastung“. Vor und unter DOCA fehlen jede Veränderungen in der Chloridausscheidung. Das Körpergewicht steigt nicht an, sobald Na^+ in der Zufuhr gedrosselt ist. Es zeigt sich, daß unter Mineralokortikoidwirkung primär Wasser- und Chloridhaushalt nicht beeinflußt werden, sondern von einer primären Natriumwirkung abhängig sind. Dies beweist, daß unter Kochsalzbelastung (s. Abb. 4) sekundär Cl^- mit Natrium retiniert wird. Die Winkelberechnung bezieht sich auf das Verhalten der Chloridausscheidung und des Gewichtes. Jedoch ist Chlorid wie Na^+ für die Ödembildung unentbehrlich.

Übersicht zeigt Tabelle 10. Detaillierte Ergebnisse bitte ich meinen Arbeiten mit *Essellier und Jeanneret* (1955/56) und der Publikation „Die Bedeutung des Kochsalzes für die Entstehung von Ödemen und die Hypertonie“ im Deutsch. Archiv. für klin. Med. 204 (1957) 198–241 sowie in „Hochdruckforschung“, Thieme, Stuttgart, 1065, Seite 87–101 zu entnehmen. Es bestätigte sich, daß unter 100 mg DOCA i.m. über 4 Tage beim Gesunden verabreicht, eine Gewichtszunahme infolge Einlagerung von Wasser, Natrium und Chlorid eintrat und eine Blutdrucksteigerung (Abb. 10, Tabelle 10). In der zweiten Versuchsanordnung (Abb. 11, Tabelle 10) wurden unter Belastung mit „Natrium“ in Form von $NaHCO_3$ bei streng eingeschränkter Chloridzufuhr (durch strengen Kochsalzentzug) unter Gabe von DOCA massive Mengen an Natrium retiniert, aber dafür äquivalente Mengen an Kalium über den Urin wieder ausgeschüttet. Im Serum entstand das Bild einer Hypokaliämie. Es stieg weder das Körpergewicht an noch erhöhte sich der Blutdruck. Die Natriumretention wirkte weder hydrophil noch blutdrucksteigernd. In einer dritten Versuchsanordnung erhielten die Probanden bei streng natriumarmer Diät (durch strengen Kochsalzentzug) zusätzlich Ammoniumchlorid, ohne einen Blutdruckanstieg auszulösen. Es trat eine mäßige Diurese auf (Abb. 12, Tabelle 10).

Tabelle 10 Blutdruck, Körpergewicht und Elektrolytausscheidung Gesunder unter verschiedenen Versuchsbedingungen

Versuchs-Gruppen (a. 12 Personen)	Mineralsalzbelastungen				Dauer der Vorperiode	Durchschnittliche Ausscheidung im Urin von Na, Cl, K vor und unter Desoxycorticosteronacetat (100 mg/Tag)						Durchschnittliche Veränderungen von Körpergewicht und Blutdruck			
	NaCl	$NaHCO_3$	$K_3citr.H_2O$	NH_4Cl		Natrium		Chlorid		Kalium		Gewicht		Blutdruck	
	1 g = 17,1 mäq Na^+ u. Cl^-	1 g = 11 9 mäq Na^+	1 g = 9,25 mäq K^+	1 g = 18,69 mäq Cl^-		vor DOCA	unter DOCA	vor DOCA	unter DOCA	vor DOCA	unter DOCA	vor DOCA	Morgen 5. Tag u. DOCA	vor DOCA	4. u. 5. Tag u. DOCA
	g/Tag	g/Tag	g/Tag	g/Tag	Tage	mäq/Tag	mäq/Tag	mäq/Tag	mäq/Tag	mäq/Tag	mäq/Tag	kg	kg	mm Hg	mm Hg
I. NaCl-Belastung	9				6	129	50 (−79)	130	66 (−64)	36	53 (+17)	0,3	2,8 (+2,5)	130	175 (+45)
II. $NaHCO_3$-Belastung (gedroß. Cl-Zufuhr)		11			6	117	64,5 (−52,5)	13	4	30	77 (+47)	1,0	1,0	130	135
III. $NaHCO_3$- und $K_3 \cdot$ citr. H_2O-Belastung (gedroß. Cl-Zufuhr)		10	12		5	91	45 (−46)	12	4	132	168 (+36)	0,9	0,9	125	130
IV. NH_4Cl-Belastung (gedroß. Na-Zufuhr)			4	6	6	15	4	90	89	63	55 (−8)	1,2	0,9 (−0,3)	130	125

Tabelle 10 zeigt Mittelwertberechnungen für verschiedene Versuchsgruppen gesunder Probanden, die mit NaCl, $NaHCO_3$, NH_4Cl usw. belastet wurden (zu je 12 Personen) in bezug auf ihr Blutdruckverhalten, ihr Körpergewicht und die Urinausscheidung verschiedener Elektrolyte (aus Holtmeier H.-J. (1964) „Die Bedeutung des Elektrolythaushaltes für die Genese des Hochdrucks und für die Ödembildung“, Habil. Schrift, Univ. Freiburg i. Br.)

Tabelle 11. zeigt, daß essentielle Hypertoniker nach Abfall des Blutdrucks unter Salzentzug unter Belastung mit Na-citrat oder Ammoniumchlorid (oder mit $CaCl^{2}$) allein (bei Drosselung des anderen Ions) nicht mit dem Blutdruck ansteigen, wie dies bereits von Martini, Kaiser u. Holtmeier hervorgehoben wurde. Erst Kochsalzbelastung führt erneut zum Blutdruckanstieg. Sicher spielt Natrium die führende Rolle in diesem Geschehen, aber man sollte das Verhalten der anderen Ionen nicht außer Acht lassen; denn ohne Chlorid bleibt der Druckanstieg trotz Na^+-Belastung aus (aus Holtmeier H.-J. und Heilmeyer L. in „Hochdruckforschung", Thieme Stuttgart, 1965, S. 89–101)

Fall	Patienten mit essentiellem Hochdruck									
	Vorperiode[1]		NaCl-Entzug[2]		Na-citrat[3] (gedross. Cl-Zufuhr)		Belastungen mit Ammon.-Chlorid[4] (gedross. Na-Zufuhr)		NaCl[5]	
	Liegen mm Hg	Stehen mm Hg	Liegen mm Hg	Stehen mm Hg	Liegen mm Hg	Stehen mm Hg	Liegen mm Hg	Stehen mm Hg	Liegen mm Hg	Stehen mm Hg
1. 59 J. ♂	200/125	190/125	145/90	115/85	135/85	130/85	–	–	195/115	190/120
2. 52 J. ♂	210/125	195/120	150/95	135/90	150/95	140/95	140/80	135/85	200/120	190/125
3. 46 J. ♂	230/130	–	145/85	–	150/85	–	140/75	–	215/135	–
4. 48 J. ♀	180/100	160/100	125/75	110/75	140/80	135/80	140/80	140/75	185/100	175/95
5. 55 J. ♂	175/105	160/100	145/90	125/90	140/85	125/90	–	–	170/110	160/105
6. 49 J. ♀	200/120	190/115	155/95	120/70	145/85	130/75	135/75	125/70	190/110	185/100
7. 58 J. ♀	220/120	200/115	150/100	135/85	145/90	135/90	140/85	130/80	210/115	200/110
8. 61 J. ♂	210/100	180/95	145/90	115/75	140/85	120/80	140/80	120/75	200/100	190/95

1. Durchschnitt der Vorperiode (der letzten 3 Tage vor NaCl-Entzug)
2. Durchschnitt der letzten 3 Tage vor Belastung mit Natriumcitrat bei gedross. Cl-Zufuhr. Durchschnittliche Belastung mit Na-citr. = 11 Tage (peroral)
3. Durchschnitt der letzten 3 Tage vor Belastung mit NH_4Cl. Fall 1–4
4. Durchschnitt der letzten 3 Tage vor Belastung mit NaCl
5. Belastung mit NaCl (Durchschnitt der letzten 3 Tage)
6. Es wurden äquivalente Mineralsalzbelastungen durchgeführt. Fall 1–4 mit je 200 mäq Na^+ und Cl^- (Na-citr. bei gedross. Cl-Zufuhr, NH_4Cl bei gedross. Na-Zufuhr und mit NaCl). Fall 5–8 mit je 100 mäq Na^+ und Cl^- (bei gleicher Versuchsanordnung)

In einem neuen Versuch wiederholten wir diese Untersuchungen 1964 an Patienten mit „essentieller" Hypertonie. Typische Einzelfälle sind im Buch „Hochdruckforschung" (*Heilmeyer und Holtmeier*, 1965) publiziert, die hier als Tabelle 11 wiedergegeben werden, die noch an einer größeren Zahl von Untersuchungen bestätigt werden müßten. Freiwillige Kochsalzempfindliche „essentielle" Hypertoniker reagierten, wie zu erwarten, unter 100 mg/Tag DOCA über 4 Tage unter Kochsalzgabe mit einer Zunahme des Blutdrucks. Neu war, daß diese unter isolierter Natriumbelastung und Natriumretention bei streng gedrosselter Chloridzufuhr ausblieb. Die Natriumretention geschah wiederum gegen einen Austausch von Kalium. Ebenso wirkungslos blieb die Chloridelastung bei eingeschränkter Natriumzufuhr. Hierbei muß man erwähnen, daß DOCA nicht primär am Chlorid angreift, dieses also nicht wie Natrium isoliert retiniert werden kann. Abgesehen davon blieb die Chloridbelastung alleine ebenfalls ohne Blutdruckanstieg. Chloridion wirkte danach für sich alleine gesehen nicht hypertensiv.

Zusammenfassung

Den vorgelegten Untersuchungen ist gemeinsam, daß weder die isolierte Zufuhr von Natrium alleine noch von Chlorid alleine den Blutdruck steigern noch die Ödembildung fördern. Wirksam ist alleine nur die Zufuhr von Kochsalz, also die gleichzeitige Zufuhr von Natrium und Chlorid. Kochsalzempfindlich ist nur jener Bevölkerungskreis, der eine erbabhängige, kochsalzempfindliche „essentielle" Bluthochdruckkrankheit besitzt oder Kranke mit Neigung zu Ödemleiden usw., nicht aber die gesunde Bevölkerung, die über 80% ausmacht. Man kann sich deshalb als Gesunder durch vernünftigen Kochsalzkonsum keine „essentielle" Hypertonie „anessen", wenn der Gendefekt für eine kochsalzempfindliche „essentielle" Hypertonie fehlt.

Literaturhinweise und weiterführende Literatur

Allen, F. M.: Arterial hypertension. J. Amer. med. Ass. 71 (1920) 652. – Sherill, J. W.: The treatment of arterial hypertension. J. metab. Res. 2 (1922) 429

Ambard, L., E. Beaujard: Le rétention chloruće sèche. Sem. méd. (Paris) 25 (1905) 133

Arnold, O. H.: Therapie der arteriellen Hypertonie. Springer, Berlin 1970

Arnold, O. H.: Die Therapie der malignen Hypertonie. Verh. dtsch. Ges. Kreisl.-Forsch. 28 (1962) 197

Arnold, O. H.: Die Bedeutung des Guanethidins für die moderne Hochdrucktherapie. Chemotherapie (Basel) 4 (1962) 589

Arnold, O. H.: Die Bedeutung des Alpha-Methyldopa für die Behndlung der chronischen Hypertonie. Dtsch. med. Wschr. 87 (1962) 844

Arnold, O. H.: Alpha-Methyldopa; Wirkungen und Nebenwirkungen bei der Therapie des Hochdrucks. Dtsch. med. Wschr. 87 (1962) 2288

Arnold, O. H.: Der heutige Stand der medikamentösen Hochdrucktherapie. Münch. med. Wschr. 106 (1964) 1969

Arnold, O. H.: Einfluß der Therapie auf die Prognose der Hochdruckerkrankungen. In: Hochdruckforschung. Hrsg.: L. Heilmeyer, H.-J. Holtmeier. Thieme, Stuttgart 1965, 195

Arnold, O. H.: Erfolge und Mißerfolge der medikamentösen Blutdrucksenkung. Dtsch. med. Wschr. 90 (1965) 549

Arnold, O. H.: Die Schwangerschaftstoxikose aus interner Sicht. Tägl. Prax. 6 (1965) 299

Arnold, O. H.: Klinik der modernen Hochdrucktherapie. In: Hochdrucktherapie. Hrsg.: L. Heilmeyer, H.-J. Holtmeier, E. F. Pfeiffer. Thieme, Stuttgart 1968, S. 110

Arnold, O. H.: Zur Behandlung der Hypertonie mit Diuretica. In: Renaler Transport und Diuretica. Hrsg.: K. Thurau, H. Jahrmärker. Springer, Berlin 1969, S. 337

Arnold, O. H., K. D. Bock: Neuere Ergebnisse über die medikamentöse Behandlung der arteriellen Hypertonie. Dtsch. med. Wschr. 78 (1953) 565 und 879

Arnold, O. H., K. Kaiser: Die Behandlung schwerer Formen von arterieller Hypertonie mit Guanethidin. Dtsch. med. Wschr. 85 (1960) 1236

Arnold, O. H., N. Oertel: Weitere Untersuchungen zur Therapie der arteriellen Hypertonie mit der Rauwolfia. Z. Kreisl.-Forsch. 44 (1955) 310

Bock, K. D.: Der heutige Stand der Therapie der essentiellen Hypertonie. Münch. med. Wschr. 104 (1962) 1262

Bock, K. D.: Diskussionsbemerkung: In: Antihypertensive Therapy. Ed.: F. Gross. Springer, Berlin-Heidelberg-New York 1966, S. 205

Bock, K. D.: Die Behandlung der hypertonischen Krise. Dtsch. med. Wschr. 91 (1966) 2036

Bock, K. D. und Cottier, P. „Essentielle Hypertonie“, Springer Verlag, Berlin, Göttingen, Heidelberg 1960

Bock, K. D., E. R. Debusmann, B. Messer: Konservative Behandlung des Hochdrucks bei Nierenarterienstenose. Arch. klin. Med. 215 (1968) 229

Bock, K. D., F. Gross: Abschwächung pressorischer Wirkungen durch Sali-Diuretica. Naunyn-Schmiedebergs Arch. exp. Path. Pharmak. 238 (1960) 339

Bürger, M. zit aus Holtmeier, H.-J. und Holtmeier, W. in „Ernährung des alternden Menschen“, Wiss. Verlagsgesellschaft, Stuttgart, 6. Aufl., 1991

Conn, J. W.: Hypertension, the potassium ion and impaired carbohydrate. New. Engl. J. Med. 273 (1965) 1135

Conn, J. W., E. L. Cohen, D. R. Rovner, R. M. Nesbit: Normokaliemic primary aldosteronism. A detectable cause of curable „essential“ hypertension. J. Amer. med. Ass. 193 (1965) 200

Conn, J. W., D. R. Rovner, E. L. Cohen, R. M. Nesbit: Normokaliemic primary aldosteronism. Its masquerade as „essential“ hypertension. J. Amer. med. Ass. 195 (1966) 21

Cottier, P.: Renale Hämodynamik, Wasser- und Elektrolytausscheidung bei Hypertonie. Helv. med. Acta 27 (1960) Suppl. 39

Cottier, P.: Zur Wahl hypotensiver Medikamente mit Berücksichtigung ihrer kardialen Wirkung. Schweiz. med. Wschr. 97 (1967) 1768

Cranston, W. J.: Diurnal variations in plasma volume in normal and hypertensive subjects. Amer. J. 68 (1964) 427

Cranston, W. J., B. E. Juel-Jensen, A. M. Semmence, R. P. C. H. Jones, I. A. Forbes, L. M. M. Mutch: Effects of oral diuretics on raised arterial pressure. Lancet 1963/II, 966

Cranston, W. J., A. M. Stemmence, D. W. Richardson, C. F. Barnett: Effect of triamterene on elevated arterial pressure. Amer. Heart J. 70 (1965) 455

D'Amico zit. aus Holtmeier, H.-J., Heilmeyer, L. und Marongiu, F. „Zur Ätiologie des essentiellen Hochdrucks“, Med. Klinik 7 (1967) 246–250

Dahl, L. K. „Der mögliche Einfluß der Salzzufuhr auf die Entwicklung der essentiellen Hypertonie“ in „Essentielle Hypertonie“, hrsg. von Bock, K. D. und Cottier, P., Springer Verlag, Berlin, Göttingen, Heidelberg

Dahl, L. K.: Possible role of salt intake in the development of essential hypertension. In: Essential Hypertension. Hrsg.: K. D. Bock, P. Cottier. Springer, Berlin 1960, S. 53
Dahl, L. K.: Effects of chronic excess salt ingestion – Experimental hypertension in the rat: Correlation with human hypertension. In: The Epidemiology of Hypertension. Hrsg.: J. Stamler, R. Stamler, T. N. Pullman. Grune and Stratton, New York 1967
Dennig, H.: Lehrbuch der Inneren Medizin, Band I/II. 7. Aufl. Thieme, Stuttgart 1966
Essellier, A. F., Holtmeier, H.-J. und Jeanneret, P. Über die Beziehungen zwischen Chlorid und Kaliumhaushalt unter Einwirkung von Desoxycorticosteronacetat, Klin. Wschr. 33/34 (1955) 814–817
Ernährungsbericht der Deutschen Gesellschaft für Ernährung 1969, hrsg. von der Deutschen Gesellschaft für Ernährung, Frankfurt a. M.
Fukuda, T. Union med. Canada 80 (1951) zit. aus Dahl, L. K. in „Essentielle Hypertonie“
Grollmann, A., Harrison T. R. and Williams, J. R., J. Pharmakol. Exper. Therap. 69 (1940) 149 zit. aus Dahl, L. K. Seite 67
Galen, C., zit aus Haeser, H. „Geschichte der Medizin“, F. Mauke, Jena, (1845), 88, 91 und 503
Harvey, W., zit aus Haeser, H. „Geschichte der Medizin“, F. Mauke, Jena, (1845), 87, 500, 503
Haeser, H. „Lehrbuch der Geschichte der Medizin und der Volkskrankheiten“, Verlag F. Mauke, Jena, 1845
Heilmeyer, L., H.-J. Holtmeier (1965) Hochdruckforschung, Thieme Stuttgart, S. 90, S. 370
Heilmeyer, L., H.-J. Holtmeier, E. S. Mazzei, F. Marongiu: Diureseforschung. Thieme, Stuttgart 1967
Heilmeyer, L., H.-J. Holtmeier: Ernährungswissenschaften. Thieme, Stuttgart 1968
Heilmeyer, L., H.-J. Holtmeier: Herzinfarkt und Schock. Thieme, Stuttgart 1969
Herken, H.: Handbuch der experimentellen Pharmakologie, Band XXIV (Diuretika). Springer, Berlin 1969
Holtmeier, H.-J.: Über die Wirkung mineralarmer Kostformen, insbesondere der kochsalzarmen Kost. Therapiewoche 7 (1958) 336
Holtmeier, H.-J.: Kochsalzarme Kost, Thieme, Stuttgart 1960
Holtmeier, H.-J.: Kochsalzarme Voll- und Schonkost. Thieme, Stuttgart 1960
Holtmeier, H.-J.: Wirkung und Nebenwirkung moderner Antihypertonica. Ärztl. Prax. 35 (1964) 1415
Holtmeier, H.-J.: Bedeutung der Ernährungstherapie der Hochdruck- und Ödemkranken. Münch. med. Wschr. 51 (1966) 2588
Holtmeier, H.-J. „Ernährungslehre für Krankenpflegeberufe“, Thieme Verlag Stuttgart, 4. Aufl., 1990
Holtmeier, H.-J. Zur Entwicklung der Koronarsterblichkeit in der Bundesrepublik Deutschland, Card. Angiol. Bulletin 27 (1990) 23–25
Holtmeier, H.-J. Cholesterin, zur Physiologie und Pathophysiologie des Cholesterinstoffwechsels, Card. Angiol. Bulletin 4 (1988) 73–85
Holtmeier, H.-J. Gesunde Ernährung aus ärztlicher Sicht, Card. Angiol. Bulletin 1 (1988) 9–21
Holtmeier, H.-J. und Holtmeier, W. „Ernährung des alternden Menschen“, Wiss. Verlagsgesellschaft, Stuttgart, 6. Aufl. 1991
Holtmeier, H.-J. und Pittelkow, Chr. Kochsalzbelastungen in der Bundesrepublik Deutschland und Hypertonie, Card. Angiol. Bulletin 27 (1990) 26–34
Holtmeier, H.-J., L. Heilmeyer: „Hochdruckforschung“. 587 – 101 und 368ff. Thieme, Stuttgart 1965
Holtmeier, H.-J., Heilmeyer, L. und Marongiu, F. „Zur Ätiologie des essentiellen Hochdrucks“, Med. Klinik 7 (1967) 246–250
Holtmeier, H.-J., P. Martini: Die Ausscheidung von Natrium, Chlorid und Wasser bei Ödemkranken während diätetischer und medikamentöser Behandlung. Dtsch. med. Wschr. 27 (1959) 1208

Hollander, W., A. V. Chobanian, B. A. Burrows: Blood fluid and electrolyte composition in arterial hypertension. In: Studies in essential, renal and malignant hypertension. J. clin. Invest. 40 (1961) 408
Hollander, W., A. V. Chobanian, R. W. Wilkins: Relationship between diuretic and antihypertensive effects of chlorothiazide and mercurial diuretics. Circulation 19 (1959) 827
Hollander, W., A. V. Chobanian, R. W. Wilkins: The antihypertensive actions of mercurial, thiazide and spironolactone diuretics. In: Diurese und Diuretica. Ein internationales Symposium. Hrsg.: E. Buchborn, K. D. Bock. Springer, Berlin 1959, S. 297
Hollander, W., A. V. Chobanian, B. A. Burrows: Role of diuretics in the management of hypertension. Ann. N. Y. Acad. Sci. 88 (1960) 975
Hollander, W., W. E. Judson: Electrolyte and water excretion in arterial hypertension. II. Studies in subjects with essential hypertension after hypertension drug treatment. Circulation 17 (1958) 576
Hollander, W., D. M. Kramsch, S. Yagi, I. M. Madore: Metabolic and hemodynamic factors in the increased salt and water content of hypertensive arteries. In: L'hypertension artérielle. Première réuníon du club international sur Phypertension artérielle. Paris: L'expansion scientific française 1966, S. 305
Hollander, W., R. W. Wilkins: A new type of drug for treatment of arterial hypertension. Boston med. Quart. 8 (1957) 69
Hollander, W., R. W. Wilkins: The pharmacology and clinical use of rauwolfia, hydralazine, thiazides and aldosterone antagonists in arterial hypertension. Progr. cardiovasc. Dis. 8 (1966) 291
Jeanneret, P., Essellier, A. F. und Holtmeier, H.-J. Die Bedeutung des Natriumions für die Chloridretention unter Desoxycorticosteronacetat, Schweiz. Med. Wschr. 13 (1955) 299–302
Jeanneret, P., Essellier, A. F. und Holtmeier, H.-J. Über den Einfluß des Natriumions auf den Kalium-, Chlorid- und Wasserhaushalt, Helvetia Medica Acta 23 (1956) 60–74
Korotkow, zit. aus Schmidt, R. F. und Thews, G. „Physiologie des Menschen", Springer Verlag, Berlin, Heidelberg, New York, 1976, 444
Lenel, R., Katz, L. N. and Rodbard, S. Amer. J. Physiol. 152 (1948) 557 zit. aus Dahl, L. K. in „Essentielle Hypertonie" Seite 66
Losse, H., H. Zumkley, H. Wehmeyer: Untersuchungen über den Elektrolyt- und Wassergehalt von Erythrozyten bei arterieller Hypertonie. Z. Kreisl.-Forsch. 51 (1962) 43
Martini, P.: Über die Behandlungsmöglichkeiten des genuinen Hochdrucks, insbesondere über salzfreie Ernährung. Münch. med. Wschr. 85 (1938) 1409
Meneely, G. R. et al. Amer. J. Med. 16 (1954) 599 zit. aus Dahl, L. K. in „Essentielle Hypertonie"
Muscholl, E.: Über den Wirkungsmechanismus von Reserpin. Klin. Wschr. 37 (1959) 217
Muscholl, E., L. Mâitre: Release by sympathetic stimulation of alpha-methylnoradrenaline stored in the heart after administration of alpha-methyldopa. Experientia (Basel) 19 (1963) 658
Page, I. H.: Hypertension and its effects on the cerebral circulation. In: Cerebral vascular diseases. Eds.: J. S. Wright and E. Luckey. Grune & Stratton, New York 1955, S. 59
Page, I. H., H. P. Dustan: A new potent antihypertensive agent. J. Amer. med. Ass. 85 (1959) 1265
Page, I. H., H. P. Dustan: Current status of bretylium and guanethidine a antihypertensive drugs. Circulation 22 (1960) 181
Page, I. H., H. P. Dustan: Persistence of normal blood pressure after discontinuing treatment in hypertensive patients. Circulation 25 (1962) 433
Page, I. H., R. E. Hurley, H. P. Dustan: The prolonged treatment of hypertension with guanethidine. J. Amer. med. Ass. 175 (1961) 543

Pickering, G. W. „High blood pressure“, New York 1955
Pickering, G. W.: Hypertension, management and results. Proc. roy. Soc. Med. 56 (1963) 399
Pickering, G. W.: Vascular disease and hypertension. In: Antihypertensive Therapy. Ed.: F. Gross. Springer, Berlin 1966, S. 135
Pickering, G. W., A. D. Wright, R. H. Heptinstall: The reversibility of malignant hypertension. Lancet 1952/II, 952
Pierach, A.: Über Blutdruck- und Blutdruckschwankungen. Münch. med. Wschr. 105 (1963) 873
Reubi, R.: Influence de quelques vasodilatateurs périphériques sur le flux sanguin rénal. Helv. med. Acta 16 (1949) 297
Reubi, R.: Spätwirkungen der medikamentösen Hochdrucktherapie auf die Nierenfunktion bei Patienten mit essentieller Hypertension. In: Essentielle Hypertonie. Hrsg.: K. D. Bock, P. Cottier. Springer, Berlin 1960
Rocci, R. zit. aus Schmidt, R. F. und Thews, G. „Physiologie des Menschen“, Springer Verlag, Berlin, Heidelberg, New York, 1976, 443
Rodahl, K. Observation on Blood Presure in Eskimos, Norsk Polarinstitutet, Skrifter No. 102 (1954) 53–56
Sarre, H.: Hypertonie, Pathogenese, Klinik und Therapie. Schattauer, Stuttgart 1969
Sarre, H., P. v. Dittrich: Behandlung der benignen und malignen Hypertonie. Ergebn. inn. Med. Kinderheilk., N. F. 13 (1960) 352
Sapirstein, L. A., Brandt W. L. und Drury D. R. Proc. Soc. Exper. Biol. Med. 73 (1950) 82 zit. aus Dahl, L. K. in „Essentielle Hypertonie“.
Scott, E. M., Griffith I. V., Hoskin D. D. and Whaley R. D. Lancet (G. B.) II (1958) 667 zit. aus Dahl, L. K. in „Essentielle Hypertonie“
Schmidt, R. F., Thews G. „Physiologie des Menschen“, Springer Verlag, Berlin, New York, 1976 S. 444
Schettler, G.: Arteriosklerose. Thieme, Stuttgart 1960
Schwiegk, H.: Handbuch der Inneren Medizin Bd. VIII/2 und 3. 5. Aufl. Springer, Berlin 1968
Volhard, F.: Die doppelseitigen haematogenen Nierenerkrankungen. In: Handbuch der inneren Medizin, Bd. VI, 2. Teil. Springer, Berlin 1931, S. 1754
Volhard, F.: Die kochsalzfreie Krankenkost. 14. Aufl. Barth, München 1956

Statistische Quellen

Basisdaten des Gesundheitswesens 1983/1985, Hrsg.: Bundesverband der Pharmazeutischen Industrie e. V., Handbuch zur zahlenmäßigen Entwicklung der wesentlichen Teilbereiche des Gesundheitswesens in der Bundesrepublik Deutschland und Berlin (West). Kapitel 7: Morbidität und Mortalität. Werner, Hofheim am Taunus 1984
Das Gesundheitswesen der Bundesrepublik Deutschland, Ausgabe 1968, Hrsg.: Bundesminister für das Gesundheitswesen. Kohlhammer, Stuttgart 1968
Statistisches Bundesamt, Wiesbaden (Hrsg.): Informationsmaterial in handschriftlicher Form: Angaben über die Sterbefälle und Sterbeziffern insgesamt sowie an Krankheiten des zerebrovaskulären Systems, an ischämischen Herzkrankheiten und an akutem Myokardinfarkt in der Gliederung nach Altersgruppen und Geschlecht, unter dem Aktenzeichen: VIID. 1973–1985
Statistisches Bundesamt, Wiesbaden (Hrsg.): Statistik der BRD: Bd. 89 Gesundheitswesen: Statistische Ergebnisse 1952, Bd. 127 Gesundheitswesen: Statistische Ergebnisse 1953, Bd. 148 Gesundheitswesen: Statistische Ergebnisse 1954, Bd. 174 Gesundheitswesen: Statistische Ergebnisse 1955, Bd. 187 Gesundheitswesen: Statistische Ergebnisse 1956, Bd. 232 Gesundheitswesen: Statistische Ergebnisse 1957, Bd. 255 Gesundheitswesen: Statistische Ergebnisse 1958. Kohlhammer, Stuttgart 1952–1958

Statistisches Bundesamt, Wiesbaden (Hrsg.): Bevölkerung und Kultur. Reihe 7: Gesundheitswesen, Statistische Ergebnisse 1959. Kohlhammer, Stuttgart 1959

Statistisches Bundesamt, Wiesbaden (Hrsg.): Fachserie A: Bevölkerung und Kultur, Reihe 7: Gesundheitswesen, Statistische Ergebnisse für die Jahre von 1960 bis 1974. Kohlhammer, Stuttgart 1974

Statistisches Bundesamt, Wiesbaden (Hrsg.): Fachserie 12, Gesundheitswesen, Reihe 4: Todesursachen, Statistische Ergebnisse für die Jahre von 1975 bis 1981. Kohlhammer, Stuttgart 1981

Statistisches Bundesamt, Wiesbaden (Hrsg.): Statistisches Jahrbuch für die Bundesrepublik Deutschland. Kohlhammer, Stuttgart 1980–1985

Statistisches Bundesamt, Wiesbaden (Hrsg.): Volkswirtschaftliche Gesamtrechnung, Fachserie 18, Reihe 1, Revidierte Ergebnisse von 1960 bis 1981. Kohlhammer, Stuttgart 1981

Statistisches Jahrbuch über Ernährung, Landwirtschaft und Forsten der Bundesrepublik Deutschland. Hrsg.: Bundesministerium für Ernährung, Landwirtschaft und Forsten. Landwirtschaftsverlag, Münster-Hiltrup 1980 bis 1988

Neues zur Pathogenese des Bluthochdruckes: Wirkung und Nebenwirkung einer Kochsalzrestriktion

K.O. Stumpe, M. Ruppert, M. Ludwig, R. Kolloch, A. Overlack, M. Lennarz und S. Münstermann, Bonn

Die Faktoren und Mechanismen, die der Entwicklung und Aufrechterhaltung der essentiellen Hypertonie zugrundeliegen, sind nach wie vor ungeklärt. Diese Form der Blutdrucksteigerung scheint das Ergebnis des Zusammenwirkens zahlreicher interdependenter Regulationssysteme darzustellen, wobei jedes dieser Systeme zusätzlich durch genetische Veränderungen oder durch Umweltfaktoren beeinflußt werden kann. Eine erhöhte diätetische Kochsalzzufuhr ist als Ursache oder verstärkender Faktor für den hohen Blutdruck beim Menschen verantwortlich gemacht worden, und eine Reduktion des Kochsalzkonsums wird von einigen Autoren als gesundheitspolitische Maßnahme für westliche Populationen empfohlen [1, 2, 3]. Die Annahme, daß beim Menschen ein diätetischer Kochsalzexzeß eine kausale pathogenetische Rolle besitzt, basiert im wesentlichen auf epidemiologischen Untersuchungen in den 50er und 60er Jahren, die auf eine relativ enge Beziehung zwischen der täglichen Kochsalzaufnahme und der Blutdruckhöhe bzw. der Prävalenz der Hypertonie hingewiesen hatten [4, 5, 6]. Die Ergebnisse dieser Untersuchungen und deren Aussagen können aber kritisiert und angezweifelt werden, da die angewandte Methodik zur Gewinnung der Daten, insbesondere zur Messung des Blutdruckes und Bestimmung der Natriumaufnahme als unzulänglich anzusehen sind [7]. Neuere epidemiologische Untersuchungen wie z.B. die INTERSALT-Studie zeigen, daß die Beziehung zwischen Kochsalzaufnahme und Blutdruckhöhe bzw. Prävalenz der Hypertonie, wenn überhaupt vorhanden, sehr schwach ist, und daß nur die Größe des Blutdruckanstieges mit dem Alter signifikant zur Höhe der Kochsalzaufnahme korreliert [8]. Aus den INTERSALT-Daten wird auch deutlich, daß eine generelle Reduktion der täglichen Natriumaufnahme um 100 mmol entsprechend 6 g Kochsalz, nur zu einer Senkung des systolischen Druckes von 2.2 mm Hg und des diastolischen Blutdruckes von 0.1 mm Hg führen würde [9]. Es ist klar, daß der potentielle individuelle Nutzen einer solchen Kochsalzeinschränkung so minimal ist, daß selbst der geringste ungünstige Effekt der Kochsalzreduktion den Vorteil der Blutdrucksenkung aufheben bzw. ins Gegenteil verkehren könnte [10]. Die beobachtete geringe Senkung des Blutdruckes unter Kochsalzrestriktion in großen Gruppen könnte weit größere Blutdruckabfälle bei bestimmten Individuen verdecken. Aufgrund substantieller Unterschiede in der Blutdruckreaktion auf Kochsalzrestriktion ist das Konzept der Salzempfindlichkeit bzw. der salzsensitiven Hypertension entstanden [11]. Es ist klar, daß insbesondere salzsensitive Individuen hämodynamisch von einer Salzrestriktion profitieren würden und ihre Identifikation mit Hilfe eines leicht zu bestimmenden Markers wünschenswert wäre. Andererseits erhebt sich angesichts der großen Gruppe der Personen, die als „salzresistent" zu klassifizieren sind, die Frage, ob eine generelle Kochsalzrestriktion sinnvoll ist, insbesondere bei Kenntnis neuerer Befunde, die darauf hinweisen, daß eine kochsalzarme Diät ähnlich einer diuretischen Therapie, ungünstige metabolische Veränderungen induzieren und das kardiovaskuläre Risikoprofil negativ beeinflussen kann [12, 13].

Vor dem Hintergrund dieser Überlegungen haben wir an einer größeren Gruppe von normalgewichtigen normotensiven Personen die Wirkung einer kurzfristigen streng salzarmen im Vergleich zu einer salzreichen Diät auf das gesamtkardiovaskuläre Risikofaktorenprofil untersucht und neben der Reaktion des Blutdruckes als Ausdruck der Kochsalzsensitivität den Einfluß der beiden Diäten auf ausgewählte Parameter des Lipid- und Glukosestoffwechsels analysiert. In einer sich daran anschließenden Untersuchung wurde der Einfluß einer längerfristigen mäßigen Kochsalzreduktion auf die gleichen Parameter sowie auf die periphere Durchblutung großer Arterien und die Thrombozytenaggregation bestimmt.

Methodik

Kurzfristige strenge Kochsalzrestriktion

In die Untersuchung wurden 147 normalgewichtige normotensive Personen (60 Frauen und 87 Männer) im Alter zwischen 19 und 78 Jahren aufgenommen. Die Probanden waren gesund und nahmen keine Medikamente. Alle Probanden erhielten zwei Wochen lang eine standardisierte Diät von 20 mmol Natrium pro Tag, die durch die Diätküche der Klinik zubereitet wurde. In Form eines „Zwei-Perioden cross-over designs" erhielten die Probanden randomisiert zusätzlich zu ihrer natriumarmen Diät entweder Natrium-Chlorid oder Placebokapseln. Die tägliche Natrium-Chlorid-Aufnahme in der kochsalzreichen Phase betrug 300 mmol und in der kochsalzarmen Phase 20 mmol Natrium. Die Compliance der Patienten wurde aufgrund von Messungen der Natriumausscheidung im 24-Stundenurin überprüft. Der Kaloriengehalt der Diät wurde dem Bedarf so angepaßt, daß das Körpergewicht konstant blieb. Am Morgen des letzten Tages jeder Diätphase wurden am nüchternden Probanden folgende Untersuchungen durchgeführt: Nach einer Ruhephase von 30 Minuten wurde im Sitzen der Blutdruck über eine Stunde in fünfminütigen Abständen oszillometrisch gemessen. Die Probanden wurden als kochsalzempfindlich klassifiziert, wenn sie mit einem signifikanten Abfall ($p < 0.05$) des mittleren arteriellen Blutdruckes von mindestens 5 mm Hg beim Vergleich der Blutdruckreaktion unter der salzarmen und der salzreichen Diät reagierten, wobei der Blutdruck als Mittel von jeweils 12 Blutdruckmessungen errechnet wurde. Im Serum oder

Plasma wurden die Konzentrationen der Lipide und ihrer Fraktionen, von Insulin und Glukose, von Aldosteron, Noradrenalin und der Elektrolyte sowie die Reninaktivität bestimmt. Da unter der natriumarmen Diät als Folge der extrazellulären Volumenreduktion der Hämatokrit von im Mittel 40 auf 41.8 % anstieg, wurde für alle metabolische Parameter geprüft, ob die beobachteten Veränderungen durch Volumeneffekte mitbedingt waren und unter Berücksichtigung des Hämatokritanstieges korrigiert. Die Korrektur der Werte wurde nach der folgenden Formel durchgeführt:

$$\text{Korrigierter Wert} = \frac{\textit{Beobachteter Wert} \times \textit{1-HK (salzreich)}}{\text{1-HK (salzarm)}}$$

Mäßige Kochsalzreduktion

In einer Gruppe von 19 normotensiven normalgewichtigen Personen (14 Salzresistente, 5 Salzsensitive) wurde in einer doppelblinden Untersuchung der Einfluß einer mäßigen Kochsalzreduktion von 85 mmol Natrium pro Tag (entsprechend 5 g NaCl) im Vergleich zu einer Natriumdiät von 200 mmol Natrium pro Tag über einen Zeitraum von jeweils 4 Wochen auf die gleichen Parameter untersucht. Zusätzlich wurde der arterielle Blutfluß in der Arteria brachialis und femoralis mit Hilfe der Duplex-Sonographie mit integriertem gepulsten Dopplersystem vor und nach jeder Diätperiode bestimmt. Weiterhin wurde die Thrombozytenaggregation auf Kollagen mit einem Aggregometer gemessen.

Laboruntersuchungen

Die Bestimmung der biochemischen Parameter und der Hormone erfolgte mit Standardmethoden.

Statistische Analyse

Den Untersuchungen lag ein „Zwei-Perioden cross-over-Design“ zugrunde. Alle Parameter wurden auf signifikante Residual- und Periodeneffekte hin getestet. Die Auswertung erfolgte mit Hilfe varianzanalytischer Methoden für Meßwiederholungen, Produktmomentkorrelationen und Regressionsmodellen.

Ergebnisse und Diskussion

Kurzfristige strenge Salzrestriktion

In Tabelle 1 sind Häufigkeit und prozentuale Verteilung von Salzsensitivität und Salzresistenz sowie einige Basisdaten der Probanden angegeben. Von

Tabbelle 1

Basisdaten				
	Gesamt	Salzsensitivität	Salzresistenz	Gegenregulierer
n	147	25	98	24
Prozent		17%	67%	16%
Alter (Jahre)	39 ± 3	46 ± 3	35 ± 1	36 ± 2
Körpergewicht [kg]	70 ± 1	67 ± 2	71 ± 1	72 ± 2
Mittlerer, arterieller Blutdruck (mmHg)	89 ± 0,7	92 ± 2	88 ± 1	89 ± 1,5
Herzfrequenz (Schläge/min)	66 ± 0,8	67 ± 1,5	67 ± 1	65 ± 1,5
Na^+-Ausscheidung (mmol/24h)	168 ± 4	154 ± 7	176 ± 6	175 ± 8,2

Mean + S.E.M.

den 147 Normotensiven wurden 25 Personen als salzsensitiv und 98 als salzresistent klassifiziert. 24 Normotensive reagierten mit einem Blutdruckanstieg auf die salzarme Diät und wurden als „Gegenregulierer“ bezeichnet. Das Körpergewicht, der mittlere arterielle Blutdruck, die Herzfrequenz und die Natriumausscheidung im Urin waren in allen 3 Gruppen vergleichbar. Die Salzsensitiven waren im Durchschnitt 10 Jahre älter. Es wurden daher, wenn Interaktionen zwischen Gruppe und Behandlungseffekt auftraten, die Ergebnisse einer Kovarianzanalyse unterworfen, in der das Alter die Kovariante war. Unter der salzarmen Diät fiel der Blutdruck bei den Salzsensitiven um im Mittel 7.5 mm Hg, während er bei den Gegenregulierern um im Mittel 6 mm Hg anstieg. Die Herzfrequenz erhöhte sich als Folge der Natriumrestriktion in den drei Gruppen geringgradig ($p < 0.05$) um im Mittel 3 Schläge/Minute. In Abb. 1 sind die Gesamt-Cholesterin- und LDL-Cholesterin-Konzentrationen im Serum unter der salzarmen im Vergleich zur salzreichen Diät dargestellt. Bei allen Personen stieg sowohl die Gesamt-Cholesterin- als auch die LDL-Cholesterin-Konzentration in der salzarmen Phase signifikant an. Der stärkste Anstieg in beiden Parametern um im Mittel 19 und 18 mg/dl bzw. 10 und 12% wurde bei den Gegenregulierern beobachtet. Die Serum-Triglyzerid-Konzentrationen waren unter der salzarmen Diät geringgradig höher als in der salzreichen Phase. Dieser Unterschied war aber nur für die Salzsensitiven signifikant. Die HDL-Cholesterin-Konzentration wurde durch die Kochsalzeinschränkung nicht beeinflußt.

Die Lipoprotein(a)-Konzentration im Serum wird als genetisch determinierter Risikofaktor für die Entstehung einer Arteriosklerose angesehen. Abb. 2 zeigt das Verhalten dieses Parameters unter den verschiedenen

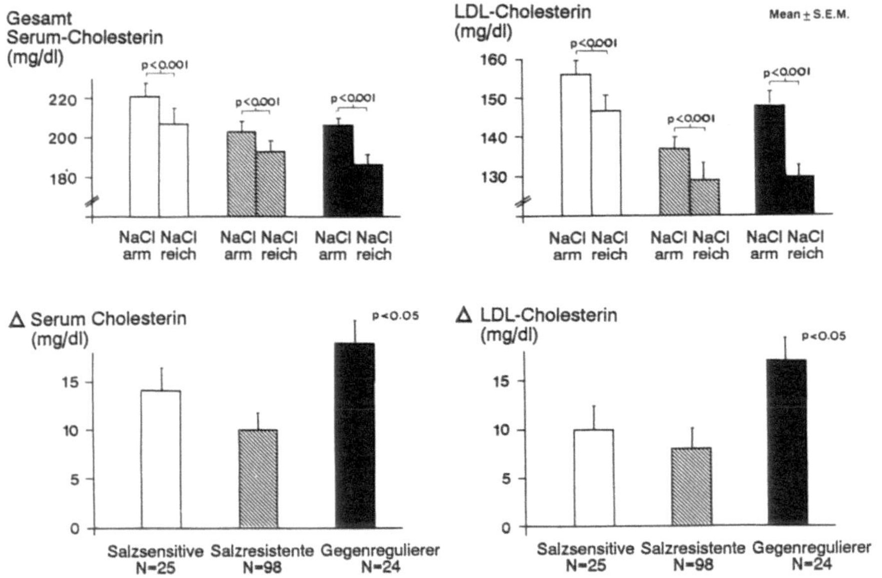

Abb. 1. Einfluß einer 7tägigen kochsalzarmen Diät auf die Gesamt-Serum-Cholesterin- und LDL-Cholesterin-Konzentrationen bei normotensiven salzsensitiven und salzresistenten Personen

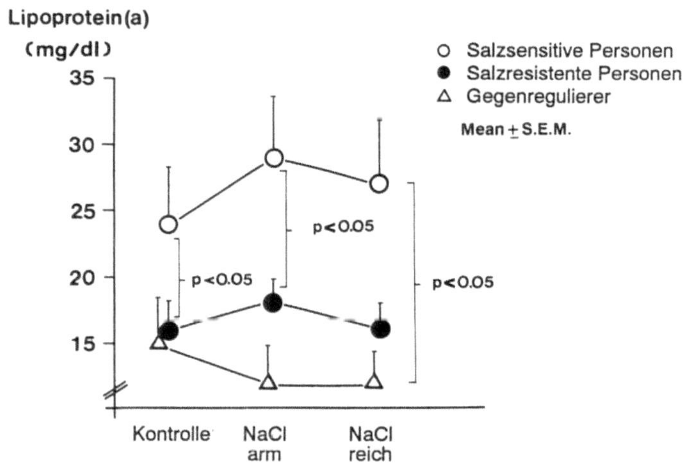

Abb. 2. Einfluß einer 7tägigen streng natriumarmen Diät auf die Serum-Lipoprotein(a)-Konzentrationen bei je 10 normotensiven Salzsensitiven, Salzresistenten und Gegenregulierern

Diäten. Es fiel auf, daß die Salzsensitiven um im Mittel 9 mg/dl oder 35 % signifikant höhere Lipoprotein(a)-Ausgangswerte hatten als die anderen beiden Gruppen. Die Kochsalzrestriktion hatte in allen drei Gruppen keinen signifikanten Einfluß auf diesen Parameter. Es ist unklar, ob die bei den Kochsalzsensitiven beobachtete erhöhte Lipoprotein(a)-Konzentration einen genetischen Marker für diese Gruppe darstellt. Es ist darauf hinzuweisen, daß die Lipoprotein(a)-Bestimmungen nur an jeweils 10 Personen jeder Gruppe durchgeführt wurden. Eine Korrektur der erhöhten Lipidkonzentrationen unter Berücksichtigung des unter der salzarmen Diät angestiegenen Hämatokritwertes ergab, daß die Anstiege in den Blutfett-Konzentrationen nur zu einem geringen Teil, und zwar um im Mittel 3 %, durch die Volumenreduktion mitverursacht waren. Die korrigierten Gesamt-Serum-Proteinkonzentrationen zeigten dagegen keinen Unterschied zwischen der salzarmen und der salzreichen Phase. Da beide Diäten isokalorisch waren und den gleichen Eiweißgehalt hatten, weisen die vergleichbaren korrigierten Proteinkonzentrationen darauf hin, daß durch die Hämatokritkorrektur

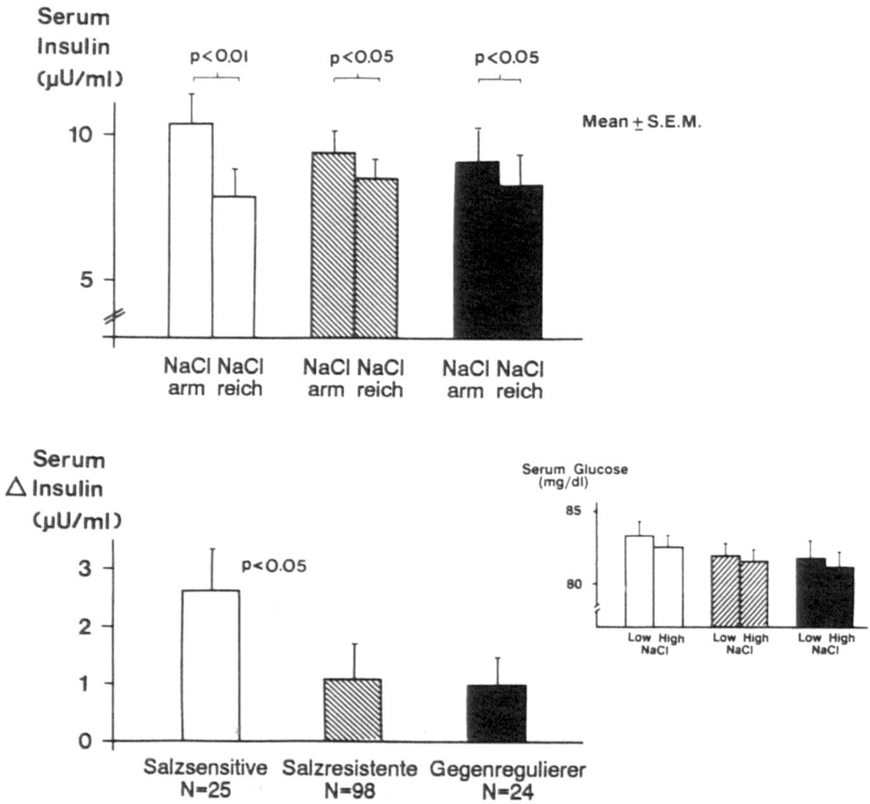

Abb. 3. Einfluß einer 7tägigen streng natriumarmen Diät auf die Serum-Insulin- und Glucose-Konzentrationen bei normotensiven salzsensitiven und salzresistenten Personen

die Volumeneffekte der Salzrestriktion auf die Lipidkonzentrationen ausreichend berücksichtigt wurden.

Ein Hyperinsulinismus und eine Insulinresistenz sind häufig mit einer essentiellen Hypertonie assoziiert und werden als pathogenetische kardiovaskuläre Risikofaktoren angesehen. [14]. Abb. 3 zeigt, daß die Salzrestriktion in allen drei Gruppen zu einer signifikanten Erhöhung der Serum-Insulin-Konzentration führte, während die Glucose-Konzentration unverändert blieb. Die Insulin-Konzentration nahm am stärksten in der Gruppe der Salzsensitiven zu, bei der sich ein Anstieg um 25 % fand. Die Erhöhung der Insulin-Konzentration ohne Änderung der Glucose-Konzentration könnte darauf hinweisen, daß durch die Kochsalzreduktion eine Insulinresistenz induziert worden ist. In Abb. 4 sind die Plasma-Aldosteron- und Noradrenalin-Konzentrationen sowie die Renin-Aktivitäten dargestellt. Die Salzsensitiven hatten unter Basalbedingungen die niedrigsten Aldosteron- und Noradrenalin-Konzentrationen sowie Renin-Aktivitäten und zeigten den geringsten Anstieg in diesen Parametern unter der salzarmen Diät. Im

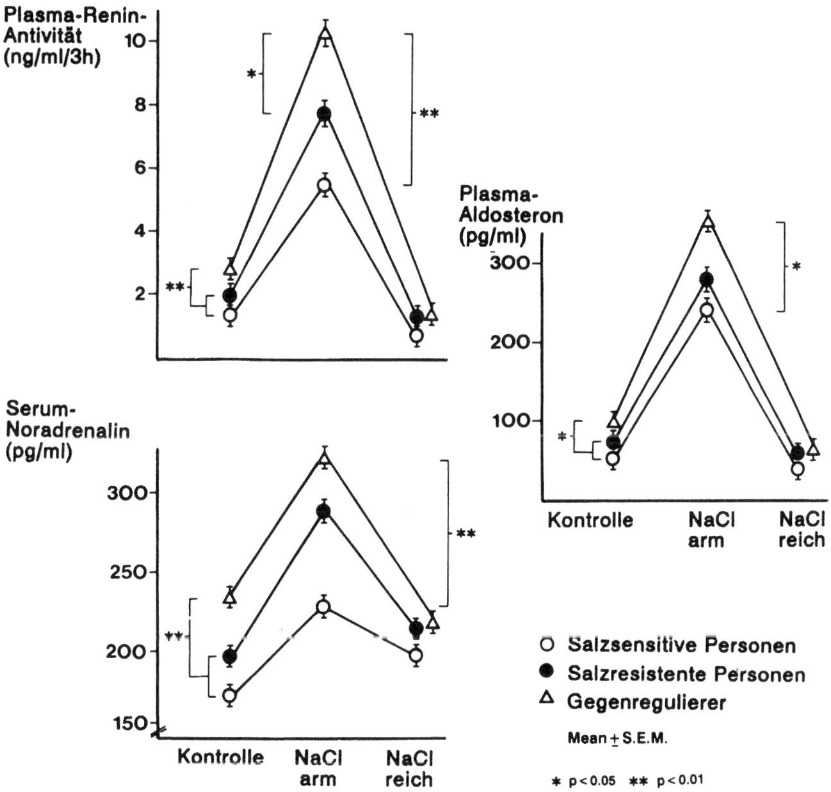

Abb. 4. Plasma-Renin-Aktivität, Plasma-Aldosteron-Konzentration und Serum-Noradrenalin-Konzentration unter 7tägiger streng natriumarmer und natriumreicher Diät bei normotensiven salzsensitiven und salzresistenten Personen

Gegensatz dazu hatten die Gegenregulierer sowohl höhere Ausgangswerte als auch den stärksten Anstieg in allen drei Parametern unter der Kochsalzeinschränkung. Diese Befunde lassen vermuten, daß die Reaktion auf die Natriumrestriktion mit einer unterschiedlichen Aktivierung neurohormonaler gegenregulatorischer Mechanismen in den einzelnen Gruppen einhergeht.

Die Ergebnisse der kurzfristigen Kochsalzrestriktion lassen sich zu folgenden Überlegungen zusammenfassen: Bei normalgewichtigen Normotensiven führte eine kurzfristige Kochsalzrestriktion von weniger als 2 g täglich zu einer Senkung des Blutdruckes bei 17 %, hatte keinen hämodynamischen Effekt bei 67 %, und zu einem Anstieg des Blutdruckes bei 16 % der Untersuchten, führte zu einem Anstieg der Gesamt-Serum-Cholesterin- und LDL-Cholesterin-Konzentration, wobei die stärksten Veränderungen in der Gruppe der Gegenregulierer beobachtet wurden, die gleichzeitig die ausgeprägteste Stimulation im Renin-Angiotensin-System und der sympathikotonen Aktivität aufwiesen, führte zu einem Anstiege der Triglyzeridkonzentration, der nur in der Gruppe der Salzsensitiven signifikant war, führte zu einer Erhöhung der Serum-Insulin-Konzentrationen bei unveränderter Glucose-Konzentration, was auf die Induktion einer Insulinresistenz unter der Salzrestriktion hinweisen könnte. Die unter der Kochsalzreduktion beobachteten metabolischen Veränderungen waren auch dann noch signifikant nachweisbar, wenn die entsprechenden Parameter unter Berücksichtigung des unter der salzarmen Diät erhöhten Hämatokritwertes als Ausdruck eines verminderten Plasmavolumens korrigiert wurden. Die Nachteile der metabolischen Veränderungen könnten möglicherweise den günstigen hämodynamischen Effekt einer kochsalzarmen Diät aufheben und insbesondere bei salzresistenten Personen und denjenigen, die mit einem Blutdruckanstieg auf die Kochsalzrestriktion reagieren, das kardiovaskuläre Risiko erhöhen.

Längerfristige mäßige Kochsalzrestriktion

Um zu klären, ob ähnliche Veränderungen unter einer längerfristigen mäßigen Kochsalzrestriktion auftreten, wurde die Wirkung einer vierwöchigen kochsalzreduzierten Diät von 85 mmol Natrium pro Tag mit derjenigen einer vierwöchigen Diät von 200 mmol Natrium pro Tag auf hämodynamische und metabolische Parameter untersucht. Es handelt sich um Befunde einer doppelblinden Untersuchung an 19 normotensiven Personen. Wegen der kleinen N-Zahl sind die Ergebnisse als vorläufig anzusehen. Die vierwöchige natriumarme Diät führte bei den Salzresistenten und Gegenregulierern zu keiner signifikanten Änderung des mittleren arteriellen Blutdruckes. Die Zunahme des mittleren arteriellen Blutdruckes von 2.2 mm Hg war nicht signifikant. Die 5 salzsensitiven Personen wiesen einen nicht signifikanten Abfall des Blutdrucks von 2.4 mm Hg auf. Der Einfluß der mäßigen Kochsalzrestriktion auf die Gesamt-Cholesterin-Konzentration war weniger stark ausgeprägt, als unter der streng natriumarmen Diät (Abb. 5).

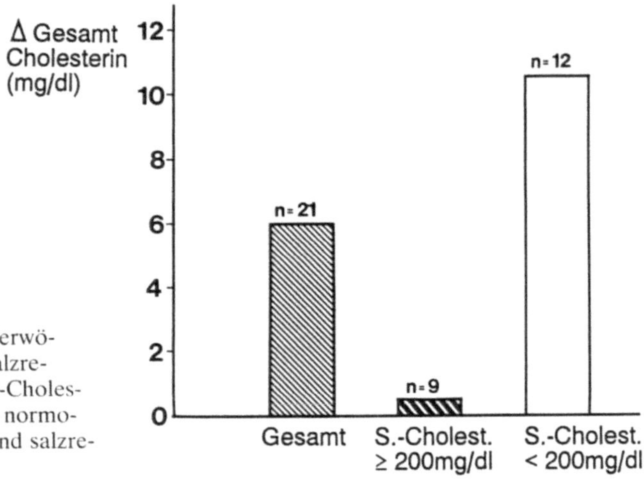

Abb. 5. Einfluß einer vierwöchigen mäßiggradigen Salzrestriktion auf die Gesamt-Cholesterin-Konzentration von normotensiven salzsensitiven und salzresistenten Personen

Im Mittel stieg die Cholesterin-Konzentration um 6 mg/dl an, doch waren die Zunahmen in den Cholesterin-Konzentrationen bei Ausgangswerten unter 200 mg/dl mit im Mittel 11 mg/dl signifikant größer als bei Cholesterinausgangswerten von über 200 mg/dl. Keine signifikanten Änderungen fanden sich dagegen in den Triglyzerid-, HDL- und Insulin-Konzentrationen. In Abb. 6 ist das Verhalten der Durchblutung in der Arteria brachialis und femoralis sowie des pulsatilen Index unter den beiden Diäten dargestellt. Die natriumarme Diät führte zu einer signifikanten Abnahme der Durchblutung und zu einem Anstieg des pulsatilen Index als Maß für den vaskulären Widerstand. Die bei diesen Personen gleichzeitig gemessene Thrombozytenaggregation war unter der salzarmen Diät ebenfalls verändert. Es kam zu einer signifikanten Verkürzung der sogenannten Lag-time, was auf eine gesteigerte Aggregabilität hinweist. Auch führte die mäßige Kochsalzrestriktion ebenso wie die starke Kochsalzeinschränkung zu einem Anstieg der Plasma-Renin-Aktivität und der Noradrenalin-Konzentration.

Zusammengefaßt zeigen diese vorläufigen Ergebnisse, daß eine mäßige Einschränkung der täglichen Kochsalzzufuhr auf 85 mmol pro Tag entsprechend 5 g NaCl bei salzsensitiven und salzresistenten normotensiven Personen den Blutdruck nicht signifikant beeinflußt. Die unter der streng natriumarmen Diät von 1 g NaCl pro Tag beobachteten ausgeprägten ungünstigen metabolischen Veränderungen, insbesondere im Fettstoffwechsel, waren unter der mäßigen Kochsalzeinschränkung weniger stark ausgeprägt, doch fand sich bei Personen mit Cholesterin-Konzentrationen unter 200 mg/dl ein signifikanter Anstieg der Cholesterin- und LDL-Konzentrationen um im Mittel 6 %. Von größerer funktioneller Bedeutung könnte die unter der mäßigen Kochsalzrestriktion beobachtete Abnahme der Durchblutung in peripheren großen Arterien sein, die mit einem Anstieg des Gefäßwiderstandes einhergingen. Diese hämodynamischen Veränderungen könnten ebenso wie die gesteigerte Thrombozyten-Aggregation und stimu-

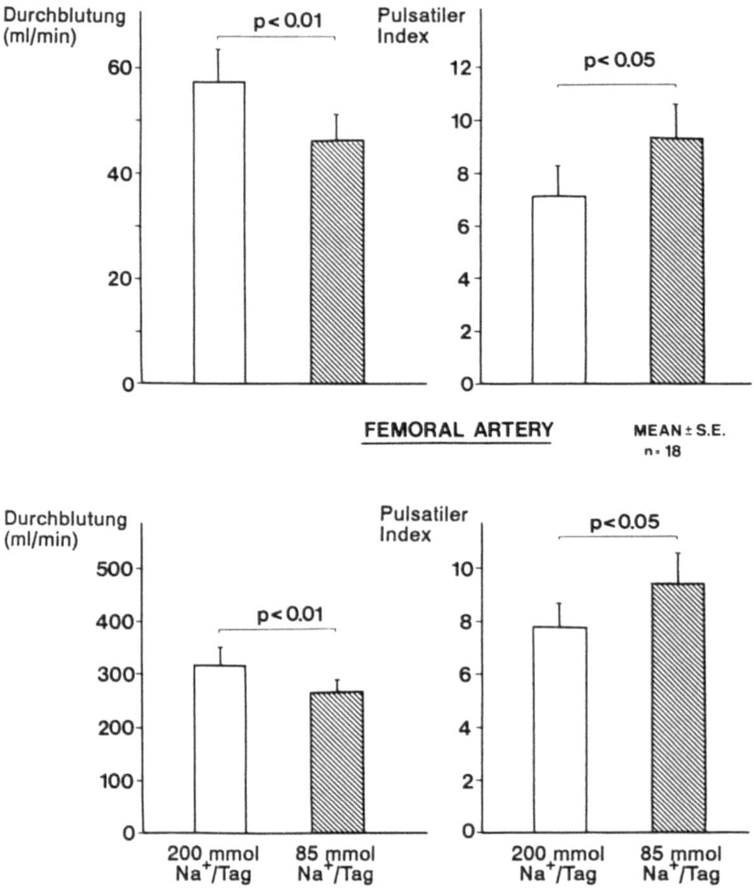

Abb. 6. Einfluß einer vierwöchigen mäßiggradigen Salzrestriktion auf die Durchblutung der Arteria femoralis und brachialis sowie den pulsatilen Index bei normotensiven salzsensitiven und salzresistenten Personen

lierten Renin-Aktivitäten sowie die erhöhten Noradrenalin-Konzentrationen ungünstige Auswirkugnen auf die periphere Zirkulation haben. Diese Veränderungen könnten besondere funktionelle Relevanz bei bereits gestörter Durchblutung oder bei älteren Personen mit extra zellulärem Volumendefizit besitzen. Weitere Untersuchungen sind erforderlich, um diese Befunde zu bestätigen und die Frage zu klären, ob hypertensive Personen in ähnlicher Weise ungünstig auf eine moderate Salzrestriktion, die als nicht-pharmakologische Behandlungsmaßnahme empfohlen wird, reagieren. Die unter der moderaten Salzrestriktion beobachtete Zunahme des peripheren Widerstandes steht im Gegensatz zu Befunden unter diuretischer Therapie, die zumindestens bei erhöhtem Blutdruck zu einer Abnahme des Gefäßwiderstandes führt.

Zusammenfassung

Diätische Kochsalzrestriktion wird als Maßnahme zur nicht-pharmakologischen Behandlung der essentiellen Hypertonie empfohlen. Kontrollierte Untersuchungen haben gezeigt, daß eine mäßige Kochsalzeinschränkung auf 80 mmol pro Tag, entsprechend 5 g NaCl, den erhöhten Blutdruck von Patienten mit Grenzwerthypertonie nicht senkt und der antihypertensive Effekt in der großen Gruppe der Patienten mit milder Hypertonie nur gering ist. Eine stärkere Kochsalzrestriktion auf weniger als 50 mmol pro Tag führt bei etwa 30 bis 40% der Patienten mit manifester Hypertonie zu einer Blutdrucksenkung, doch bleibt er bei dem Rest ineffektiv oder hat eine blutdrucksteigernde Wirkung. Neuere Befunde weisen darauf hin, daß eine Einschränkung der täglichen Kochsalzzufuhr auf unter 50 mmol ähnlich einer diuretischen Therapie ungünstige Auswirkungen auf den Fett- und Glukosestoffwechsel haben kann. Derartige unerwünschte Effekte könnten die potentiellen Vorteile einer Salzrestriktion aufheben und insbesondere bei denjenigen Hypertonikern, die mit keiner Senkung oder einem Anstieg des Blutdrucks auf die Kochsalzreduktion reagieren, zu einem erhöhten kardiovaskulären Risiko führen. Wir untersuchten bei 147 normalgewichtigen normotensiven Personen (60 Frauen und 87 Männer) im Alter zwischen 19 und 78 Jahren, randomisiert, einfach blind, die hämodynamischen und metabolischen Effekte einer kochsalzarmen Diät von 20 mmol Natrium pro Tag im Vergleich zu einer kochsalzreichen Diät von 300 mmol Natrium pro Tag jeweils für 7 Tage. Auf die Salzrestriktion reagierten 17% der Normotensiven mit einem Abfall des mittleren Blutdrucks um 7.5 mm Hg (salzsensitiv) und 67% mit keiner Änderung des Blutdrucks (salzresistent). Bei 16% stieg der mittlere Blutdruck um 6 mm Hg an (Gegenregulierer). In allen 3 Gruppen stiegen unter der salzarmen Diät die Ges.-Cholesterin und LDL-Cholesterin- sowie die Insulinkonzentrationen im Serum signifikant an. Die stärksten Anstiege im Gesamt- (10%) und im LDL- (12%) Cholesterin fanden sich bei den Gegenregulierern. Die Salzsensitiven hatten höhere Serum Lipoprotein(a) Konzentrationen als die anderen Gruppen. Die kochsalzarme Diät beeinflußte diesen Parameter nicht. In einer Gruppe von 19 salzsensitiven und salzresistenten normotensiven Personen untersuchten wir den Einfluß einer mäßigen Kochsalzeinschränkung von 85 mmol Natrium pro Tag im Vergleich zu einer 300 mmol Natriumdiät über einen Zeitraum von 4 Wochen. Bei diesen Personen wurden neben den metabolischen Parametern zusätzlich der arterielle Blutfluß und die Blutflußgeschwindigkeit in der Arteria brachialis und femoralis mit Hilfe computerisierter Duplex-Sonographie mit integriertem gepulstem Dopplersystem sowie die Thrombozytenaggregation vor und nach jeder Diätperiode bestimmt.

Die mäßige Kochsalzreduktion führte weder bei den Salzsensitiven noch bei den Salzresistenten zu einer Änderung des systolischen und des diastolischen Blutdrucks. Die Veränderungen in den Blutfetten waren geringer ausgeprägt als unter der salzarmen Diät. Ein Anstieg der Gesamt-

Cholesterin- und LDL-Cholesterinkonzentration um im Mittel 5 % wurde nur bei denjenigen Personen beobachtet, bei denen die Ges.-Cholesterinkonzentrationen unter 190 mg/dl lagen. Die mäßige Kochsalzrestriktion führte aber zu einer signifikanten Abnahme des Blutflusses und der Flußgeschwindigkeit um etwa 15 bis 20 % sowohl in der Arteria femoralis als auch in der Arteria brachialis. Gleichzeitig stieg der pulsatile Index als Maß für den vaskulären Widerstand signifkant an. Die sogenannte Lag-time für die Thrombozytenaggregation war signifikant verkürzt, was auf eine gesteigerte Aggregabilität hinweist. Die mäßige Kochsalzrestriktion führte ebenso wie die starke Kochsalzeinschränkung zu einem Anstieg der Plasma-Renin-Aktivität und der Noradrenalinkonzentration.

Die Ergebnisse zeigen, daß eine kurzfristige Kochsalzrestriktion auf 1 bis 2 g pro Tag bei normotensiven Personen zu ungünstigen Veränderungen im Fett- und Glukosestoffwechsel führt. Die Veränderungen im Fettstoffwechsel sind unter einer längerfristigen mäßigen Kochsalzreduktion auf 5 bis 6 g pro Tag weniger stark ausgeprägt, jedoch noch vorhanden. Eine mäßgie Kochsalzrestriktion führt zu Abnahmen der Durchblutung in den großen Arterien, sowie zu einer Zunahme des Gefäßwiderstandes. Gleichzeitig nimmt die Plättchenaggregation zu. Es bleibt zu klären, ob hypertensive Patienten in ähnlicher Weise auf eine moderate Natriumrestriktion reagieren.

Literatur

1. Freis ED. (1976) Salt, volume and the prevention of hypertension. Circulation. 53; 589–95.
2. Elliot P. (1989) The INTERSALT study: an addition to the evidence on salt and blood pressure, and some implications. J Hum Hypertension 3: 289–298.
3. Stamler J, Rose G. Stamler R., Elliot P., Dyer A., Marmot M. (989) INTERSALT study findings. Public health and medical care implications. Hypertension 14: 570–577.
4. Dahl LK, Love RA. (1954) Evidence for relationship between sodium (chloride) intake and human essential hypertension. Arch intern Med. 94: 525–31.
5. Dahl LK. (1972) Salt and hypertension Am J Nutr 25: 231–44.
6. Glieberman L. (1973) Blood pressure and dietary salt in human populations. Ecol Food Nutr 2: 143–56.
7. Laragh JH. Pecker MS. (1983) Dietary sodium and esstial Hypertension: Some myths, hopes and truths. Annals of Internal Medicine; 98 (Part 2): 735–743.
8. Intersalt cooperative research group (1986): Intersalt: an itnernational study of electrolyte excretion. Br Med J 297: 319–328.
9. Anonymous (1989) Salt and blood pressure: the next Chapter. (Editorial) The Lancet i.: 1301–1303.
10. Aldermann M. Lamport B. (1990): Moderate sodium restriction. Do the benefits justify the hazards? Am J Hypertension 3: 499–504.
11. Weinberger MH, Miller JZ, Lutt FC. (1986) Definitions and characteristics of sodium sensitivity and blood pressure resistance. Hypertension 8 (suppl II): 127–134.
12. Masugi F, Ogihara T, Hashizume K, Hasegawa T, Sakaguchi K, Jumahara Y. (1988) Changes in plasma lipids and uric acid with sodium loading and sodium depletion in patients with essential hypertension. J Hum Hypertension 1: 293–298.

13. Sharma AM, Arntz HR, Kribben A, Schattenfroh S, Distler A. (1990) Dietary sodium restriction: adverse effect on plasma lipids. Klin Wochenschr 68: 664–668.
14. Ferrannini E, Buzzigoli G, Bonadonna R, Giorici MA, Oleggini M, Graziadei L, Pedrinelli R, Brandi L. Bevilacqua S. (1987) Insulin resistance in essential hypertension. N Engl J Med 317: 350–357.

Kochsalzkonsum und arterielle Hypertonie

F.C. Luft, Erlangen

Kochsalzkonsum

Ein zumindest indirekter Zusammenhang zwischen der diätetischen Salzzufuhr und dem Blutdruck ist seit mehr als 5000 Jahren bekannt. In der ältesten erhaltenen medizinischen Schrift wird Nei Ching, der „Gelbe Kaiser", folgendermaßen zitiert: „Wenn zuviel Salz in der Nahrung ist, wird der Puls hart, die Gesichtsfarbe verändert sich, und es treten Tränen auf." Zur gleichen Zeit stellte Hiob die Frage: „Kann das Ungenießbare ohne Salz gegessen werden?" In Mythologie und Brauchtum gibt es unzählige Sagen und Sprichwörter über das Salz wie die Verwandlung von Lots Weib zur Salzsäule oder die mystische Stadt Taghaza in der Sahara, die aus Salzziegeln gebaut sein soll. Die Geschichte des Salzes, seiner Bedeutung als Konservierungsmittel und seines Stellenwertes in der kardiovaskulären Regulation weist eine Vielzahl interessanter Aspekte auf.

Hinweise auf einen Zusammenhang zwischen Zufuhr von Kochsalz und Blutdruckverhalten stammen aus epidemiologischen Untersuchungen, Tierexperimenten, Studien über Mechanismen der Kreislaufregulation beim Tier und auf Zellebene und aus Prüfungen mit diätetischer Intervention. Die Belege für die „Salz-Hypothese" der Hypertonie-Pathogenese sind zwar unvollständig [1] aber doch beeindruckend. Es gibt epidemiologische Belege dafür, daß die Einschränkung der diätetischen Salzzufuhr den Blutdruck senken bzw. das Auftreten von Hypertonie verhindern kann. Bei Naturvölkern mit sehr geringem Kochsalzkonsum gibt es praktisch keine Hypertonie, und auch ein altersbedingter Blutdruckanstieg ist hier weniger ausgeprägt [2]. Die häufig zitierte epidemiologische Studie von Dahl [3] aus dem Jahre 1960 enthielt eine graphische Darstellung, in der anhand sehr weniger Punkte eine fast perfekte lineare Beziehung zwischen der Hypertonie-Prävalenz und der Salzzufuhr bei 5 unterschiedlichen Populationen in verschiedenen Weltregionen aufgezeigt wurde. Die Messungen der Salzzufuhr waren nicht vergleichbar, die Verfahren der Blutdruckmessung wurden nicht beschrieben, und die Alters- und Geschlechtsverteilung war in jeder Population anders [4]. Die Gruppe der Eskimos umfaßte nur 20 Probanden, und die Angaben zur Salzzufuhr und zur Prävalenz der Hypertonie in Japan waren sehr viel höher als in späteren Veröffentlichungen.

Eine vor kurzem abgeschlossene internationale epidemiologische Studie namens „Intersalt" trug entscheidend zur Klärung der „Salzhypothese" bei

[5]. An dieser Studie nahmen 52 Zentren, die je 200 Probanden beitrugen, in 32 Ländern teil. Bei 10.079 Probanden wurden Blutdruckmessungen mit dem Zufalls-Null-Sphygmomanometer nach Hawksley durchgeführt und der Urin über exakte 24-h-Perioden gesammelt. Die Natriumausscheidung ($U_{Na}V$) lag zwischen 0,2 und 242 mmol/Tag. In 48 Zentren, also bei der überwiegenden Mehrzahl der Probanden, betrug der Bereich lediglich 100–242 mmol/Tag. $U_{Na}V$ wies im Einzelfall eine positive Korrelation mit dem Blutdruck auf, diese Beziehung bestand aber nicht in allen Fällen. Nach Ausschluß der Daten aus den Zentren mit den niedrigsten Zufuhrwerten war keine durchgängige Beziehung feststellbar.

Innerhalb der Zentren wurde eine Beziehung zwischen der Variablen Alter und der Natriumexkretion im Median gefunden. Ein Zusammenhang zwischen $U_{Na}V$ und dem Medianwert des Blutdrucks oder der Hypertonie-Prävalenz, wie er von Dahl postuliert wurde, bestand – nach Korrektur für den altersbedingten Druckanstieg – jedoch nicht. Der Einschluß der Kaliumausscheidung in die Analyse machte die Beziehungen nicht klarer. Körpermassenindex und Alkoholkonsum hatten starke, unabhängige Einflüsse auf die Hypertonieprävalenz. Intersalt zeigte, daß die Beziehungen zwischen Blutdruck, Hypertonie-Prävalenz und diätetischer Salzzufuhr nicht so eindeutig sind, wie Dahl annahm. Eine kritische Wertung der Auswirkungen von Intersalt für die Praxis wurde von Swales vorgelegt [6].

Durch tierexperimentelle Studien konnte die Beziehung zwischen Salzzufuhr und Blutdruck geklärt werden [7]. Die von Dahl gezüchteten salzempfindlichen bzw. -resistenten Rattenstämme zeigen den Einfluß genetischer Prädisposition auf die Salzempfindlichkeit des Blutdrucks beim Tier. Die Ergebnisse von Nierentransplantationen lassen darauf schließen, daß die Niere auf nicht bekannte Weise für die blutdrucksteigernde Wirkung von Salz in diesem Modell verantwortlich ist. Die DOCA-Salz-Ratte wurde als Modell der Salzempfindlichkeit entwickelt, in dem durch Verabreichung von Mineralkortikoiden eine Hypertonie induziert wird. In diesem Modell tragen offensichtlich Volumen und neurale Mechanismen zum Auftreten des erhöhten Blutdrucks bei. Andere Ratten-Modelle der Hypertonie wie der Milan-Stamm, der Sabra-Stamm und der New-Zealand-Stamm weisen unterschiedliche Schweregrade der Salzempfindlichkeit auf. Der Okamoto-Stamm der spontan hypertensiven Ratte ist gegenüber den blutdrucksteigernden Wirkungen von Salz weitgehend resistent. Im Gegensatz dazu wird bei anderen Modellen, z.B. der 1-Clip 2-Nieren renovaskulären Hypertonie (hypertensive Goldblattt-Ratte) und manchmal auch bei der ansonsten gesunden Sprague-Dawley-Ratte nach einer Senkung der diätetischen Salzzufuhr ein *Anstieg* des Blutdrucks beobachtet.

Untersuchungen auf Zellebene lassen vermuten, daß Probleme mit dem Natriumtransport an der Entstehung der Hypertonie beteiligt sein könnten [8]. Eine erhöhte intrazelluläre Natriumkonzentration kann infolge des damit gesteigerten Natrium-Calcium-Austausches eine erhöhte intrazelluläre Calciumkonzentration initiieren. Dies kann dann zu einer verstärkten Kontraktion der glatten Muskulatur z.B. von arteriolären Widerstandsgefäße führen [9]. DeWardener und MacGregor, Blaustein und auch Haddy stellten ähnliche Konzepte der salzempfindlichen Hypertonie zur Diskussion [10]. Nach Ansicht dieser Autoren begünstigt ein renaler Defekt bei der Natriumausscheidung die Freisetzung (wahrscheinlich im Gehirn) eines Hemmers der Natrium-Kalium-ATPase. Ein derartiger Stoff würde über tubuläre Angriffspunkte die Natriurese erleichtern, aber auch den peripheren Gefäßwiderstand steigern infolge einer Zunahme des intrazellulären Calciumspiegels nach den oben beschriebenen Mechanismen. Dieser Hemmer würde außerdem durch Steigerung der Freisetzung und Hemmung der neuronalen Wiederaufnahme von Noradrenalin die Aktivität des sympathischen Nervensystems vermehren.

Interventionsstudien mit reduzierter Salzzufuhr als Behandlung der Hypertonie wurden zahlreich und mit unterschiedlichen Ergebnissen beim Menschen durchgeführt. Grobbee und Hofman [11] sichteten vor kurzem die Ergebnisse von 13 methodisch gut aufgebauten prospektiven randomisierten und kontrollierten klinischen Prüfungen der diätetischen Salzrestriktion bei Hypertonie-Patienten. Die Salzzufuhr lag in diesen Studien meist im Bereich von 80 mmol Na (entsprechend 2 g Na oder 5 g NaCl) pro Tag. Nur in 3 der 13 Prüfungen wurde die Salzzufuhr stärker vermindert. Die erreichte Blutdrucksenkung war im Mittel mäßiggradig. Grobbee und Hofman stellten außerdem einen Zusammenhang zwischen der Blutdrucksenkung und dem anfänglichen Blutdruckwert sowie eine Beziehung zwischen dem Lebensalter und der Blutdruckverminderung fest. Bei älteren Menschen war unter der diätetischen Salzrestriktion eher mit einer Blutdrucksenkung zu rechnen. Ähnliche Beobachtungen hinsichtlich des Zusammenhangs von anfänglichem Blutdruckwert und Ansprechen auf die Intervention stammen auch von Morgan und Nowson [12], die die Beziehung zwischen dem Blutdruck und dem Logarithmus der Natriumexkretion in mehr als 40 Prüfungen der diätetischen Salzrestriktion zusammenfaßten.

Die interessantesten Ergebnisse mit einer diätetischen Salzrestriktion wurden von MacGregor et al. [13] veröffentlicht. die bei Hypertonie-Patienten eine doppelt-blinde randomisierte plazebokontrollierte Crossover-Prüfung mit diätetischer Salzrestriktion durchführten. Der mittlere Blutdruck sank in diesem Patientenkollektiv um 8 mmHg wenn die Na-Zufuhr über 4 Wochen von 160 auf 80 mmol/d reduziert wurde. MacGregor et al. [14] schlossen vor kurzem eine Studie ab, in der 20 Hypertonie-Patienten im höheren Lebensalter drei unterschiedliche Natriummengen (200, 100 und 50 mmol/Tag) über Wochen erhielten. Unter der mittleren und der niedrigen Natriumaufnahme war im Vergleich zur hohen Zufuhr der Blutdruck signifikant vermindert. In der bisher größten plazebokontrollierten Prüfung, der Australian National Health and Medical Research Council Study, erbrachte die Natriumrestriktion (< 80 mmol/Tag) eine schnelle, mäßiggradige Blutdrucksenkung. Am Ende der achtwöchigen Studie lag jedoch kein Unterschied mehr vor zwischen der Gruppe unter diätetischer Natriumrestriktion und der Gruppe unter derselben Diät + einer (doppelt-blinden, placebo-kontrollierten) Natriumsubstitution von 80 mmol/Tag [15].

Die Prüfungen der diätetischen Salzrestriktion erbrachten also eher uneinheitliche Ergebnisse bei Hypertonikern. Ein Grund dafür könnte sein, daß ein Teil der Hypertoniker empfindlich gegenüber den blutdrucksteigernden Wirkungen von Salz ist, während bei den übrigen Probanden andere Mechanismen der Hypertonie vorliegen. Weinberger et al. [16] formulierten auf der Grundlage der Blutdruckreaktion auf eine akute (i.v.) Salzbelastung und -verarmung einerseits und der Auswirkungen der diätetischen Intervention andererseits eine Definition der Salzempfindlichkeit. Nach dieser Definition war ein Drittel gesunder Probanden salzempfindlich. Bei den Hypertonikern waren ungefähr 50 % salzempfindlich. Bei älteren Menschen und bei Schwarzen wurde die Salzempfindlichkeit häufiger beobachtet. Diese Autoren stellten einen Einfluß genetischer Veränderungen auf die Salzempfindlichkeit des Blutdrucks fest, und sie postulierten einen genetischen Marker für diese Veränderung.

Ähnlich uneinheitliche Ergebnisse wurden auch bei gesunden Probanden gefunden. Vor kurzem berichteten Rocchini et al. [17] über eine wichtige Wechselwirkung zwischen der Salzempfindlichkeit und der Gewichtsreduktion als einer anderen nicht-medikamentösen Interventionsmaßnahme. In ihrem Kollektiv von 36 adipösen Jugendlichen führten verminderte Kalorienzufuhr und verstärktes körperliches Training zu einer Abschwächung der Salzempfindlichkeit.

Da die durch Salzrestriktion hervorgerufenen Blutdruckreaktionen offenbar das Bild einer Gaußschen-Verteilung bieten, könnte die Salzrestriktion bei einigen Hypertonie-Patienten einen Blutdruckanstieg zur Folge haben. Dies ist zwar unwahrscheinlich, sollte aber eingehender untersucht werden. Untersuchungen, in denen die Salzzufuhr über einen kurzen Zeitraum drastisch reduziert wurde, lassen auch auf einen leichtgradigen aber signifikanten Anstieg der Plasma-Lipide schließen [18]. Die Relevanz dieser Befunde ist noch unklar. In Einzelfällen wurde über ungünstige Wirkungen einer Diät mit vermindertem Gehalt an Salz (und Protein) auf die anderen Elektrolyte im Plasma berichtet [19]. Daraus kann zwar nicht auf generell nachteilige Wirkungen der Salzrestriktion geschlossen werden, diese und andere diätetische Interventionen sollten jedoch unter Überwachung durch einen Ernährungsspezialisten und einen Arzt erfolgen.

Literatur

1. Editorial. Salt and blood pressure: the next chapter. *Lancet* 1989; i: 1301–1303.
2. Freis ED. Salt volume and the prevention of hypertension. *Circulation* 1976; 53: 589–594.
3. Dahl LK. Possible role of salt intake in the development of essential hypertension. In: Bock KD, Cottier PT, eds. *Essential Hypertension*. Berlin: Springer Verlag, p. 53, 1960.
4. Prineas RJ, Blackburn H. Clinical and epidemiologic relationships between electrolytes and hypertension. In: Horan MJ, et al., eds. *NIH Workshop on Nutrition and Hypertension*. New York: Biomedical Information Corporation, p. 63, 1985.

5. The Intersalt Cooperative Research Group. Intersalt: an international study of electrolyte excretion and blood pressure. Results for 24-hour urinary sodium and potassium. *Br Med J* 1988; 297: 319–328.
6. Swales JD. Salt saga continued. Salt has only small importance in hypertension. *Br Med J* 1988; 297: 307–308.
7. Rascher W. Experimentelle Formen der Hypertonie. In: Ganten D, Ritz E, eds. *Lehrbuch Der Hypertonie.* Stuttgart: Schattauer Verlag, p 49, 1985.
8. Hilton PJ. Cellular sodium transport in essential hypertension. *N Engl J Med* 1986; 314: 222–229.
9. Oshima T, Matsuura H, Kido K, et al. Intralymphocytic sodium and free calcium and plasma renin in essential hypertension. *Hypertension* 1988; 12: 26–31.
10. Blaustein MP, Hamlyn JM. The basic science of electrolytes and hyper-tension. In: Horan MJ, et al., eds. *NIH Workshop on Nutrition and Hypertension.* New York: Biomedical Information Corporation, p 31, 1985.
11. Grobbee DE, Hofman A. Does sodium restriction lower blood pressure? *Br Med J* 1986; 293: 27–229.
12. Morgan T, Nowson C. The role of sodium restriction in the management of hypertension. *Can J Physiol Pharmacol* 1986; 64: 786–792.
13. MacGregor GA, Markandu ND, Best FE, et al. Double-blind randomized cross-over trial of moderate sodium restriction in essential hypertension. *Lancet* 1982; i: 351–354.
14. MacGregor GA, Markandu ND, Sagnella GA, Singer DRJ, Cappuccio FP. Double-blind study of three sodium intakes and long-term effects of sodium restriction in essential hypertension. Lancet 1989; ii: 1244–1247.
15. Australian National Health and Medical Research Council Dietary Salt Study Management Committee. Fall in blood pressure with modest reduction in dietary salt intake in mild hypertension. *Lancet* 1989; i: 399–402.
16. Weinberger MH, Miller JZ, Luft FC, Grim CE, Fineberg NS. Definitions and characteristics of sodium sensitivity and blood pressure resistance. *Hypertension* 1986; 8 (suppl II): II-127-II-134.
17. Rocchini AP, Key J, Bondie D, Chico RD, Moorehead C, Katch V, Martin M. The effect of weight loss on the sensitivity of blood pressure to sodium in obese adolescents. N Engl J Med 1989; 321: 580–585.
18. Sharma AM, Arntz HR, Kribben A, Schattenfroh S, Distler A. Dietary sodium restriction: adverse effect on plasma lipids. Klin Wochenschr 1990; 68: 664–668.
19. Kamel KS, Ethier J, Levin A, Halperin ML. Hypokalemia in the "beautiful people". Am J Med 1990; 88: 534–536.

Die Rolle des zellulären Natriums, Chlorids und Calciums in der Entstehung der essentiellen Hypertonie

C. SPIEKER und W. ZIDEK, Münster

Über die Pathogenese der essentiellen Hypertonie liegen zahlreiche Hypothesen vor. In den letzten Jahren wurden jedoch konkrete Befunde erhoben, die eine zentrale Rolle des zellulären Elektrolythaushalts in der Pathogenese der essentiellen Hypertonie wahrscheinlich machen. Im folgenden werden gestützt auf eigene Befunde die möglichen Mechanismen dargestellt, durch die über eine Störung im zellulären Elektrolythaushalt die Entstehung der essentiellen Hypertonie erklärt werden kann.

Die Untersuchungen zum zellulären Elektrolythaushalt bei der essentiellen Hypertonie begannen mit Messungen der intrazellulären Na^+-Konzentration in Erythrozyten essentieller Hypertoniker. D'Amico et al. [1] sowie Losse et al. [2] fanden bei essentiellen Hypertonikern erhöhte intraerythrozytäre Na^+-Konzentrationen. Diese Befunde sind später von anderen Arbeitsgruppen sowohl an Erythrozyten als auch an anderen Blutzellen bestätigt worden [3–8]. Zur selben Zeit wie die ersten Befunde hinsichtlich des erythrozytären Na^+-Gehalts wurden auch Hinweise auf die Existenz eines natriuretischen Hormons erhoben. De Wardener et al. [9] fanden, daß nach Infusion einer Kochsalzlösung auch bei gleichzeitiger Gabe von Mineralocorticoiden eine Natriurese einsetzt. De Wardener schloß daraus, daß die vermehrte Na^+-Ausscheidung zur Aufrechterhaltung der Na^+-Homöostase nicht durch eine Suppression der Mineralocorticoidsekretion zustande kommen konnte, da durch die exogene Zufuhr von Mineralocorticoiden eine konstant hohe Konzentration im Blut aufrechterhalten wurde. Weiterhin fand De Wardener in Kreuzzirkulationsversuchen mit Hunden Hinweise für eine natriuretische Substanz. Es zeigte sich in späteren Untersuchungen, daß dieser sogenannte natriuretische Faktor eine Hemmung der Na^+-K^+-ATPase der Zellmembran bewirkt [10]. Dies führt einerseits zu einem Anstieg des intrazellulären Na^+. Andererseits wird durch die Hemmung des aktiven Na^+-Transports auch die tubuläre Na^+-Rückresorption vermindert und dadurch eine Natriurese hervorgerufen. Dadurch wurde zwischen den beiden Befunden einer erhöhten intraerythrozytären Na^+-Konzentration und der Sekretion eines natriuretischen Hormons ein Zusammenhang denkbar. Daher wurden in der Folgezeit Hypothesen entwickelt, die die Pathogenese der volumeninduzierten [11] und analog auch der essentiellen Hypertonie [12] durch die Wirkungen eines natriuretischen Hormons auf den zellulären Elektrolythaushalt erklärten. Danach kann die Pathogenese der essentiellen Hypertonie analog zu den Verhältnissen bei Volumenexpansion gedeutet werden. Unterschiedlich ist in dieser Modellvorstellung lediglich der Auslöser für die Sekretion des natriuretischen Hormons. Im Fall der Volumenexpansion kommt die Vermehrung des Na^{+}-Bestandes exogen zustande, während man bei der essentiellen Hypertonie in der genannten Modellvorstellung einen angeborenen Defekt der renalen Na^{+}-Ausscheidung annimmt.

Blaustein [13] lieferte mit seiner 1977 formulierten Hypothese einen wesentlichen Beitrag zur Verknüpfung der beobachteten Veränderungen des Na^{+}-Haushalts einerseits und der Hypertonie als Folge eines erhöhten Gefäßwiderstands andererseits. Er nahm an, daß durch die erhöhte intrazelluläre Na^{+}-Konzentration der Na^{+}-Ca^{2+}-Austausch an der Zellmembran stiumliert wird, so daß vermehrt Na^{+} ausgeschleust wird und vermehrt Ca^{2+} in die Zelle einströmt. Dies kann an der glatten Muskelzelle zu einer vermehrten Kontrakton, d.h. zu einem gesteigerten Gefäßtonus führen.

Gegen eine Beteiligung des Na^{+}-Ca^{2+}-Austauschmechanismus ergeben sich allerdings folgende Gesichtspunkte: Zum einen ist der Na^{+}-Ca^{2+}-Austausch an der Erythrozytenmembran von nur geringer Bedeutung für die Regulation der freien intrazellulären Ca^{2+}-Konzentration, und zum anderen besteht auch keine signifikante Korrelation zwischen den Meßwerten der freien erythrozytären Na^{+}- und Ca^{2+}-Konzentration. Neben dem Na^{+}-Ca^{2+}-Austausch sind noch folgende Ca^{2+}-Transportsysteme für die Regulation des intrazellulären freien Ca^{2+} von Bedeutung:

1. der ATP-abhängige Ca^{2+}-Transport. Dieses Transportsystem spielt neben dem Na^{+}-Ca^{2+}-Austausch die entscheidende Rolle für die Aufrechterhaltung des transmembranösen Ca^{2+}-Gradienten durch einen Auswärtstransport von Ca^{2+}. Für einen herabgesetzten ATP-abhängigen Ca^{2+}-Transport bei der primären Hypertonie sprechen Befunde an Zellmembranen und Mikrosomen von glatten Muskelzellen spontanhypertoner Raten. An diesen Präparationen wurde von mehreren Autoren ein verminderter ATP-abhängiger Ca^{2+}-Transport beschrieben [19–22].
2. der potentialabhängige und der rezeptorgesteuerte Ca^{2+}-Einstrom. Veränderungen dieser Ca^{2+}-Kanäle bei der primären Hypertonie sind bislang weniger eingehend untersucht worden. Hinweise für einen gesteigerten Ca^{2+}-Einstrom über einen dieser Kanäle stammen unter anderem aus Befunden von Mulvany et al. [23], daß die Gefäße von spontanhypertonen Ratten bei Erhöhung des extrazellulären Ca^{2+} mit einer stärkeren Zunahme der Kontraktilität reagieren, was für einen vermehrten Ca^{2+}-Einstrom in die glatten Muskelzellen spricht. Ferner kann durch Ca^{2+}-Antagonisten das erhöhte erythrozytäre freie Ca^{2+} bei essentiellen Hypertonikern gesenkt werden [24]. Ca^{2+}-Antagonisten blockieren bekanntlich im wesentlichen den potentialabhängigen Ca^{2+}-Kanal der Zellmembran.

Neben Veränderungen der transmembranösen Ca^{2+}-Fluxe kommen grundsätzlich auch Verschiebungen von Ca^{2+}-Ionen zwischen den intrazellulären Kompartimenten als Ursache für Änderungen des freien intrazellulären Ca^{2+} in Betracht. Die oben erwähnten Befunde an isolierten Organellen lassen vermuten, daß eine Erhöhung der freien intrazellulären Ca^{2+}-Konzentration auch durch eine verminderte Aufnahme von Ca^{2+} in die zellulären Speicher erklärt werden kann.

Ein wesentlicher Gesichtspunkt betrifft die Übertragbarkeit der am Erythrozyten gemessenen Veränderungen auf andere Zellen wie z.B. die glatte Gefäßmuskulatur. Der an Erythrozyten erhobene Befund einer erhöhten intrazellulären freien Ca^{2+}-Konzentrationen* [14] wurde in der Folgezeit auch an anderen Blutzellen wie Thrombozyten und Lymphozyten durch mehrere Arbeitsgruppen bestätigt [25–29]. Ferner wurden auch an isolierten glatten Gefäßmuskelzellen analoge Befunde erhoben [30]. Daher ist davon auszugehen, daß die Störung des Ca^{2+}--Transports bei der essentiellen Hypertonie außer an der glatten Gefäßmuskulatur auch an anderen Zelltypen nachweisbar ist.

Hinsichtlich der Genese der Ca^{2+}-Verschiebungen bei der essentiellen Hypertonie sind grundsätzlich zwei Möglichkeiten in Betracht zu ziehen. Entweder handelt es sich um eine genetisch fixierte Störung des Ca^{2+}-Transports an der Zellmembran, oder ein in der Blutbahn zirkulierender Faktor ist für die veränderte intrazelluläre freie Ca^{2+}-Konzentration verantwortlich. Für erstere Möglichkeit spricht die Tatsache, daß eine genetische Komponente bei der Erkrankung allgemein bekannt ist. Der oben dargestellte Befund an permeabilisierten Granulozyten besagt jedoch erstens, daß im Plasma von essentiellen Hypertonikern ein Faktor nachweisbar ist, der zu einer beschleunigten zellulären Ca^{2+}-Aufnahme führt, und zweitens, daß die den Ca^{2+}-Transport beeinflussende Substanz in der Fraktion wandert, die auch den Blutdruck eines Versuchstieres nach i.v.-Injektion anhebt. Dieser Befund läßt also annehmen, daß im Blut essentieller Hypertoniker eine blutdrucksteigernde Substanz existiert, deren Wirkungsmechanismus in einer vermehrten Aufnahme von Ca^{2+} in die Zellen besteht. Das Ergebnis spricht also gegen die Annahme, daß die Transportdefekte für Ca^{2+} an Zellen essentieller Hypertoniker unmittelbar genetisch bedingt sind.

Schließlich ergibt sich die Frage, inwieweit der blutdrucksteigernde Faktor im Serum von essentiellen Hypertonikern mit dem von De Wardener postulierten natriuretischen Faktor identisch oder verwandt ist. Gegen eine Identität beider Substanzen spricht zunächst, daß der natriuretische Faktor vor allem nach Volumenbelastung von normotonen Probanden oder Versuchstieren nachgewiesen wurde [31]. Ferner fand sich ein Hemmstoff der Na^+-K^+-ATPase auch im Blut und Urin von niereninsuffizienten Patienten, bei denen ebenfalls eine vermehrte Flüssigkeitsbelastung zugrundeliegen könnte [32]. Im Blut essentieller Hypertoniker hingegen konnte ein Inhibitor der Na^+-K^+-ATPase von einigen Untersuchern nicht nachgewiesen werden [32–34]. Weiterhin haben sich durch die Identifizierung und Isolierung des

* Die pathologische Konzentrationszunhame von Kalzium in den *Erythrozyten* von „essentiellen" Hypertonikern wurde *erstmals* 1967 von Holtmeier, H.J., Heilmeyer, L. und Marongiu, F. in *Med. klinik* 62 (1967) 246 publiziert. (Anm. Redaktion).

atrialen natriuretischen Peptids (ANP) aus dem Herzvorhof grundsätzliche neue Erkenntnisse über die Regulation natriuretisch wirkender Substanzen bei der essentiellen Hypertonie ergeben. Untersuchungen bei jungen essentiellen Hypertonikern ohne Sekundärkomplikationen ergaben normale ANP-Konzentrationen im Plasma [35]. Analog dazu wurde auch bei der spontanhypertonen Ratte erst mit höherem Lebensalter ein Anstieg des ANP gemessen [36]. Als Ursache für die Sekretion des natriuretischen Faktors bei essentiellen Hypertonikern bietet sich somit, analog zum ANP, eine Flüssigkeits- und Na^+-Retention infolge von Sekundärschäden an Herz und Niere an.

Schließlich ist zu betonen, daß bisher keine schlüssige und bewiesene Beziehung zwischen der Hemmung der Na^+-K^+-ATPase einerseits und einer Erhöhung des Gefäßwiderstandes andererseits besteht. Auch die hochdosierte Gabe von Digitalisglykosiden, den bekanntesten pharmakologischen Hemmstoffen der Na^+-K^+-ATPase, führt bekanntlich nicht zu einer Hypertonie.

Aus den zuletzt genannten Gründen war für die Suche nach einem hypertensiven Faktor im Blut von essentiellen Hypertonikern wesentlich, daß als Indikator für das Vorhandensein einer solchen Substanz lediglich der Blutdruckanstieg bei Injektion einer Plasmafraktion bei einem Versuchstier gelten konnte. Indirekte Kriterien wie eien ATPase-Hemmung erschienen als Maß für das Vorhandensein eines blutdrucksteigernden Faktors unzureichend.

Zusammenfassend kann aufgrund der oben dargestellten Untersuchungen die Pathogenese der essentiellen Hypertonie wie folgt angenommen werden: Der bei der essentiellen Hypertonie erhöhte Gefäßwiderstand kommt durch eine erhöhte Verfügbarkeit von Ca^{2+}-Ionen in der glatten Gefäßmuskulatur zustande. Hierfür scheint eine erhöhte Ca^{2+}-Aufnahme in die Zellen verantwortlich zu sein. Die beteiligten Ca^{2+}-Kanäle sind bislang nicht sicher identifiziert. Ursache für die vermehrte Ca^{2+}-Aufnahme in die glatte Muskulatur scheint ein zirkulierender blutdrucksteigernder Faktor zu sein. Veränderungen des transmembranösen Na^+-Transports bei der essentiellen Hypertonie können auch bei lange bestehender essentieller Hypertoie infolge eines kompensatorisch sezernierten natriuretischen Faktors sein, der die Na^+-K^+-ATPase der Zellmembran hemmt. Bei der Isolierung des hypertensiven Faktors liegen bereits erste Resultate vor.

Zusammenfassung

Eine Rolle des Elektrolytstoffwechsels in der Pathogenese der essentiellen Hypertonie wurde zunächst aufgrund klinischer Beobachtungen vermutet. Bereits zu Beginn dieses Jahrhunderts wurde die blutdrucksenkende Wirkung der Kochsalzrestriktion beschrieben. Aufgrund dieser klinischen Befunde wurde beim essentiellen Hypotoniker eine besondere Kochsalzbelastung vermutet. In den tierexperimentellen Arbeiten von Tobian und

Binion wurde erstmals eine erhöhte intrazuelluläre Natriumkonzentration beim desoxykortiko-steroninduzierten Hypertonus beschrieben. Bei der essentiellen Hypertonie wurde zuerst durch D'Amico und Losse et. al. ein erhöhtes intrazelluläres Natrium in den Erythrozyten nachgewiesen. Diese Befunde wurden in den folgenden Jahren mehrfach bestätigt und auf andere Zelltypen erweitert.

Ferner wurde nach den möglichen Pathomechanismen des gestörten zellulären Natriumstoffwechsels gesucht. In diesem Zusammenhang wurden Defekte in mehreren Ionentransportsystemen beschrieben, die als spezifisch für die essentielle Hypertonie angesehen wurden. Weiterhin blieb jedoch die Frage offen, auf welchem Weg ein erhöhtes intrazelluläres Natrium zu einem vermehrten Tonus der Gefäßmuskulatur führt. Dieses Problem wurde durch die Hypothese von Blaustein einer Erklärung näher gebracht. Demzufolge wird über einen transmembranösen Natrium-Kalzium Austausch durch ein erhöhtes intrazelluläres Natrium der Kalziumeinwärtstransport stimuliert.

Nachdem ein direkter Zusammenhang zwischen den zellulären Elektrolytverschiebungen und der Erhöhung des Gefäßwiderstandes angenommen werden konnte, stellt sich weiterhin die Frage, auf welche Weise dies Elektrolytveränderungen verursacht werden. Alternativ werden hier genetisch bedingte Defekte der Ionentransportsysteme an der Zellmembranen und eine Beeinflussung des Ionentransports durch humorale Faktoren diskutiert. So kann die Pathogenese der essentiellen Hypertonie wie folgt skizziert werden: durch noch zu identifizierende humorale Faktoren werden Elektrolytverschiebungen auf zellulärer Ebene ausgelöst, unter denen speziell die Erhöhung des interzellulären freien Kalziums und Natriums wesentlich sind. Durch das erhöhte intrazelluläre Kalzium in der glatten Gefäßmuskulatur wird wiederum eine Vasokonstriktion und Erhöhung des Gefäßwiderstandes hervorgerufen.

Literatur

1. D'Amico G: Red cell sodium and potassium in congestive heart failure, essential hypertension and myocardial infarction. Am. J. Med. Sci. 236: 156–161 (1958).
2. Losse H, Wehmeyer H, Wessels F: Der Wasser- und Elektrolytgehalt von Erythrozyten bei essentieller Hypertonie. Klin. Wschr. 38: 393–395 (1960).
3. Edmondson RPS, Thomas RD, Hilton PJ, Patrick J, Jones NF: Abnormal leucocyte composition and sodium transport in essential hypertension. Lancet II: 1003–1005 (1975).
4. Ambrosioni E, Tartagni F, Montebugnoli L, Magnani B: Intralymphocytic sodium in hypertensive patients: A significnat correlation. Clin. Sci. 57: 325s–327s (1979).
5. Fadeke-Aderounmu A, Salako A: Abnormal cation composition and transport in erythrocytes from hypertensive patients. Eur. J. Clin. Invest. 9: 369–375 (1979).
6. Forrester TE, Alleyne GAO: Sodium, potassium and rate constants forsodium efflux in leucocytes from hypertensive Jamaicans. Br. Med. J. 283: 5–7 (1981).
7. Hamlyn JM, Ringel R, Schaeffer J, Levinson PD, Hamilton BP, Kovarski AA, Blaustein MP: circulating inhibitor of $(Na^{+}+K^{+})$ ATPase associated with essential hypertension. Nature 300: 650–652 (1982).

8. Ringel RE, Hamlyn JM, Schaeffer J, Hamilton BP, Kovarski AA, Blaustein MP, Berman MA: Red cell cotransport activity and sodium content in black men. Relationship to essential hypertension. Hypertenison 6: 724–730 (1984).
9. De Wardener HE, Mills IH, Clapham WF, Hayter CJ: Studies on the efferent mechanism of the sodium diuresis which follows the administration of intravenous saline in the dog. Clin. Sci. 21: 249–258 (1961).
10. Gonick HC, Kramer HJ, Paul W, Lu R: Circulating inhibitor of sodium-potassium-activated adenosine triphosphatase after expansion of extracellular fluid volume in rats. Clin. Sci. Mol. Med. 53: 329–334 (1977).
11. Haddy FJ, Overbeck HD: The role of humoral agents in volume expanded hypertension. Life Sci. 19: 935–948 (1976).
12. De Wardener HE, MacGregor GA: Dahl's hypothesis that a saluretic substance may be responsible for a sustained rise in arterial pressure. Its possible role in essential hypertension. Kidney Int. 18: 1–9 (1980).
13. Blaustein, MP: Sodium ions, calcium ions, blood pressure regulation and hypertension: a reassessment and a hypothesis. Am. J. Physiol. 232: C165–C173 (1977).
14. Zidek W, Losse H, Dorst KG, Zumkley H, Vetter H: Intracellular sodium and calcium in essential hypertension. Klin. Wschr. 60: 859–862 (1982).
15. Zidek W, Heckmann U, Vetter H: A circulating hypertensive factor in spontaneously hypertensive rats and its effects on intracellular free calcium. Reg. Peptides Suppl. 4: 151–155 (1985).
16. Zidek W, Sachinidis A, Heckmann U, Storkebaum W, Schmidt W, Vetter H: Humoral factors in primarey hypertension. J. Clin. Hypertens. 3: 1–8 (1985).
17. Prentiki M, Wollheim CB, Lew PD: Ca^{2+} homeostasis in permeabilized human neutrophils. J. Biol. Chem. 259: 13777–13782 (1984).
18. Zidek W, Vetter H: Calcium and primary hypertension. Nephron (1987, im Druck).
19. Moore L, Hurwitz L, Davenport GR, Landon EJ: Energy-dependent calcium uptake activity of microsomes from the aorta of normal and hypertensive rats. Biochim. biophys. acta 413: 432–443 (1975).
20. Aoki K, Yamashita K, Hotta K: Calcium uptake by subcellular membrane from vscular smooth muscle of spontaneously hypertensive rats. Jpn. J. Pharmacol. 26: 624–627 (1976).
21. Kwan CY, Belbeck L, Daniel EE: Abnormal biochemistry of vascular smooth muscle plasma membrane as an important factor in the initiation and maintenance of hypertension in rats. Blood Vessels 16: 259–268 (1979).
22. Webb RC, Bhalla RC: Altered calcium sequestration by subcellular fractions of vascular smooth muscle from spontaneously hypertensive rats. J. Mol. Cell. Cardiol. 8: 651–661 (1976).
23. Mulvany MJ, Korsgaard N, Nyborg N: Evidence that the increased calcium sensitivity ofresistance vessels in spontaneously hypertensive rats is an intrinsic defect of their vascular smooth muscles. Clin. Exp. Hypertens. 3: 749–761 (1981).
24. Zidek W, Losse H, Vetter H: Effect of nifedipine on blood pressure and on intracellular calcium in arterial hypertension. J. Cardiovasc. Pharmacol. 4: S303–S305 (1982).
25. Erne P, Bolli P, Bürgisser E, Bühler FR: Correlation of platelet calcium with blood pressure. N. Eng. J. Med. 310: 1084–1088 (1984).
26. Bruschi G, Bruschi ME, Caroppo M, Orlandini G, Pavarini C, Cavatorta A: Intracellular free (Ca^{2+}) in circulating lymphocytes of spontaneously hypertensive rats. Life Sci. 35: 535–542 (1984).
27. Bruschi G, Bruschi ME, Caroppo M, Orlandini G, Spaggiari M, Cavatorta A: Cytoplasmic free (Ca^{2+}) is increased in platelets of spontaneously hypertensive rats and essential hypertensive patients. Clin. Sci. 68: 179–184 (1985).
28. Furspan PB, Bohr DF: Calcium-related abnormalities in lymphocytes from genetically hypertensive rats. Hypertension 8 (Suppl. II): II-123 – II-126 (1986).

29. Bing RF, Heagerty AM, Jackson JA, Thurston H, Swales JD: Leukocyte ionized calcium and sodium content and blood pressure in humans. Hypertension 8: 483–488 (1986).
30. Zidek W, Kerenyi T, Losse H, Vetter H: Intracellular Na^+ and Ca^{++} in aortic smooth muscle cells after enzymatic isolation in spontaeously hypertensive rats. Res. Exp. Med. 1983: 129–132 (1983).
31. De Wardener HE, Clarkson EM: Concept of natriurectic hormone. Physiol. Rev. 65: 658–759 (1985).
32. Stokes G, Willcocks D, Monaghan J, Boutagy J, Marwood J: Measurement of circulating sodium-pump inhibitory activity in uraemia and essential hypertension. J. Hypertension (1987, im Druck).
33. Pedrinelli R, Clerico A, Graziadei L, Taddei S, Del Chica A, Salvetti A: Lack of evidence for Na/K ATPase inhibition as a cause of low renin human hypertension. J. Hypertension (1987, im Druck).
34. Milne FJ, Da Silva J: Does the natriuretic hormone play a role in hypertension in South African blacks? South Afr. Med. J. 66: 403–407 (1984).
35. Larochelle P, Cusson JR, Gutkowska J, Schiffrin EL, Hamet P, Kuchel O, Genest J, Cantin M: Plasma atrial natriuretic factor concentrations in essential and renovascular hypertension. Br. Med. J. 294: 1249–1252 (1987).
36. Imada T, Takayanagi R, Inagami T: Changes in the content of atrialnatriuretic factor with the progression of hypertension in spontaneously hypertensive rats. Biochem. biophys. Res. Comm. 193: 759–765 (1985).

Diuretika in der Bluthochdruckbehandlung unter Kochsalzrestriktion

R. Nowack, Heidelberg

Einführung

Vor der Einführung wirksamer Pharmaka stellte eine kochsalzbeschränkte Diät die therapeutische Option bei Krankheiten mit Expansion des Gesamtkörpernatriums wie der Hypertonie und der Herzinsuffizienz dar. Bei schwerster Hypertonie ergriff man verzweifelte Maßnahmen wie die chirurgische Durchtrennung der Splanchnikusnerven oder die Entfernung sympathischer Ganglien. Massive Ödeme versuchte man mit interstitieller Drainage nach außen abzuleiten, was allerdings nur zu einer kosmetischen Besserung von kurzer Dauer führte. Die Einführung von Ganglienblockern und darauf von Reserpin zu Beginn der 50er Jahre machten den Hypertonus beherrschbar, jedoch um den Preis schwerer Nebenwirkungen. Die Einführung der Thiaziddiuretika im Jahre 1957 brachte einen Durchbruch gleichermaßen für die Bluthochdrucktherapie wie für die Ödemtherapie. Der Enthusiasmus für diese Substanzgruppe war groß, und die salzarme Diät als nichtmedikamentöse Therapieform geriet in den Hintergrund.

Prinzip der Kochsalzrestriktion

Das Prinzip der Kochsalzrestriktion geht auf die Beobachtungen von Ambard und Beaujard [1] im Jahre 1904 zurück, die als erste die blutdrucksenkende Wirkung einer Salzrestriktion zeigten. Eine effiziente Blutdrucksenkung konnte bei extremer Beschränkung der Kochsalzzufuhr auf weniger als 20 mmol pro Tag erreicht werden.

MacGregor [2] konnte inzwischen den Nachweis erbringen, daß auch eine mäßige Kochsalzrestriktion von 50 mmol bis 100 mmol pro Tag bei Hypertonie zu einer deutlichen Blutdrucksenkung führt. In der medizinischen Praxis ist eine solche mäßige Kochsalzrestriktion leicht zu bewerkstelligen und wird von den Patienten im allgemeinen auch geschmacklich toleriert.

Diuretika

Diuretika führen zur Salurese und Diurese durch Hemmung selektiver renaler Elektrolyttransportprozesse. Ebenso wie die kochsalzarme Diät

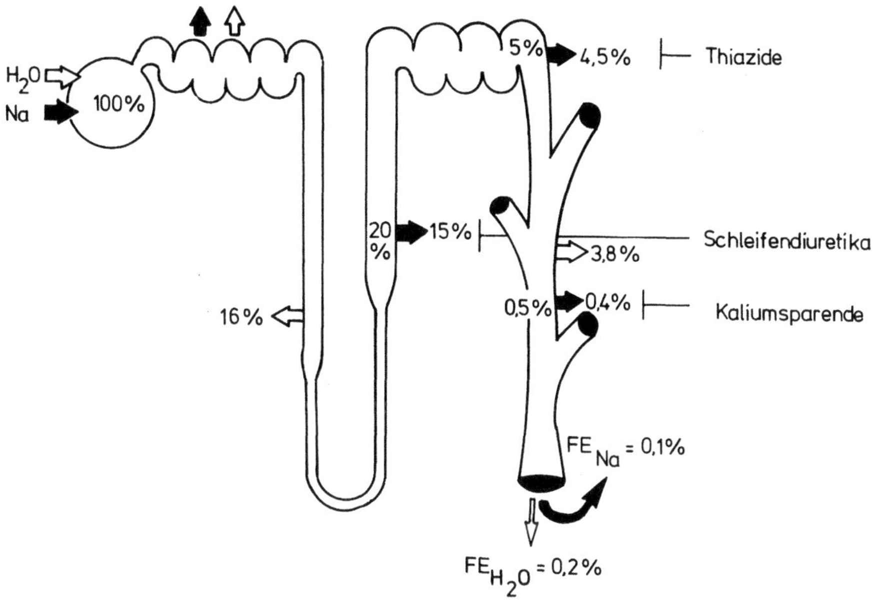

Abb. 1. Schematisiertes Nephron mit Angriffsort der verschiedenen Diuretika

vermindern Diuretika den Körpernatriumbestand und das Extrazellulärvolumen. Der Wirkmechanismus der verschiedenen Diuretikaklassen läßt sich anhand eines schematisierten Nephrons (Abb. 1) erläutern. Im proximalen Nephron werden physiologischerweise ca. 60 bis 80 Prozent des filtrierten Kochsalzes und Wassers nahezu isoosmotisch resorbiert. Proximal wirkende Diuretika vom Typ der Azetazolamids hemmen in diesem Nephronabschnitt die Bikarbonatresorption und sekundär die Natrium-, Chlorid- und Wasserresorption. Nettosalurese und Diurese dieser Diuretika sind gering, da vermehrte distale Resorptionsvorgänge die proximalen Effekte kompensieren.

Entlang der dicken aufsteigenden Henleschen Schleife findet eine weitere Kochsalzresorption, allerdings ohne nennenswerte Wasserresorption statt. Hierdurch wird ein hypertones Interstitium und eine verdünnte Tubulusflüssigkeit erzeugt.

In diesem Abschnitt des Nephrons hemmen Schleifendiuretika wie das Furosemid und die Etacrynsäure den Natrium-, Kalium-, Chlorid-Kotransport und führen so zu einer raschen und ausgeprägten Salurese und Diurese.

Im distalen Nephron laufen Wasser und Kochsalzresorption weitgehend unabhängig voneinander ab. Thiaziddiuretika haben einen frühdistalen Angriffsort und blockieren dort Natrium- Chlorid-Carrier und führen auf diese Weise zur Natriurese und Chlorurese. Eine Besonderheit der Thiaziddiuretika stellt ihre anticalciurische Wirkung dar.

Spätdistal greifen die kaliumsparenden Diuretika wie das Amilorid und Triamteren sowie der Aldosteronantagonist Spironolacton an.

Diuretika bei mäßiger Kochsalzrestriktion

Die gleichzeitige Verordnung von Diuretika und kochsalzarmer Diät wirft die Frage nach zusätzlicher Wirksamkeit und nach einer möglichen Verstärkung der Nebenwirkungen auf. Der saluretische Effekt eines Diuretikums hängt entscheidend vom Substratangebot ab, d.h. von der Kochsalzmenge am Wirkort des Diuretikums. Damit besteht eine Abhängigkeit vom Natriumbeladungszustand des Körpers.

Die akute saluretische Antwort auf Furosemid ist geringer bei Natriumdepletion (Abb. 2).

Eine denkbare Erklärung für dieses Phänomen könnte eine verminderte tubuläre Furosemidexkretion im Stadium der Kochsalzdepletion sein. Diese Deutung konnte jedoch durch Wilcox [3] ausgeschlossen werden, der eine höhere natriuretische Potenz von Furosemid bei Kochsalzrepletion gegenüber der Kochsalzverarmung nachweisen konnte.

Die stärkere Natriurese nach Furosemidgabe im Zustand der Kochsalzrepletion führt jedoch nicht zu einer rascheren Negativierung der Natriumbilanz. Eine Negativierung der Natriumbilanz durch Furosemidgabe wird

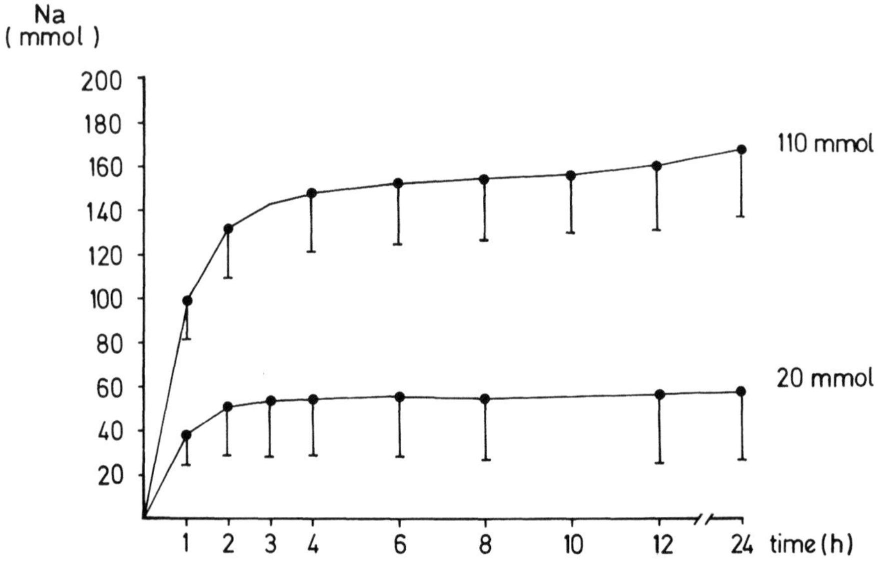

Abb. 2. Kumulative Natriurese nach 40 mg Furosemid i.v. unter Kochsalzrestriktion und normaler diätetischer Kochsalzzufuhr

erst bei gleichzeitiger Beschränkung der Natriumzufuhr erzielt. Kahn [4] hat in Experimenten an Hunden gezeigt, daß bei hoher Kochsalzzufuhr eine postnatriuretische Kochsalzretention stattfindet, die die initiale Natriurese voll kompensiert und daher keine Nettonatriurese zur Folge hat.

Dieses Phänomen wird im Natriurese-Zeitprofil nach Furosemidgabe illustriert (Abb. 3). Vier Stunden nach Furosemidgabe fällt die Natriumexkretionsrate unterhalb der basalen Natriumausscheidung ab. Durch die initiale Natriurese werden natriumsparende Mechanismen aktiviert. Parallel zum Abfall der Natriumexkretion wird ein Anstieg der Plasmawerte der antinatriuretischen Hormone wie Angiotensin II und Aldosteron beobachtet, und es kommt zum Anstieg des Plasma-Noradrenalins.

Loon [5] konnte jedoch die postsaluretische Natriumretention weder durch Hemmung des Renin-Angiotensin-Systems mit Captopril, noch durch Sympathikusantagonisierung mit Prazosin blockieren, so daß der Erklärungsansatz zweifelhaft bleiben muß.

Bei chronischer Gabe eines Diuretikums ist bei Natriumrepletion wie bei Natriumdepletion eine Abschwächung des diuretischen Effekts zu beobachten. In kurzer Zeit wird ein neues Flußgleichgewicht erreicht, das durch das Fehlen einer Nettosalurese gekennzeichnet ist. Dennoch persistiert die antihypertensive Wirkung der Diuretika. Die Natriumzufuhr stellt eine wesentliche Determinante in diesem Flußgleichgewicht dar.

Ein klinisches Beispiel hierfür sind therapierefraktäre Ödeme, die trotz massiver Gabe von Schleifendiuretika nicht ausgeschwemmt werden kön-

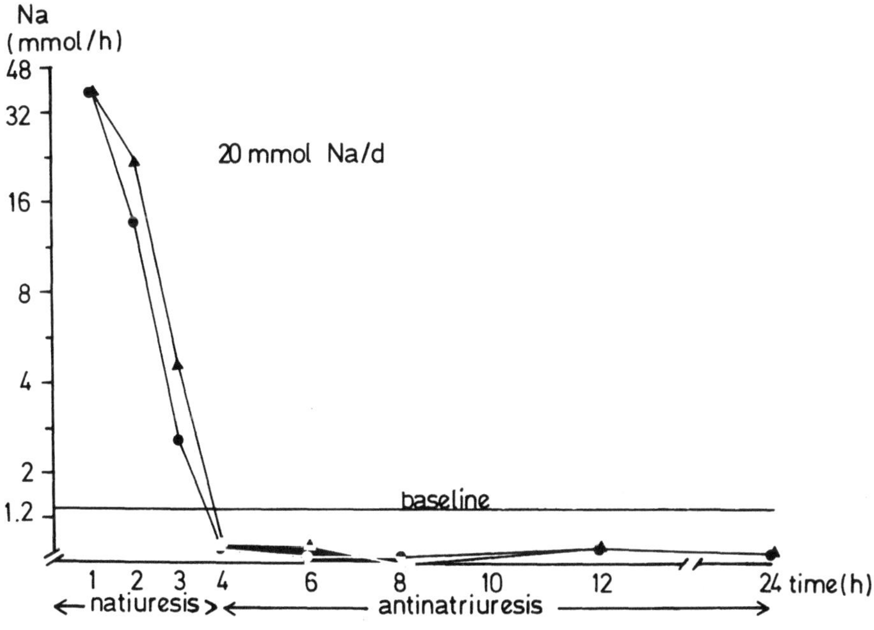

Abb. 3. Natriurese-Zeitprofil über 24 Stunden nach i.v. Injektion von 40 mg Furosemid

nen. In dieser Situation sollte die Bestimmung der Natriumausscheidung und damit des Kochsalzkonsums erfolgen. Liegt dieser über 100 mmol pro Tag, muß die Kochsalzzufuhr reduziert werden, da nur so eine Nettosalurese stattfindet.

Bei chronischer Gabe eines Schleifendiuretikums ist die Natriumrückresorption der Niere gesteigert, wodurch die Natriurese begrenzt wird. Im Tierversuch wird bei chronischer Diuretikagabe eine distal tubuläre Hypertrophie und eine gesteigerte Aktivität der Natrium Kalium ATPase gefunden. Loon [5] konnte einen indirekten Beleg für eine gesteigerte distale Natriumresorption als Hauptelement dieses sogenannten „Braking-Phänomens" beim Menschen nachweisen. Patienten wurden für einen Monat entweder mit Placebo oder mit 40 mg Furosemid pro Tag oral behandelt. Bei den so vorbehandelten Patienten wurde die natriuretische Potenz einer i.v. Dosis Furosemid ermittelt. Die fraktionelle Natriumexkretion war in der Verumgruppe geringer als in der Placebogruppe. Wurde zusätzlich zum Furosemid das Thiaziddiuretikum Chlorothiazid gegeben, so war die Natriurese ausgeprägter in der Verum-Gruppe. Dieses Ergebnis stellt einen indirekten Hinweis für die Bedeutung des thiazidsensitiven Segments bei der Diuretikaresistenz dar.

Ein reduziertes Plasmavolumen und verminderte Nierenperfusion begrenzen ebenfalls die natriuretische Antwort auf Diuretika.

Die Herzinsuffizienz stellt hierfür eine Modellsituation dar, bei der es abhängig von der Reduktion des Herzminutenvolumens zu einer verminderten diuretischen Antwort kommt.

Bei fehlendem Therapieerfolg mit Diuretika sollte aufgrund dieser Erkenntnisse nicht blindlings die Dosis des Diuretikums erhöht werden, sondern vorrangig bedacht werden, ob nicht die Natriumzufuhr zu hoch ist. Unter mäßiger Kochsalzrestriktion entfaltet Hydrochlorothiazid bereits in der Dosis von 12,5 mg seine volle antihypertensive Wirkung bei milder Hypertonie.

Der Nutzen einer extremen Kochsalzrestriktion ist gegenüber der mäßigen Kochsalzrestriktion für die natriuretische Wirkung der Diuretika nicht belegt.

Nicht nur in der Therapie von Ödemen und Hypertonie, sondern auch bei Störungen des Calciumhaushalts haben Diuretika einen hohen Stellenwert in der Pharmakotherapie und es ergibt sich die Frage, ob ebenfalls eine Abhängigkeit von der Natriumzufuhr besteht.

Die anticalciurische Wirkung von Thiaziden wird in der Therapie von Patienten mit Nierensteinen ausgenutzt. Die Calciumresorption findet im frühdistalen Tubulus unter dem Einfluß von Parathormon und Calcitriol statt. Diese distalen Transportprozesse sind offensichtlich auf zellulärer Ebene nicht an Natriumtransportprozesse gebunden. Jedoch führt eine hohe Natriumzufuhr zur verstärkten Calciurie, so daß eine Kochsalzrestriktion ein sinnvoller Schritt zur Behandlung von Patienten mit Hypercalciurie ist. Bei Persistieren der Hypercalciurie ist der Einsatz eines Thiaziddiuretikums sinnvoll, welches die distale Calciumresorption erhöht. Der Mechanismus für diesen Effekt ist nicht im einzelnen geklärt.

Im Gegensatz zum distalen Tubulus folgt die Calciumresorption in der Henleschen Schleife der Natriumresorption passiv. In der hypercalcämischen Krise nutzt man diesen Kotransport aus, indem man die Calciurese durch Furosemidgabe bei gleichzeitiger Kochsalzzufuhr steigert. In dieser Situation ist eine Natriumrestriktion nicht sinnvoll, es muß im Gegenteil auf eine ausreichende Natriumzufuhr geachtet werden.

Sicherheit der Diuretika bei Kochsalzrestriktion

Neben der Wirksamkeit der Diuretika bei kochsalzarmer Ernährung ist eine mögliche Potenzierung von Nebenwirkungen von klinischer Bedeutung.

Die mäßige Kochsalzrestriktion ohne begleitende Pharmakotherapie stellt eine Reduktion einer zu hohen Kochsalzzufuhr auf ein ernährungsphysiologisch sinnvolles Maß dar. Mit eigentlichen Nebenwirkungen ist bei dieser Ernährungsumstellung nicht zu rechnen.

Im Gegensatz dazu wurden bei extremer Reduktion der Kochsalzzufuhr bis auf 20 mmol pro Tag in jüngerer Zeit metabolischen Veränderungen mit möglichen negativen Langzeitauswirkungen festgestellt [6, 7].

Bei gesunden Probanden und bei hypertensiven Patienten wurde bei der Umstellung von einer natriumreichen Diät auf eine natriumarme Diät ein Anstieg des Gesamtcholesterins um 15 % und der Triglyceride um 24 % beobachtet [8]. Dieser Lipidanstieg erfolgt sehr rasch innerhalb von etwa 2 Tagen. Es ist bislang nicht untersucht, ob diese Veränderungen auch bei längerfristiger Umstellung der Diät fortbestehen und ob sie bei weniger strenger Natriumrestriktion entstehen. Begleitet wird dieser Lipidanstieg von einer Insulinresistenz und einer metabolischen Alkalose [8].

Diuretika haben zahlreiche, zum Teil dosisabhängige Nebenwirkungen, die in den vergangenen Jahren intensiv untersucht wurden.

Häufige Nebenwirkungen sind Hyponatriämie, Hypokaliämie, ein Anstieg der Harnsäure im Serum und Hypotonie bei Hypovolämie sowie eine metabolische Alkalose.

Bei langfristiger Diuretikaanwendung werden metabolische Nebenwirkungen wie Hyperlipidämie und gestörte Glukosetoleranz beobachtet [9].

Im klinischen Alltag stellt die Hypokaliämie sicher die häufigste Nebenwirkung bei Diuretikagebrauch dar. Sie gefährdet durch Auslösung kardialer Arrhythmien vor allem Patienten mit zusätzlicher kardialer Erkrankung, und aus Sicherheitsgründen wird bei diesen Patienten häufig eine Kaliumsubstitution durchgeführt.

Außerdem haben sich aus diesen Gründen Kombinationspräparate von Thiaziden mit kaliumsparenden Diuretika durchgesetzt. Die Gefahr der Hypokaliämie durch Diuretika wird durch eine strenge Kochsalzrestriktion verstärkt.

In der Untersuchung von Wilcox [10] an Probanden war der Kaliumverlust nach Furosemidinjektion bei einer täglichen Kochsalzzufuhr von 20 mmol wesentlich ausgeprägter als bei einer Zufuhr von 270 mmol. Die entstehende

Kochsalz- und Volumendepletion führt sekundär zum Anstieg von ADH und Aldosteron, Hormonen mit einer intrinsischen kaliuretischen Wirkung, die die Hypokaliämie begünstigen.

Im Gegensatz hierzu kann eine mäßige Kochsalzrestriktion von 60–100 mmol pro Tag den Kaliumverlust durch Diuretika begrenzen. Ram [11] konnte an gesunden Probanden unter mäßig kochsalzarmer Diät einen geringeren Abfall des Serum-Kaliums und eine weniger ausgeprägte Verminderung des Gesamtkörperkaliumbestandes gegenüber Probanden mit kochsalzreicher Ernährung nachweisen. Dieser Zusammenhang wurde für Schleifendiuretika und für Thiaziddiuretika nachgewiesen.

Es wird spekuliert, daß eine Reduktion des Urinflusses im distalen Tubulus und eine hierdurch bedingte Senkung der flußabhängigen Kaliumausscheidung diesem Effekt zu Grunde liegt.

Da die Kaliumsekretion im distalen Tubulus im elektroneutralen Austausch mit Natrium erfolgt, wird die Kaliumausscheidung steigen, wenn mehr Natrium distal tubulär zum Austausch bereitsteht.

Hypotonie bei Hypovolämie treten als Nebenwirkung von Diuretika bei Salzrestriktion häufiger auf. Aus Tierexperimenten weiß man, daß nach Blutungen mit einer höheren Letalität unter Kochsalzrestriktion zu rechnen ist. Diese Beobachtung zeigt, daß die Kontrollmechanismen gegenüber Volumenverlusten bei Kochsalzverarmung leichter versagen.

Schluß

Auch nach der Einführung wirksamer Pharmakotherapeutika ist eine mäßige diätetische Kochsalzrestriktion bei Ödemerkrankungen und Hypertonie eine sinnvolle Therapie. Bei gleichzeitiger Anwendung von Diuretika begünstigt die Kochsalzrestriktion die natriuretische Wirksamkeit dieser Substanzen und kann einige ihrer Nebenwirkungen abschwächen.

Der zusätzliche Nutzen einer noch strengeren diätetischen Kochsalzbeschränkung ist hingegen nicht belegt, und es besteht bei gleichzeitiger Diuretikatherapie eine erhöhte Gefährdung durch Nebenwirkungen wie die Hypokaliämie.

Literatur

1. Ambard L, Beaujard E. Causes de l'hypertension artérielle. Arch Gen de Med 1: 520–533. 1904.
2. MacGregor GA, Best FE, Gam JM. Double blind randomised crossovertrial of moderate sodium restriction in essential hypertension. Lancet 1: 351–355. 1982.
3. Wilcox CS, Mitch WE, Kelly RA, Skoreki K, Meyer TW, Friedman PA, Souney PF. Response of the kidney to furosemide: effects of salt intake andrenal compensation. J Lab Med 102: 450–458. 1983.
4. Kahn R, v. Albertini B, Goldstein M, Levitt MF, Bosch JP. Effect of increased NaCl or KCl intake on response to chronic furosemideadministration. Am J Physiol 238: F509–F514, 1980.

5. Loon NR, Wilcox CS, Unwin RJ. Mechanism of impaired natriuretic response to furosemide during prolonged therapy. Kidney int 36: 682–689, 1989.
6. Ruppert M, Diehl J, Kolloch R, Kraft K, Overlack A, Stumpe KO. Dietary sodium restriction increases serum total and LDL cholesterol in salt-sensitive and salt resistant normotensive adults. Abstract 13th scientific meeting of the International Society of Hypertension, Montreal, Canada 1990.
7. Nowack R, Fliser D, Kohl B, Zwettler U, Ritz E. Erhöhung der Plasmalipidebei diätetischer Salzrestriktion – Effekt von ACE-Hemmern. Abstrakt Deutsche Liga zur Bekämpfung des hohen Blutdrucks, Ulm 1990.
8. Sharma AM, Kribben A, Schattenfroh S, Cetto C, Distler A. Salt sensitivity in humans is associated with abnormal acid-base regulation. Hypertension 16: 407–413, 1990.
9. Ames RP. Metabolic disturbances increasing the risk of coronary heart disease during diuretic-based antihypertensive therapy: lipid alterations and glucose intolerance. Am Heart J 106: 1207–1214, 1983.
10. Wilcox CS, Mitch WE, Kelly RA, Friedman PA, Souney PF, Rayment CM, Meyer TW, Skoreki KL. Factors affecting potassium balance during furosemide administration. Clin Sci 67: 195–203, 1984.
11. Ram CVS, Garrett BN, Kaplan NM. Moderate sodium restriction and various diuretics in the treatment of hypertension. Arch Intern Med 141: 1015–1019, 1981.

III. Klinik des Natrium- und Chloridstoffwechsels

Vorsitz: R. Greger, Freiburg i.Br.
H. Reinauer, Düsseldorf

Die Rolle von Natrium und Chlorid in der Nephrologie

E. Heidbreder, Würzburg

Einleitung

Natrium und begleitende Anionen wie Chlorid und Bicarbonat determinieren die extrazelluläre Osmolalität und damit auch die Serumosmolalität. Fehlen Störungen des Säure-Basen-Haushaltes, ist die Harnausscheidung von Natrium und Chlorid eng miteinander korreliert, so daß das Hauptaugenmerk dieser Übersicht über die Bedeutung dieser monovalenten Ionen für die Nephrologie vor allem dem Natrium gilt.

Störungen der Natriumbilanz

Die zentrale Stellung der Niere im Wasser- und Elektrolythaushalt ist mit der präzisen Regulation des Extrazellulärvolumens (EZV) und seiner Osmolalität verknüpft. Ändern sich diese Größen, so werden meßbare und klinisch relevante Veränderungen auffällig. Extrarenale Störungen bei intakter Nierenfunktion einerseits sowie renale Veränderungen infolge funktioneller oder struktureller Schäden andererseits führen zu tiefgreifenden Veränderungen im Milieu interieur mit u.U. lebensbedrohlichen Folgen. Über die Verteilung des Natriums und des Wassers in den verschiedenen Flüssigkeitskompartimenten und über ihre Regulation (Osmoregulation, Regulation der renalen Natriumausscheidung und Volumenhomöostase) wird an anderer Stelle dieses Bandes berichtet.

Der Nephrologe ist aufgefordert, bei renalen Ursachen eine Störung im Natrium- und Wasserhaushalt frühzeitig zu erkennnen und in der Diagnostik und Therapie extrarenaler Störungen beratend tätig zu werden. Die Störungen der Natriumbilanz umfassen ein breites Spektrum von Ursachen, die in Tabelle 1 aufgelistet sind.

Parenchymatöse Nierenerkrankungen

Nephrotisches Syndrom

Das nephrotische Syndrom ist durch einen ausgeprägten renalen Eiweißverlust (tägl. Proteinurierate 3,5 g/1,73 m^2 KOF) charakterisiert. Die chronische

Tabelle 1. Störungen der Natriumbilanz (die mit einem Sternchen bezeichneten Abschnitte werden an anderer Stelle dieses Symposiumbandes abgehandelt)

I. Parenchymatöse Nierenerkrankungen
Nephrotisches Syndrom
Diabetische Nephropathie
Chronische Niereninsuffizienz

II. Akutes Nierenversagen
Praerenale Azotämie
Akutes intrinsisches Nierenversagen
Obstruktive Uropathie

III. Hypertonie*

IV. Schwangerschaftsnephropathie*

V. Medikamente und Diät*
Diuretika
Antihypertensiva
Natriumrestriktion

VI. Extrarenale Störungen der Natrium- und Wasserbilanz
Hyponatriämie
Hypernatriämie
Ödembildung

Eiweißdepletion führt zu einer Hypalbuminämie, Hyperlipidämie und zu Ödemen im Bereich der abhängigen Körperpartien. Ursächlich verantwortlich für die gestörte glomeruläre Filterfunktion ist nicht nur die Glomerulonephritis zu machen, sondern auch beispielsweise der Diabetes mellitus oder eine Amyloidose sind hier zu erwähnen.

Als Stimulus der ausgeprägten Natriumretention im pathogenetischen Ablauf (afferenter Mechanismus) galt bislang das klassische Konzept, nach dem die Abnahme des Plasmavolumens via zentrale und periphere Volumenrezeptoren sekundär die renale Natriumretention induziert und zu einem nephrotischen Ödem führt. Der biologische Sinn dieser Natrium- und Wasserretention ist die Wiederherstellung des intravasalen Volumens, was allerdings mit dem Preis weiterer Flüssigkeitsakkumulation im interstitiellen Raum bezahlt wird. Diese sog. Underfill-Theorie geht von einem niedrigem oder niedrig-normalen Plasmavolumen mit sekundärer Aktivierung des Plasmarenins und -aldosterons aus.

Nicht alle Untersuchungen haben diese pathogenetische Verknüpfung bestätigen können [4, 6, 8]. Man fand bei anderen Patienten ein erhöhtes oder hoch-normales Plasmavolumen mit sekundärem Abfall des Renin-Aldosteron-Systems. Dies sog. Overfill-Theorie (Tabelle 2) schreibt intrarenalen Störungen die entscheidende Rolle – unabhängig von extrarenalen systemischen Stimuli (Volumenkontraktion) – zu: Die primär renale Natriumretention führt zur Zunahme des Plasmavolumens und des EZV.

Meltzer und Mitarbeiter [8] haben zwei verschiedene Formen des nephrotischen Syndroms abgegrenzt. Beim nephrotischen Typ ist das Plasmavolu-

Tabelle 2. Alternatives pathogenetisches Konzept des nephrotischen Syndroms (Overfill-Therapie)

Nephrotisches Syndrom	
Alternatives Konzept	
Glomeruläre Schädigung	
Primäre renale Natriumretention	Albuminurie
	Hypalbuminämie
Plasmavolumen	
ÖDEM	

men vermindert, periphere Vasokonstriktion und hohe Plasma-Renin- und Aldosteronspiegel sind nachweisbar. Es wird bevorzugt bei Steroid-sensibler Minimal-change-Glomerulopathie gefunden. Im Gegensatz hierzu reflektiert der nephritische Typ die Overfill-Theorie: hohes Plasmavolumen, niedrige Plasma-Renin- und Aldosteronspiegel sind vorherrschend, die glomeruläre Filtrationsrate ist meist deutlich beeinträchtigt, als Auslöser finden sich schwere strukturelle Nierenschäden, insbesondere eine chronische Glomerulonephritis. Auch die Remission des nephrotischen Syndroms führt zum Anstieg des Plasma-Albuminspiegels und zu einem Abfall des Plasmavolumens.

Dieser statischen Interpretation der Befunde des nephrotischen Syndroms steht die Auffassung der Ödementstehung als dynamischer Prozeß mit verschiedenen Krankheitsphasen gegenüber: Initial ist das Plasmavolumen in der Phase der Ödementstehung abgesunken, in der Erhaltungsphase stellt sich die positive Natriumbilanz auf ein neues steady state ein, das Plasmavolumen normalisiert sich. Nimmt die Nierenfunktion infolge der strukturellen Schädigung weiter ab, steigt das Plasmavolumen häufig zusätzlich an.

Die efferenten Mechanismen der Natriumretention bei nephrotischem Syndrom umfassen die tubuläre Struktur und die Mediatoren der pathologischen Natriumretention. Experimentelle Studien (autologe Immunkomplex-Nephropathie, Puromycin-Aminonucleosid-Nephrose, nephrotoxische Serumnephritis) machen die primäre Beteiligung distaler Nephronabschnitte für die gesteigerte Natriumreabsorption verantwortlich. Die proximale Reabsorption von Natrium ist reduziert, möglicherweise erfolgt auch eine Natriumreabsorption in den Sammelrohren und den tiefen Nephronen. Als Mediator werden die glomeruläre Filtrationsrate, Starling'sche Kräfte sowie hormonale Veränderungen diskutiert. Die Rolle des Renin-Aldosteron-Systems ist bislang nicht eindeutig festlegbar, wahrscheinlich kommt ihm nur eine permissive Rolle zu. Nach Untersuchungen mit dem ACE-Hemmer Captopril [4] nimmt das Plasma-Aldosteron zwar ab, renale Natriumretention und die Gewichtszunahme bleiben aber unbeeinflußt. Der Spiegel des atrialen natriuretischen Peptids (ANP) ist bei nephrotischem Syndrom als Ausdruck des verminderten effektiven arteriellen Blutvolumens (EABV) niedrig, unter Wasserimmersion steigen die ANP-Spiegel an, eine Natriurese bleibt jedoch meist aus [3].

Die Therapie der Salz- und Wasserretention des nephrotischen Syndroms umfaßt die Behandlung der Grunderkrankung sowie eine reduzierte Proteinsupplementation. Bei Ödemen und Hypertonie ist eine diätetische Salzrestriktion indiziert, die Wasserrestriktion sollte bei Hyponatriämie (sofern nicht durch Diuretika hervorgerufen) durchgeführt werden. Bei symptomatischen Ödemen (Pleuraerguß, Aszites u.a.) sind Diuretika unverzichtbar. Bevorzugt sind Schleifendiuretika einzusetzen. Die häufige Diuretikaresistenz ist auf eine schlechte Compliance, hohe Natriumzufuhr, die begleitende Gabe Natrium-retinierender Medikamente (Prostaglandin-Synthetasehemmer) oder die intravasale Volumendepletion zurückzuführen.

Diabetische Nephropathie

Immer mehr Patienten mit diabetischer Nephropathie müssen ins chronische Hämodialyseprogramm aufgenommen werden, vor allem ältere Patienten mit nicht-insulinpflichtigem Diabetes mellitus. Determinalen Niereninsuffizienz bei Diabetes mellitus liegen verschiedene Schädigungsmechanismen zugrunde, die die gesteigerte Vulnerabilität der diabetischen Niere deutlich belegen (Tabelle 3).

Die Störungen des Natrium- und Wasserhaushaltes bei diabetischer Nephropathie lassen sich auf ein nephrotisches Syndrom, eine tubulointerstitielle Schädigung, auf einer obstruktiven Nephropathie (beispielsweise beim Abgang nekrotischer Papillenspitzen) oder eine fortgeschrittene Niereninsuffizienz zurückführen. Die klinischen Symptome sind heterogen: Bei nephrotischem Syndrom herrscht die Salzretention mit Ödembildung vor, bei tubulo-interstitiellen Schäden wie auch bei der partiellen Obstruktion der ableitenden Harnwege kommt es im Zuge der begleitenden

Tabelle 3. Störungen des Natrium- und Wasserhaushaltes bei diabetischer Nephropathie

I. Strukturelle Nierenschädigung
- Nephrotisches Syndrom:
  Salz- und Wasserrentention
- Tubulo-interstitielle Störung:
  Salzverlust
- Obstruktive Nephro- und Uropathie:
  Salz- und Wasserverlust
- Fortgeschrittene Niereninsuffizienz:
  Störung der Salz- und Wasserregulation

II. Verminderte Insulinwirkung
- Flüssigkeitsshifting bei Coma:
  Hyponatriämie
- Osmotische Diurese:
  Salz- und Wasserverlust
- Hyperlipidämie:
  Pseudohyponatriämie

chronischen Infektion und begünstigt durch die autonome Neuropathie zum Natrium- und Wasserverlust. Die Salz- und Wasserreabsorption wird umso deutlicher eingeschränkt, je weiter die chronische Niereninsuffizienz fortgeschritten ist. Diabetische Patienten mit schlechter Stoffwechseleinstellung sind besonders anfällig für Störungen der EZV-Regulation: bei Volumenüberladung droht eine Hyponatriämie, bei Volumendepletion und eingeschränktem Durstgefühl eine Hypernatriämie.

Diabetische Patienten ohne oder mit Nephropathie werden bei schlechter Stoffwechseleinstellung durch erhebliche Elektrolytverschiebungen gefährdet [11].

Hyponatriämie-Syndrome bei Diabetes mellitus

Für die Hyponatriämie ist vor allem der renale Salzverlust verantwortlich zu machen, der auf eine Glukosurie, eine Ketoazidose oder ein Insulindefizit selbst zurückzuführen ist. Bei Hyponatriämie ist die Messung der Serum-Osmolalität unbedingt erforderlich. Eine hypertone Hyponatriämie findet sich bei ausgeprägter Hyperglykämie, d.h. bei Auftreten effektiver Osmole in der extrazellulären Flüssigkeit. Der hierdurch hervorgerufene transzelluläre osmotische Gradient führt zu einer Verschiebung elektrolytfreien Wassers aus dem Intrazellulärraum in den Extrazellulärraum. Der Intrazellulärraum schrumpft, der Extrazellulärraum expandiert. Approximativ ist der Anstieg des Blutzuckerspiegels um 100 mg/dl mit einer Abnahme des Serum-Natriumspiegels um 1,6 mval/l verknüpft. Diese Überschlagsrechnung wird jedoch durch das EZV vor Eintritt der Hyperglykämiebeeinflußt: Bei kontrahiertem EZV ist der Natriumabfall stärker, bei Hypervolämie etwas geringer. Geht dieses zelluläre, in den Extrazellulärraum verschobene Wasser über die Haut, den Gastrointestinaltrakt oder durch osmotische Diurese verloren, tritt kein deutlicher Abfall des Serum-Natriums ein.

Bei diabetischer Ketoazidose führt die Gabe hypotoner Lösungen zu einer Zunahme des Natriumabfalls, dieses Defizit wird durch die begleitende Glykosurie weiter verstärkt. Die Ausscheidung eines hypotonen Urins führt zur Dehydration, so daß u.U. glomeruläre Filtrationsrate und renaler Blutfluß abfallen können und – trotz hoher Glukosurie – eine Oligurie eintritt.

Bei der isotonen, normoosmolalen Hyponatriämie ist das Serum-Natrium artefiziell reduziert (Pseudo-Hyponatriämie). Sie findet sich bei einer Hyperlipidämie, Hyperproteinämie (bei Myelom), aber auch bei hohem Alkoholspiegel im Blut, nach Mannitol-Gabe oder bei diabetischer Ketoazidose.

Die häufigste Hyponatriämieform ist die hypotone, die sich – je nach Zustand des EZV – in eine hypo-, normo- oder hypervolämische Form weiter unterteilen läßt. Die hypovolämische Form tritt bei diabetischer Gastroenteropathie, Diarrhoe und Erbrechen auf, nach Gabe von Diuretika sowie

Ersatz von Körperflüssigkeiten durch elektrolytfreie Lösungen wird sie ebenfalls beobachtet.

Die hypervolämische Form ist durch Ödeme gekennzeichnet, sie ist bei Diabetes mellitus durch ein nephrotisches Syndrom oder eine kongestive Herzinsuffizienz bedingt. Bei fortgeschrittener diabetischer Nephropathie ist sie ebenfalls häufiger zu beobachten, vor allem nach Gabe von Diuretika vom Thiazidtyp.

Die normovolämische (gelegentlich auch hypervolämische) Hyponatriämie ist typisch für das SIADH-Syndrom (Syndrome of inappropriate ADH secretion, auch Schwartz-Bartter-Syndrom genannt), das bei Diabetes mellitus selten ist, dessen Auftreten jedoch durch Gabe psychotroper Pharmaka begünstigt werden kann.

Hypernatriämie-Syndrome bei Diabetes mellitus

Die hypovolämische Hypernatriämie ist Folge eines Nettoverlustes einer hypotonen Körperflüssigkeit. Bei Diabetes mellitus sind gastrointestinale Verluste oder eine starke Glukosurie für den Anstieg des Serum-Natriums verantwortlich zu machen, insbesondere wenn diese Verluste durch hypertone Salzlösungen substituiert werden. Begünstigt wird die Hypernatriämie durch eine Störung des Durstempfindens und/oder eine Einschränkung der notwendigen Flüssigkeitsaufnahme.

Der diabetische Patient ist aber auch durch eine hypervolämische Hypernatriämie bedroht, wenn bei metabolischer Azidose Alkali (Natriumbicarbonat) zugeführt wird, ohne daß auf eine Isotonie der Flüssigkeitssubstitution geachtet wird.

Aus therapeutischer Sicht ist der Ersatz von Wasser- und Elektrolytverlusten bei Diabetes-Patienten ein schwieriges Problem. Die wichtigste Kenngröße ist der Zustand des Kreislaufs: je stärker die Volumendepletion und Hypotonie, desto intensiver ist die Substitutionstherapie zu betreiben. Initial empfiehlt sich – trotz des hypotonen Flüssigkeitsverlustes – die Zufuhr isotoner Kochsalzlösung, da isotone Lösungen das Blutvolumen rascher normalisieren. Diese Maßnahme empfiehlt sich trotz der Tatsache, daß das intrazelluläre Wasserdefizit verzögert korrigiert wird. Nach Gabe von 500 bis 1000 ml physiologischer Kochsalzlösung ist auf eine halbnormale Kochsalzlösung (0.45 %) umzusetzen.

Chronische Niereninsuffizienz und Urämie

Trotz fortschreitenden Nierenfunktionsverlusts gelingt es der Niere, sehr lange ihre Ausscheidungsfunktion den aktuellen Erfordernissen effektiv anzupassen. Bis zu Filtratwerten von 10 ml/Min. kann die Natrium- und Wasserbilanz – wenn auch in nur eingeschränktem Maße – aufrechterhalten werden. Mit zunehmendem Abfall der glomerulären Filtrationsrate steigt die fraktionelle Natriumausscheidung (FENa) an, d.h. dieNatriumbilanz wird durch eine gesteigerte Natriurese pro Nephron gewährleistet. Beispielsweise reicht beim Nierengesunden nach einer Erhöhung der täglichen Salzaufnahme von 3,5 auf 7 g/d der Anstieg der fraktionellen Natriumausscheidung um 0.25 bis 0.05 % aus, um die Natriumbilanz aufrechtzuerhalten. Bei einem Nierenkranken mit einem Filtrat von 5 ml/Min. muß unter gleichen Bedingungen der Salzaufnahme die fraktionelle Natriumausscheidung von ungefähr 15 % auf 25 % ansteigen, um die Natriumbilanz zu stabilisieren.

Die Natriumbilanz ist abhängig von der Natriumaufnahme. Wird die Obergrenze der Natriumausscheidung überschritten, kommt es zur Erhöhung der extrazellulären Natriumkonzentration und somit zur Expansion des EZV, eine Gewichtszunahme und Ödeme sind die unausbleiblichen Folgen. Besonders gering ist diese Toleranz bei nephrotischem Syndrom oder kongestiver Herzinsuffizienz. Andererseits kann der chronisch Nierenkranke sich nicht rasch an eine Verminderung der Salzzufuhr adaptieren und die Natriumausscheidung im Urin reduzieren. Vielmehr besteht ein obligater renaler, jedoch individuell unterschiedlicher Natriumverlust von 20–30 mval/d [2]. Dieser Natriumverlust ist ohne erkennbare Beziehung zur renalen Grunderkrankung. Die labile Natriumbilanz kann stabilisiert werden, wenn die chronisch nierenkranken Patienten langsam (über Wochen) an eine natriumarme Kost gewöhnt werden [9]. Erfolgt die Umsetzung auf eine natriumarme Diät abrupt, können das EZV und das Plasmavolumen abnehmen und die bereits reduzierte glomeruläre Filtrationsrate weiterhin verschlechtern.

Die Natriumretention ist jedoch das weitaus größere Problem bei chronischer Niereninsuffizienz, die positive Salzbilanz führt häufig zur Verschärfung der hypertonen Blutdrucklage und potentiell zur kongestiven Herzinsuffizienz. Niereninsuffiziente Patienten können die aktue Natriumbelastung nicht rasch kompensieren, da Natrium prolongiert im EZV retiniert wird. Tierexperimentell sind die Serum-ANP-Spiegel direkt mit der Salzaufnahme korreliert, im Hämodialysestadium sind sie ein guter Indikator des aktuellen Volumenstatus des Patienten.

Die therapeutischen Konsequenzen bestehen in einer Anpassung der Natriumaufnahme an die aktuelle Salzbilanz: Eine Restriktion empfiehlt sich bei nephrotischem Syndrom, kongestiver Herzinsuffizienz oder allgemein bei Ödemen. Die Salzzufuhr sollte mehr der oberen als der unteren Grenze der Ausscheidungsfähigkeit der Nieren durch Titration angepaßt werden, da somit eine Verschlechterung der glomerulären Filtrationsrate vermieden wird. Akuter Salzentzug ist ebenso wie akute Salzaufnahme zu vermeiden.

Auch die Wasserbilanz wird bei chronischer Niereninsuffizienz durch die Abnahme des Harnkonzentrierungsvermögens positiv. Der Nierengesunde kann die Harnosmolalität um das Vierfache der Plasmaosmolalität steigern, der chronisch Nierenkranke dagegen erreicht eine Harnosmolalität, die isoton zur Plasma-Osmolalität ist. Die Mindestausscheidung an Harn bei chronischer Niereninsuffizienz sollte 1.5 bis 2 l/d betragen.

Akutes Nierenversagen

Das akute Nierenversagen ist durch eine abrupte Reduktion der glomerulären Filtrationsrate gekennzeichnet. Entsprechend den Ursachen wird das akute Nierenversagen in 3 große Gruppen eingeteilt, neben dem postrenalen Nierenversagen durch Obstruktion lassen sich für den Nephrologen zwei besonders wichtige Kategorien herausstellen: Die prärenale Azotämie und als renale Manifestation das akute intrinsische Nierenversagen [7].

Die prärenale Azotämie ist Folge einer Hypovolämie unterschiedlicher Genese. Die Konzentrationsfähigkeit der Niere bleibt erhalten, das Natrium im Urin und die fraktionelle Natriumausscheidung fallen ab, da vermehrt Natrium tubulär reabsorbiert wird. Die Harnosmolalität ist erhöht. Die renale Natriumkonservierung hat das Ziel, das EZV zu re-expandieren. Allerdings ist bei begleitender Nierenerkrankung, während der Einnahme von Diuretika oder bei osmotischer Diurese die Natriumkonzentration im Urin erhöht (UNa > 20 mval/l). Der Serum-Natriumspiegel kann – mit Ausnahme des zentralen oder renalen Diabetes insipidus – auf Werte unter 135 mval/l absinken.

Die zweite Form, das renale Nierenversagen, ist auf eine Reihe heterogener Störungen zurückzuführen. Ischämisch bedingte Tubulusnekrosen, Schäden durch Nephrotoxine, akute glomeruläre Erkrankungen u. a. Störungen sind hier zu erwähnen. Die Tubulusfunktion ist durch die strukturelle Läsion erheblich derangiert, infolgedessen ist die Konzentrationsfähigkeit der Niere reduziert, die tubuläre Natriumreabsorption ist eingeschränkt. Die Natriumausscheidung steigt im Urin an, während die Harnosmolalität absinkt.

Das unterschiedliche Verhalten der Harnosmolalität und der absoluten und auch fraktionellen Natriumausscheidung ermöglicht eine praktikable Abgrenzung dieser Formen des akuten Nierenversagens. Allerdings ist die diagnostische Aussagekraft nur bei Oligurie einigermaßen gut gewährleistet. Ein Überlappen der Werte dieser Urinparameter findet sich bei Kontrastmittel-induziertem Nierenversagen, bei Rhabdomyolyse und bei Diuretika-Gabe.

Extrarenale Störungen der Natriumbilanz

Störungen der Natriumbilanz extrarenaler Genese sind ebenfalls durch den Abfall oder Anstieg der Plasmaosmolalität näher charakterisierbar. Obwohl eine Hypoosmolalität eine Hyponatriämie impliziert, kann die Hyponatriämie aber auch mit einem erhöhten oder normalen Wert der Serum-Osmolalität vergesellschaftet sein. Die Hypernatriämie dagegen ist immer mit einer Hyperosmolalität assoziiert. Diese gegenläufigen Abweichungen vom Normalwert der Serum-Osmolalität werden zusätzlich durch das Verhalten des EZV präziser festgelegt: Je nach klinisch feststellbarem Zustand des EZV werden die Dehydration und die Hyperhydration in eine

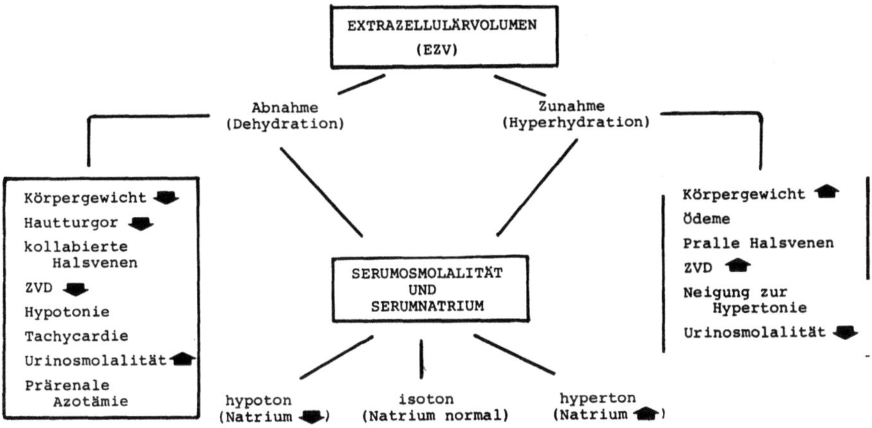

Abb. 1. Diagnostik und klinische Befunde bei Störungen der Natriumbilanz

hypotone und eine hypertone Form unterteilt [1, 5, 10]. Klinische Hinweise auf Abweichungen im EZV-Status gibt Abb. 1.

Zur Festlegung des Typs der Störung der Natriumbilanz sind somit die Bestimmung der Plasma-Osmolalität sowie die Evaluation des EZV erforderlich. Die Plasmaosmolalität wird durch Osmometrie gemessen, als effektive Osmolalität oder Tonizität läßt sie sich nach der Formel

$$\mathrm{Osm_{eff}} = 2\,(\mathrm{Na^+}) + \frac{\mathrm{Glucose}}{18}$$

errechnen. Die Bestimmung der Osmolalität kann annäherungsweise durch die Bestimmung des Serumnatriums ersetzt werden. Bei isotonen Störungen sind Natrium und Osmolalität im Plasma normal, bei hypotonen Zuständen sind beide Werte vermindert, bei hypertonen Veränderungen dagegen sind sie erhöht.

Isotone Störungen ohne erkennbare Änderungen des EZV (Hypovolämie, Hypervolämie) sind eher symptomarm, da infolge der Isotonie des Extrazellulärraumes keine Volumenänderungen des cerebralen Intrazellulärraums eintreten und somit zentralnervöse Symptome fehlen. Zur Pseudohyponatriämie S.

Wichtigste Ursachen der isotonen Störung (Serum-Natrium normal) sind bei einer Dehydration isotone Flüssigkeitsverluste durch Erbrechen, Durchfälle, Fisteln, diuretische Behandlung sowie Blut- und Plasmaverluste; bei einer Hyperhydration sind massive isotone Infusionen bei Oligurie oder generalisiserte Ödeme ursächlich anzuschuldigen.

Bei hypotonen Störungen kommt es je nach Abnahme oder Zunahme des EZV (Abb. 2) zu Kreislauf- und zentralnervösen Symptomen. Je nach EZV-Status finden sich Ödeme oder orthostatische Störungen, Tachykardie und Hypotonie. Neurologisch manifestieren sich Lethargie, Krampfanfälle,

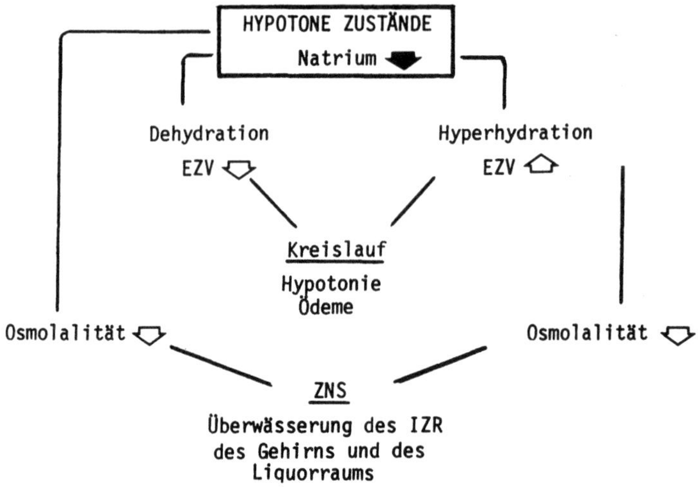

Abb. 2. Klinische Symptome bei Hyponatriämie

psychotische Veränderungen oder ein Koma. Diese Störungen treten umso eher ein, je schwerer die Hyponatriämie ausgeprägt ist und je kürzer der Zeitraum ist, in der diese Störung eintritt. Ursache der neurologischen Symptome ist ein Hirnödem als Folge der Überwässerung des intrazellulären Flüssigkeitskompartiments.

Hypertone Störungen sind ebenfalls von Kreislaufsymptomen begleitet und klinisch als Folge der Überwässerung (Ödeme) oder Hypovolämie (Hypotonie) leicht erkennbar (Abb. 3). Zentralnervöse Symptome resultie-

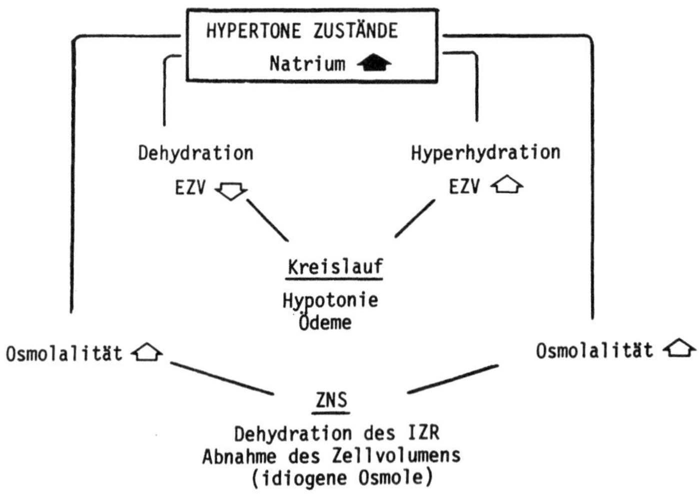

Abb. 3. Klinische Symptome bei Hypernatriämie

ren aus der Dehydration des Intrazellulärraumes mit Abnahme des Zellvolumens der Gehirnzellen. Nach einer initialen Phase der Zellschrumpfung adapiert sich das Gehirn an diese Änderungen, indem es sog. idiogene Osmole bildet (wahrscheinlich Aminosäuren), die den Flüssigkeitsausstrom aus dem Gehirn hemmen oder sogar umkehren.

Hyponatriämie

Die Hyponatriämie ist meist hyposmolar und durch ein Defizit an Körperwasser bzw. totalem Körpernatrium (Natriumdefizit > Wasserdefizit) charakterisiert. Der hypotonen Dehydration liegen extrarenale Verluste ($U_{Na} <$ 10 mval/l) über die Haut oder den Gastrointestinaltrakt zugrunde, renale Verluste ($U_{Na} >$ 20 mval/l) sind die Folge einer Diuretikaeinnahme, osmotisch wirksamer Substanzen oder eines Mineralocorticoidexzesses. Renale und extrarenale Natrium- und Wasserverluste reduzieren das EZV und führen zur Hypovolämie (Abb. 4). Bei starker Abnahme des EZV wird Wasser unter Umgehung der Osmoregulation retiniert und so das Extrazellulärvolumen erhöht.

Durch die Bestimmung der Urin-Natriumkonzentration wird es möglich, renale von extrarenalen Natriumverlusten einigermaßen genau abzugrenzen. Die hypoosmolare Hyponatriämie mit *erhöhtem* EZV (sog. hypotone Hyperhydration) ist mit einem absoluten oder relativen Wasserüberschuß sowie mit einer Hyperhydration des Intrazellulärraumes verknüpft. Sie ist meist bei mäßig gesteigerter Wasseraufnahme *und* eingeschränkter renaler Ausscheidungsfähigkeit für freies Wasser beobachtbar. Sie wird gelegentlich auch als Verdünnungshyponatriämie oder Wasserintoxikation, die besonders häufig bei gleichzeitiger Störung der Wasserausscheidung auftritt, bezeichnet. Bei hypotoner Hyperhydration sind Gewichtszunahme und Ödeme die klinisch führenden Symptome. Diese Form ist bei Abnahme des effektiven, das Gewebe der Organe perfundierenden arteriellen Blutvolu-

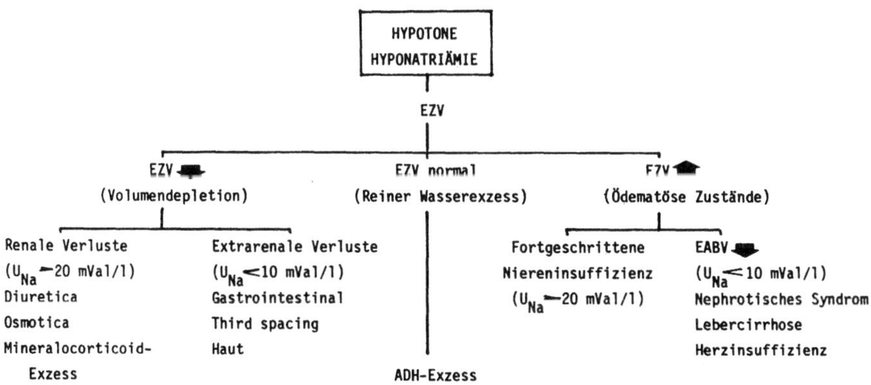

Abb. 4. Klinische Untersuchung der Hyponatriämie

mens (EABV), wie bespielsweise bei kongestiver Herzinsuffizienz, Leberzirrhose und nephrotischem Syndrom beobachtbar (U_{Na} < 10 mval/l), bei fortgeschrittener Niereninsuffizienz ist die Urin-Natriumausscheidung gesteigert (U_{Na} > 20 mval/l). DieExpansion des EZV kann die proximaltubuläre Natriumreabsorption hemmen, so daß die Urin-Natriumausscheidung trotz der Hyponatriämie hoch sein kann (> 30 mval/l).

Eine Sonderstellung nimmt das sog. Schwartz-Bartter-Syndrom (SIADH-Syndrom) ein, das auf eine vermehrte ADH-Bildung (bei Tumoren) eine vermehrte ADH-Freisetzung aus dem Hypophysenhinterlappen (Meningitis, Hirntrauma u.a.), durch Medikamente (Clofibrat, Vincristin, Chlorpropamid) zurückzuführen ist. Es kommt zu einer vermehrten Wasserretention mit normalem Serum-Natriumspiegel oder einer Verdünnungshyponatriämie. Periphere Ödeme fehlen trotz Wasserretention.

Die therapeutische Korrektur der Hyponatriämie hängt vom Volumenstatus, dem Schweregrad der Hyponatriämie, der Ausprägung von begleitenden Symptomen (insbesondere vonseiten des zentralen Nervensystems) sowie der Dauer der Hypoosmolalität ab. Bei akuter symptomatischer Hyponatriämie sollte der Serum-Natriumspiegel relativ rasch angehoben werden (1–2 mval/l stündlich, nicht jedoch mehr als 20 mval/l in 24 Stunden).

Bei einem Patienten mit einem Körpergewicht von 70 kg und einer akuten symptomatischen Hyponatriämie von 115 mval/l errechnet sich das Exzess-Wasser, das ausgeschieden werden muß, um die Hyponatriämie auf einen Wert von 130 mval/l anzuheben, nach der folgenden Formel:

Gesamtkörperwasser (GKW) = Körpergewicht (kg) × 60 %

Gesamtkörperwasser = 70 × 0.6 = 42 l

Exzess-Wasser = GKW – (aktuelles Plasma-Na/angestrebtes Plasma-Na) × GKW

Exzess-Wasser = 42 – (115/130 × 42)
42 – 36,5 = 5,5 l

Um bei exzessiver Natriumzufuhr eine Flüssigkeitsüberlastung zu vermeiden, empfiehlt sich die begleitende Gabe eines Schleifendiuretikums (Furosemid), damit die Urinverluste für Na und freies Wasser ansteigen. Serum- und Urin-Elektrolyte müssen in kurzem Zeitabstand kontrolliert werden, damit eine Überkorrektur vermieden wird.

Hypernatriämie

Hypernatriämien werden seltener beobachtet als Hyponatriämien, praktisch tritt eine Hypernatriämie ohne Störung des Durstempfindens und/oder inadäquater Wasseraufnahme nicht auf. Analog zur Hyponatriämie lassen sich bei Hypernatriämie ebenfalls zwei wichtige Formen unterscheiden: eine Hypernatriämie durch den Verlust von Natrium und Wasser (Wasserverlust

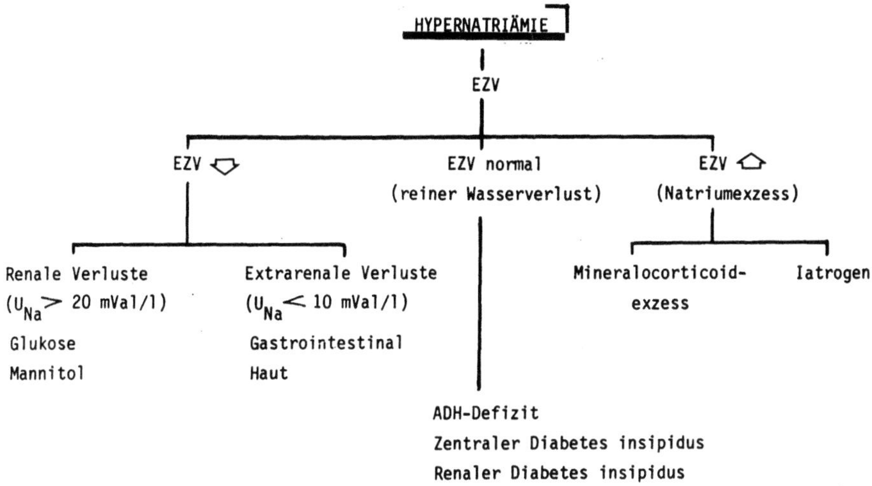

Abb. 5. Klinische Untersuchung bei Hypernatriämie

> Natriumverlust, sog. hypertone Dehydration) sowie eine Hypernatriämie als Folge einer Zufuhr hypertoner Natriumlösungen (sog. hypertone Hyperhydration).

Die häufigste Manifestation ist die Hypernatriämie bei Volumendepletion (hypertone Dehydration). Der ursächlich verantwortliche übermäßige Wasserverlust (Abb. 5) hat eine extrarenale Route (Gastrointestinaltrakt, Haut) sowie eine renale Route, so führt der Diabetes mellitus bei osmotischer Diurese zur hypertonen Dehydration.

Approximativ lassen sich aus der Messung der Urin-Natriumkonzentration die Ursachen abschätzen: Ist die Urin-Natriumkonzentration niedrig, spricht dieser Befund für einen extrarenalen Verlust und umgekehrt.

Der Diabetes insipidus ist potentiell von einer Hypernatriämie bedroht. Ihm liegen vermehrte renale Verluste freien Wassers durch die eingeschränkte tubuläre Wasserrückreabsorption zugrunde, der Folge eines ADH-Mangels (zentraler Diabetes insipidus), oder eines verminderten Ansprechens der Nieren auf ADH (renaler Diabetes insipidus) ist. Bei korrigiertem Diabetes insipidus ist das EZV normal.

Bei Hypernatriämie mit Hypervolämie (hypertone Hyperhydration) besteht ein Natriumüberschuß mit einem Defizit an freiem Wasser. Sie ist sehr selten und auf eine exzessive Natriumaufnahme zurückzuführen: Infusion hypertoner Kochsalz- oder Natriumbicarbonatlösungen, Trinken von Meerwasser bei Schiffbruch oder als Ausdruck eines Mineralocorticoidexzesses. Die idiopathische Hypernatriämie (essentielle Hypernatriämie) ist bei Patienten mit cerebralen Erkrankungen nachweisbar. Sie ist asymptomatisch und Ausdruck einer Verstellung des Osmostaten auf ein höheres Niveau.

Die Korrektur der Hypernatriämie muß ebenfalls langsam erfolgen, um neurologische Komplikationen vorzubeugen, sie sollte nicht mehr als 2 mval/l stündlich gesenkt werden über einen Zeitraum von 48 Stunden. Die spezifische Therapie der Hypernatriämie richtet sich nach der zugrundeliegenden Erkrankung. Wenn die Hypernatriämie durch einen reinen Wasserverlust hervorgerufen ist, ist das Wasserdefizit nach der folgenden Formel zu ersetzen:
Wasserdefizit = 0.6 × Körpergewicht (kg) × (P_{Na}/140 – 1)

Bei einer 60jährigen Patientin mit einem Serum-Natriumspiegel von 160 mval/l beträgt das Wasserdefizit:
Wasserdefizit = 0.6 × 60 × (160/140 – 1)
Wasserdefizit = 5,1 l

Zusätzlich zum errechneten Wasserdefizit müssen kontinuierliche Flüssigkeitsverluste berücksichtigt und ersetzt werden.

Störungen der Chloridbilanz

Eine Hypochlorämie ist ein häufiges Begleitphänomen einer metabolischen Alkalose, da bei Erbrechen oder während einer Diuretika-Therapie H^+- und Cl^- verlorengehen. Zwei Gruppen lassen sich unterscheiden: Die Chlorid-sensible metabolische Alkalose sowie die Chlorid-resistente metabolische Alkalose.

Die Chlorid-sensible Alkalose kann durch Chlorid-Gaben korrigiert werden. Ihre wichtigsten Merkmale sind ein verminderter EZV-Status sowie die deutlich verminderte Chloridausscheidung im Urin (U_{Cl} < 20 mval). Außer gastrointestinalen Verlusten und Diuretika-Therapie ist als Ursache noch die Hypokaliämie sowie Chloridverlust im Stuhl als Folge eines villösen Adenoms zu erwähnen. Die Chlorid-resistente metabolische Alkalose findet sich bei primärem wie auch bei sekundärem Hyperaldosteronisms (Nierenarterienstenose, Renin-produzierender Tumor, Magnesiumdepletion) und beim Bartter-Syndrom.

Die Chloriddiagnostik hat in der klinischen Medizin nicht den Stellenwert, der ihr eigentlich zukommt. Als Partner seines Kations Natrium wird es allzu häufig übersehen. Auch in dieser Übersicht konnte es nicht seiner Bedeutung entsprechend berücksichtigt werden.

Literatur

1. Alvis R, Geheb M, Cox M: Hypo- and Hyperosmolar States: Diagnostic Approaches. In: A.I. Arieff, R.A. De Fronzo (Eds.), Fluid, Electrolyte, and Acid Base Disorders. Churchill Livingstone New York 1985, S. 185 ff.
2. Bourgoigne JJ, Jacob AI, Sallman AL, Pennell JP: Water, Electrolyte, and Acid-Base Abnormalities in Chronic Renal Failure. Seminars in Nephrology 1, 91 (1981).

3. Brenner BM, Ballermann BJ, Gunning ME, Zeidel ML: Diverse biological actions of atrial natriuretic peptide. Physiol. Rev. 70, 665 (1990).
4. Brown EA, Sagnella GA, Jones BE, Markandu ND, Squires M, McGregor GA: Evidence that some mechanism other than the renin system causes sodium retention in nephrotic syndrome. Lancet I, 1237 (1982).
5. Cox M, Geheb M, Singer I: Disorders of Thirst and Renal Water Excretion. In: A.I. Arieff, R.A. De Fronzo (Eds.), Fluid, Electrolyte, and Acid Base Disorders. Churchill Livingstone New York 1985, S. 119 ff.
6. Dorhout Mees EJ, Roos JC, Boer P, Yoe OH, Simatupang TA: Observation of edema formation in the nephrotic syndrome in adults with minimal lesions. Am. J. Med. 67, 378 (1979).
7. Franklin StS, Klein KL: Acute renal failure: fluid-electrolyte and acid-base complications. In: M.H. Maxwell, Ch. R. Kleeman, R.G. Narius (Eds.), Clinical Disorders of Fluid and Electrolyte Metabolism. Mc Graw-Hill, New York 1987, S. 967.
8. Meltzer JI, Keim HJ, Laragh JH, Sealey JE, Jan KM, Chien S: Nephrotic syndrome: vasoconstriction and hypervolemic types indicated by renin-sodium profiling. Ann. Int. Med. 91, 688 (1979).
9. Mitch WE, Wilcox CS: Disorders of Body Fluids, Sodium and Potassium in Chronic Renal Failure. Am. J. Med. 72, 536 (1982).
10. Narins RG, Jones ER, Stom MC, Rudnick MR, Bastl CP: Diagnostic Strategies in Disorders of Fluid, Electrolyte and Acid-Base Homeostasis. Am. J. Med. 72, 496 (1982).
11. Narins RG, Kopyt NP, Kleeman ChR: Diabetic acidosis and coma. In: M.H. Maxwell, Ch. R. Kleeman, R.G. Narins (Eds.), Clinical Disorders of Fluid andElectrolyte Metabolism. Mc Graw-Hill, New York 1987, S. 643.

Die Rolle von Calciumantagonisten unter gleichzeitiger Kochsalzeinschränkung

H. HALLER, Berlin

Einleitung

Der Zusammenhang zwischen diätetischer *Kochsalzaufnahme* und *Blutdrucksteigerung* ist bereits in den frühen Schriften der chinesischen Medizin dargestellt. Auch in den Hypothesen des 20. Jahrhunderts scheint dem Natriumchlorid eine wesentliche Rolle in der Pathogenese der essentiellen Hypertonie zuzukommen. Über welchen Mechanismus jedoch die diätetische Kochsalzaufnahme den Blutdruck beeinflußt, ist noch ungeklärt. Nur bei einem Teil der hypertensiven Patienten kommt es nach erhöhter Kochsalzeinnahme zu einer Blutdrucksteigerung. Verschiedene Hypothesen sind in den vergangenen Jahrzehnten postuliert worden, die diese Kochsalzbedingte Blutdrucksteigerung erklären sollten. Eine der wesentlichen Hypothesen zur Pathogenese der essentiellen Hypertonie hat die orale Kochsalzaufnahme mit einer Natriumchlorid-abhängigen Störung des zellulären Calciumtransports in Zusammenhang gebracht. Diese, von de Wardener und MacGregor postulierte und von Blaustein modifizierte Hypothese verknüpft die Ausscheidungsstörung von NaCl bei Patienten mit essentieller Hypertonie mit dem Anstieg der intrazellulären Calciumkonzentration in den glatten Muskelzellen dieser Patienten (Abb. 1). Es kommt nach dieser Hypothese durch überschießende Kochsalzzufuhr zu der gesteigerten Sekretion eines vermutlich hypothalamischen Faktors, welcher eine Hemmung der Natrium-Kalium-ATPase an der Zellmembran bewirkt. Die Hemmung dieses Enzyms führt dann zu einem Anstieg der intrazellulären Natriumkonzentration in der Zelle. Dies beeinflußt den zellulären Natrium-Calcium-Austauschmechanismus. In den glatten Muskelzellen der Gefäße könnte es über diesen Mechanismus zu einer Erhöhung der intrazellulären freien Calciumkonzentration und damit zu einer gesteigerten Kontraktion der Gefäße kommen.

Störungen des zellulären *Calcium-Metabolismus* sind verschiedentlich bei Patienten mit essentieller Hypertonie beobachtet worden. Die direkte Messung der intrazellulären freien Calciumkonzentration* in Thrombozyten von Patienten mit essentieller Hypertonie hat eine erhöhte intrazelluläre

* Die pathologische Konzentrationszunahme von Kalzium in den Erythrozyten von „essentiellen" Hypertonikern wurde erstmals 1967 von Holtmeier, H.J., Heilmeyer, L. und Marongiu, F. in Med. klinik 62 (1967) 246 publiziert. (Anm. Redaktion)

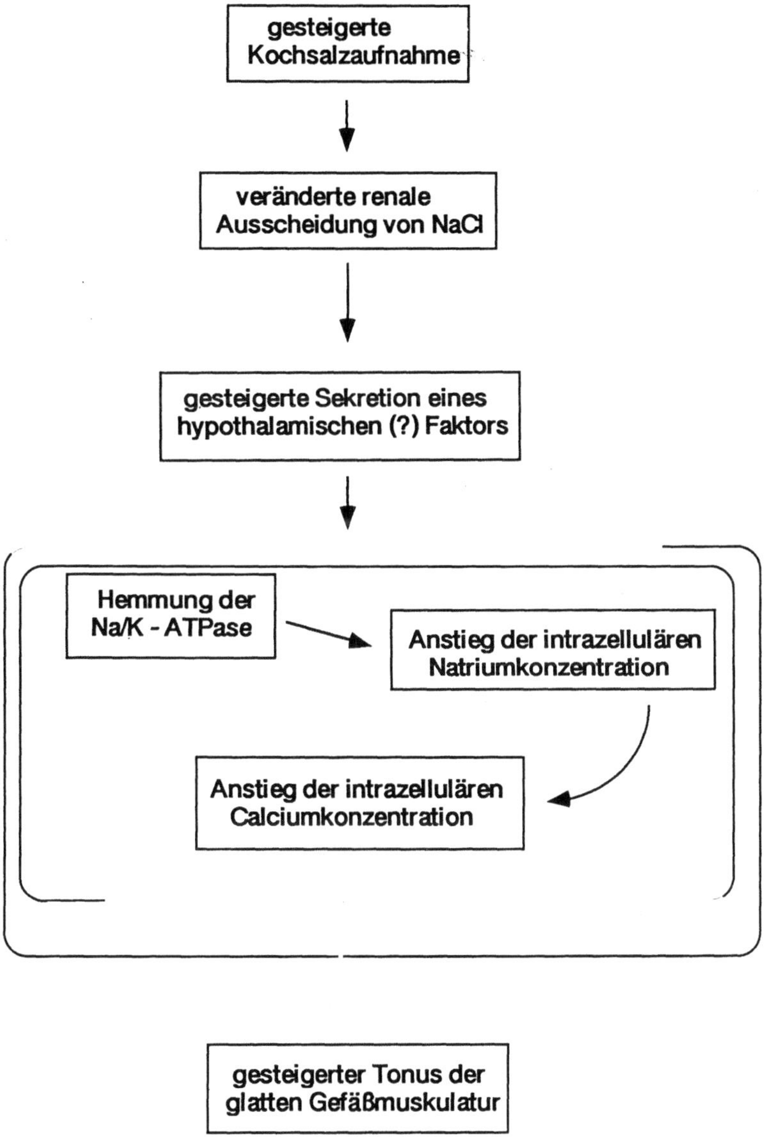

Abb. 1. Anstieg der intracellulären Calciumkonzentration und Tonus der glatten Gefäßmuskulatur

freie Calciumkonzentration gezeigt. Mehrere Arbeitsgruppen haben auch eine gesteigerte Durchlässigkeit der Plasmamembran für Calcium und ein verändertes Bindungsverhalten für Calcium an der Zellmembran beschrieben. Die blutdrucksenkende Wirkung der sogenannten Calciumantagonisten ist ebenfalls ein Hinweis auf eine Störung calcium-abhängiger Mechanismen bei der essentiellen Hypertonie. Wie schon erwähnt, wird die Kontraktion der glatten Gefäßmuskulatur durch den Einstrom von Calcium in die glatten Gefäßmuskelzellen reguliert. Dieser Calciumeinstrom kommt vor allem über sogenannte L-Typ-Calciumkanäle zustande. Calciumantagonisten bewirken nun eine verminderte Öffnungswahrscheinlichkeit dieser L-Typ-Calciumkanäle und vermindern den Einstrom von Calcium in die Zelle. Dies führt zu einer Abnahme der Gefäßmuskelkontraktilität. Die Wirkung der Calciumantagonisten ist besonders ausgeprägt, wenn sich der Calciumkanal im aktivierten Zustand befindet, d.h. nach hormoneller bzw. nervöser Stimulation der Gefäßmuskulatur.

Neben der Relaxation der glatten Gefäßmuskulatur scheinen Calciumantagonisten aber auch andere, antihypertensiv wirksame Effekte zu besitzen. So können Calciumantagonisten direkt auf die Natriumchlorid-Homöostase einwirken. Schon in den ersten Untersuchungen zur Wirkung der Calciumantagonisten wurde eine verstärkte Natriurese nach Gabe von Nifedipin beobachtet. Diese Natriurese trat trotz gleichzeitiger Blutdrucksenkung auf. Damit scheinen die Calciumantagonisten auch auf einer zweiten Ebene mit der Natriumchlorid-Homöostase bei der Pathogenese der essentiellen Hypertonie verknüpft zu sein.

Der folgende Text wird sich in drei Teile gliedern und soll folgende Fragen beanworten:

1. Inwieweit wird die antihypertensive Wirkung von Calciumantagonisten durch die diätetische Aufnahme von Kochsalz verändert oder, mit anderen Worten, sprechen Patienten mit einer erhöhten diätetischen Kochsalzaufnahme besser auf Calciumantagonisten an?
2. Welche Bedeutung hat die natriuretische Wirkung der Calciumantagonisten bei der antihypertensiven Wirkung dieser Substanzen?
3. Welches sind die zellulären Mechanismen, die den eventuellen Zusammenhang zwischen der Wirkung von Calciumantagonisten und der Natriumchlorid-Homöostase erklären könnten?

Diätetische Kochsalzaufnahme und antihypertensive Wirkung von Calciumantagonisten

Die Wirkung derCalciumantagonisten scheint von der jeweiligen oralen Zufuhr von Natriumchlorid abzuhängen. MacGregor et al. hatten schon 1987 darauf hingewiesen, daß eine erhöhte orale Zufuhr von Natriumchlorid zu einer verbesserten Wirkung von Calciumantagonisten führt. Es sind inzwischen mehrere kontrollierte Studien durchgeführt worden, die zeigen, daß sowohl die akuten als auch die chronischen antihypertensiven Wirkungen der Calciumantagonisten von der diätetischen Natriumchloridaufnahme und der Natrium-Homöostase abhängen. Cappuccio et al. untersuchten sowohl normotensive als auch hypertensive Patienten unter einer salzreichen Ernährung, während normaler Salzaufnahme und unter einer natriumarmen Diät. Am 5. Tag der Untersuchung wurden die Patienten mit Nifedipin behandelt. Es zeigte sich, daß die Patienten mit der *salzreichen Diät* einen besonders starken, signifikant unterschiedlichen *Blutdruckabfall* im Vergleich zu den beiden anderen Gruppen aufwiesen. Ähnliche Befunde wurden auch von Leonetti und Luque-Otero et al. erhoben. Auch in diesen beiden Studien kam es nach Gabe von Calciumantagonisten zu einer proportional größeren Reduktion des systolischen Blutdrucks unter einer kochsalzreichen Diät.

Diese gesteigerte Empfindlichkeit des Blutdrucks auf die Gabe von Calciumantagonisten trifft nicht nur für die akute Natriumbelastung, sondern auch für die chronisch erhöhte diätetische Aufnahme von Kochsalz zu. Nicholson et al. untersuchten die Wirkung von Verapamil unter einer täglichen Kochsalzaufnahme von 9 bzw. 212 mmol/l Natrium. Auch in dieser Untersuchung wurde eine gesteigerte antihypertensive Wirkung des Calciumantagonisten in der Gruppe mit der erhöhten Kochsalzaufnahme gefunden. Die Autoren fanden außerdem eine signifikatne Beziehung zwischen dem Renin-Status d.h. der Aktivität des Renin-Angiotensin-Systems dieser Patienten, und der antihypertensiven Wirkung des Calciumantagonisten. In einer sorgfältig kontrollierten Studie beobachteten Cappuccio et al. ebenfalls eine gesteigerte antihypertensive Wirkung von Verapamil bei einer Gruppe von Patienten, die über mehrere Wochen eine forcierte diätetische Kochsalzaufnahme durchgeführt hatten.

Die zellulären Mechanismen welche die gesteigerte antihypertensive Wirkung der Calciumantagonisten bei erhöhter oraler Zufuhr von Kochsalz erklären könnten, sind vielfältig und sollen im dritten Abschnitt dieser Arbeit behandelt werden. Eine der möglichen Ursachen der blutdrucksenkenden Wirkung von Calciumantagonisten ist ihre seit langem bekannte natriuretische Wirkung.

Natriuretische Wirkung von Calciumantagonisten

Schon in der ersten Studie zur renalen Wirkung von Nifedipin zeigte sich, daß trotz der Blutdrucksenkung durch Vasodilatation eine Natriurese auftrat. Dieser Befund unterscheidet die Calciumantagonisten von anderen Vasodilatatoren. Auch die akute intravenöse Gabe von Calciumantagonisten führt im Tierexperiment und beim Menschen zu einer erhöhten Ausscheidung von Natrium. In den früheren Untersuchungen wurde angenommen, daß die natriuretische Wirkung von Calciumantagonisten vor allem durch ihre hämodynamische Wirkung zustandekommt. Nach Gabe von Calciumantagonisten tritt eine ausgeprägte Relaxation der renalen Arteriolen auf. Von dieser Vasorelaxation ist vor allem die afferente Arteriole mit einer daraus resultierenden gesteigerten Perfusion des Glomerulums betroffen. Die vermehrte glomeruläre Durchblutung führt in der Folge zu einer gesteigerten glomerulären Filtrationsrate.

Inzwischen ist jedoch gezeigt worden, daß diese hämodynamischen Effekte für die Natriurese unter Calciumantagonisten nur eine untergeordnete Rolle spielen. Calciumantagonisten scheinen eine direkte Wirkung auf die tubuläre Rückresorption von Natrium auszuüben. Es konnte im Tierexperiment gezeigt werden, daß Calciumantagonisten die Natriumausscheidung im Urin auch steigern, wenn Veränderungen der renalen Hämodynamik und des renalen Plasmaflusses verhindert werden. Dies impliziert eine direkte Wirkung der Calciumantagonisten auf die tubulären Mechanismen der Natrium-Rückresorption. Zur direkten tubulären Wirkung von Calciumantagonisten sind von verschiedenen Untersuchern zahlreiche Experimente durchgeführt worden. Belleman et al. konnten zeigen, daß Nitrendipin und Nifedipin spezifisch an Membranfraktionen aus dem distalen Tubulus binden. Gleiche Ergebnisse wurden auch von Tsuchya et al. in vivo nachgewiesen. Yamaguchi et al. fanden in sogenannten Stop-Flow-Studien eine Zunahme der Natriumkonzentration im distalen Tubulus nach Calciumantagonistengabe. Daß Calciumantagonisten die Natrium-Rückresorption im distalen Tubulus verhindern, wurde ebenfalls von DiBona und Sawin mittels Mikropunktionsstudien nachgewiesen. In diesen Untersuchungen hatte Nitrendipin keinen Einfluß auf den Blutdruck und die glomeruläre Filtrationsrate, es zeigte sich allerdings, daß die Urinausscheidung sowie Natrium- sowie Kaliumausscheidung signifikant zunahmen. Alle diese Untersuchungen lassen den Schluß zu, daß *Calciumantagonisten* am distalen Tubulus die *Rückresorption von NaCl beeinflussen*. Diese Hypothese wird auch durch Untersuchungen an epithelialen Geweben, die dem distalen Tubulus verwandt sind, z.B. das Blasenepithel des Frosches, unterstützt. In diesen Experimenten konnte ebenfalls gezeigt werden, daß die Calciumantagonisten die Natrium-Rückresorption verhindern. Zusammengefaßt zeigen diese Studien, daß Calciumantagonisten direkt auf den distalen Tubulus wirken. Daß es sich hierbei nicht nur um akute Effekte handelt, sondern daß auch langfristig die Natrium-Homöostase durch die Calciumantagonisten negativ beeinflußt wird, konnte in den Untersuchungen von Cappuccio et al. gezeigt werden. Es stellt sich die Frage, ob diese natriuretische Wirkung der Calciumantagonisten für ihre antihypertensive Wirkung verantwortlich ist.

Trotz der oben angeführten Untersuchungen zur chronischen Wirkung von Calciumantagonisten auf die Natrium-Homöostase, läßt sich diese Frage zum jetzigen Zeitpunkt nicht eindeutig beantworten. Krusell et al. untersuchten an Patienten mit essentieller Hypertonie die Wirkung von Isradipin auf die renale Ausscheidung von Natrium über mehrere Monate. Wie in der o.a. Studie von Cappuccio konnten auch sie zeigen, daß die natriuretische Wirkung von Isradipin auch nach mehreren Monaten noch vorhanden war.

Sie konnten in dieser Studie ebenfalls zeigen, daß die blutdrucksenkende Wirkung signifikant korreliert war mit verschiedenen Parametern der Natrium-Homöostase. Allerdings ist in anderen Studien auch eine völlige Dissoziation von blutdrucksenkender Wirkung der Calciumantagonisten und ihrer natriuretischen Eigenschaften gezeigt worden. Obwohl es also experimentelle Hinweise dafür gibt, die chronische antihypertensive Wirkung der Calciumantagonisten mit ihrer natriuretischen Wirkung in Zusammenhang zu bringen, muß die Frage, welchen Anteil die natriuretische Wirkung der

Calciumantagonisten an ihrer blutdrucksenkenden Wirkung hat, zum jetzigen Zeitpunkt noch als offen angesehen werden.

Calciumantagonisten und Diuretika

Die intrinsische natriuretische Wirkung der Calciumantagonisten ist ein wünschenswerter Effekt in der antihypertensiven Therapie mit diesen Arzneimittelklasse. Es stellt sich allerdings nicht nur die Frage, ob die natriuretische Wirkung für die Blutdrucksenkung von Bedeutung ist sondern auch ob die diese Wirkung der Calciumantagonisten die Verwendung von Diuretika in der antihypertensiven Therapie beeinflußt. Die Fragestellung der Interaktion von Calciumantagonisten und Diuretika bei der antihypertensiven Therapie ist in mehreren Arbeiten untersucht worden.

In einer frühen Studie von Corea und Mitarbeitern konnte gezeigt werden, daß bei Patienten, deren Blutdruck mit einem Calciumantagonisten nicht befriedigend eingestellt war, die zusätzliche Gabe eines Diuretikums zu einer additiven Blutdrucksenkung führte. Allgemein wurde angenommen, daß Diuretika als zusätzliche Therapie einen additiven Effekt haben, da in verschiedenen Untersuchungen der 70er Jahre gezeigt worden war, daß Diuretika und Vasodilatatoren sich gut zur Kombinationstherapie eignen. Diese Hypothese konnte jedoch nicht von allen Untersuchern bestätigt werden. Rosenthal und Mitarbeiter fanden, daß eine Kombination von Nifedipin und einem Thiazid-Diuretikum keine verstärkte Blutdrucksenkung zeigte im Vergleich zur Gabe der einzelnen Komponenten. Sever und Poulter konnten bei einer kritischen Analyse der bislang vorliegenden Studien zeigen, daß nur ein kleiner Teil dieser Studien die notwendigen wissenschaftlichen Kriterien zur Klärung dieser Frage erfüllte. In den meisten Studien war entweder die behandelte Patientengruppe zu klein oder die Kriterien nicht sauber erfüllt. Insgesamt fanden diese Autoren keinen eindeutigen Hinweis auf eine additive Wirkung von Calciumantagonisten und Diuretika bei der antihypertensiven Therapie. Allerdings scheint möglicherweise die Reihenfolge der Verabreichung der Medikamente eine Rolle zu spielen. In einer Studie von MacGregor und Mitarb. wurde 12 Patienten mit essentieller Hypertonie zuerst ein Diuretikum über vier Wochen und anschließend ein Calciumantagonist plus Diuretikum verabreicht. Die Gabe des Calciumantagonisten führte zu einem signifikanten zusätzlichen Blutdruckabfall. Im Gegensatz dazu war die Kombination von Calciumantagonist mit anschließender Gabe eines Diuretikums nicht von einer zusätzlichen Blutdrucksenkung gefolgt. Diese Befunde deuten darauf hin, daß der Volumenstatus der Patienten eine wichtige Rolle bei der antihypertensiven Wirkung von Calciumantagonisten spielt. Ungeklärt ist nach wie vor, ob die natriuretische Wirkung der Calciumantagonisten, d.h. vor allem der Dihydropyridine, mit der diuretischen Wirkung von Thiazid-Diuretika interferiert. Es ist nur aus dem Angriffspunkt der Medikamente zu vermuten, daß eine positive Verstärkung und keine antagonistische Wirkung

Tabelle 1

Medikamente	Autoren	Studiendesign	n	additive Wirkung
Nifedipin (2×20 mg) Nifedipin (2×20 mg) + Bendrofluazid (5 mg)	Cappuccio et al.	offen	12	ja
Nifedipin (2–3×20 mg) Nifedipin (2–3×20 mg) + Chlortalidon (25–50 mg)	Marone et al.	offen	10	ja
Nifedipin (20 mg) vs. Nifedipin (20 mg) + Mefrusid (25 mg)	Rosenthal et al.	doppel-blind	10 vs. 10	nein
Nifedipin (2×20 mg) vs. Bendrofluazid (5 mg) Nifedipin (2×10 mg) + Bendrofluazid (5 mg)	Hallin et al.	offen	30	nein
Nifedipin (20 mg) + Chlortalidon (25 mg) oder Placebo	Magagna et al.	cross-over, doppel-blind	10	nein
Nifedipin (20 mg) and Atenolol (100 mg) + Bendrofluazide (5 mg) oder Placebo	Cappuccio	cross-over, doppel-blind	12	ja
Nifedipin (20 mg) + Chlortalidon (25 mg) oder Placebo	Poulter et al.	cross-over, doppel-blind	16	ja

auftreten sollte. Calciumantagonisten greifen am distalen Tubulus an, während die Diuretika vor allem am proximalen Tubulus ihren Wirkort besitzen. Darüber hinaus ist noch völlig ungeklärt, über welchen intrazellulären Mechanismus die Calciumantagonisten ihre natriuretische Wirkung ausüben und ob es hierbei zu einer Interaktion mit der intrazellulären Wirkung von Thiaziden kommt. Zum jetzigen Zeitpunkt muß deshalb offenbleiben, ob und inwiefern die natriuretische Wirkung der Calciumantagonisten mit der Wirkung von Thiazid-Diuretika interferiert und welche Bedeutung der Addition beider antihypertensiven Substanzen in der antihypertensiven Therapie zukommt (Tabelle 1).

Zelluläre Wirkungen der Calciumantagonisten

Es stellt sich nun die Frage nach den zellulären Mechanismen, die die gesteigerte Wirkung von Calciumantagonisten bei erhöhter diätetischer Zufuhr von Kochsalz erklären könnten. Calciumantagonisten binden sich an die sog. L-Typ- Calciumkanäle und vermindern damit deren Öffnungswahrscheinlichkeit. Theoretisch ist die Wirkung von Calciumantagonisten durch die Affinität des Calciumkanals, die Menge an exprimierten Calciumkanälen sowie durch Konzentration von Calcium im Inneren der Zelle bestimmt. Alle diese Möglichkeiten scheinen möglicherweise unter erhöhter diätetischer Kochsalzzufuhr gesteigert zu sein.

Von Garthoff und Bellerman ist gezeigt worden, daß die Bindung von Dihydropyridinen an Membranen von Myokardzellen unter einer salzreichen Diät deutlich höher war als unter einer salzarmen Diät. In dieser Untersuchung konnte jedoch nicht geklärt werden, ob die gesteigerte Bindung von Calciumantagonisten unter der salzreichen Diät durch eine gesteigerte Expression des Calciumkanals oder durch eine Veränderung der Sensitivität der Dihydropyridin-Bindung zustandekommt.

Calciumantagonisten wirken besonders dann verstärkt, wenn die intrazelluläre freie Calciumkonzentration, d.h. die Calciumkonzentration im Zytosol der Zelle, erhöht ist. In verschiedenen Untersuchungen ist gezeigt worden, daß bei Patienten mit essentieller Hypertonie die intrazelluläre freie Calciumkonzentration in Thrombozyten und Lymphozyten erhöht ist. Einige Untersucher konnten nachweisen, daß die intrazelluläre freie Calciumkonzentration auch in der Gefäßmuskulatur von hypertensiven Tieren erhöht ist. Wie wir und andere gezeigt haben, bewirkt die Einnahme von Calciumantagonisten bei Patienten mit essentieller Hypertonie eine rasche Senkung der intrazellulären freien Calciumkonzentration in Thrombozyten. Die Ursache der erhöhten intrazellulären freien Calciumkonzentration bei Patienten mit essentieller Hypertonie ist ungeklärt. Einige kürzlich publizierte Studien zeigen jedoch, daß eine Erhöhung der Kochsalzaufnahme zu einem Anstieg der intrazellulären freien Calciumkonzentration in Lymphozyten führen kann. Diese Untersuchungen wurden sowohl an Tiermodellen der essentiellen Hypertonie als auch an Patienten selbst durchgeführt. Es ist bislang zwar noch nicht gezeigt worden, daß Calciumantagonisten bei diesen Patienten eine gesteigerte blutdrucksenkende Wirkung hervorrufen, die Befunde zeigen jedoch eine *Verbindung zwischen Kochsalzaufnahme, intrazellulärer freier Calciumkonzentration und Blutdruckregulation.* Sie unterstützen damit die eingangs formulierte Hypothese von de Wardener und Blaustein.

Die Arbeitsgruppe von L. Resnick hat sich in verschiedenen Arbeiten mit dem Zusammenhang von Calciummetabolismus und Renin-Angiotensin-Aldosteron-System beschäftigt. Sie konnten nachweisen, daß bei hypertensiven Patienten mit niedriger Plasma-Reninaktivität ebenfalls die Serumkonzentration an ionisiertem Calcium erniedrigt war. Sie stellten darüber hinaus eine negative Korrelation zwischen dieser erniedrigten ionisierten Plasma-Calciumkonzentration und der intrazellulären Calciumkonzentration bei diesen Patienten fest. Gleichzeitig wurde bei diesen Patienten eine gesteigerte antihypertensive Wirkung von Calciumantagonisten beobachtet. Dieser Zusammenhang zwischen niedriger Plasma-Reninaktivität, sog. Low-Renin-Hypertension, ist auch von anderen Untersuchern bestätigt worden. Da eine verstärkte diätetische Aufnahme von Kochsalz ebenfalls zu einer

Abnahme der Plasma-Reninaktivität führt, könnte somit auch über die von Resnick et al. postulierte Beziehung die verstärkte Wirkung von Calciumantagonisten unter kochsalzreicher Nahrung erklärt werden.

Es scheint somit, daß die verstärkte therapeutische Wirkung von Calciumantagonisten unter kochsalzreicher Diät nicht nur für ihren therapeutischen Einsatz von Bedeutung sind, sondern darüber hinaus wesentlich zu unserem Verständnis des Zusammenhangs von Natriumchlorid, intrazellulärer Calciumregulation und Hypertonie beitragen.

Zusammenfassung

Calciumantagonisten sind potente antihypertensiv wirkende Substanzen, welche durch die Hemmung des Calciumeinstroms zur Relaxation des bei der Hypertonie gesteigerten Tonus der glatten Muskelzellen führen. Es hat sich nun gezeigt, daß zwischen der Kochsalzaufnahme und der antihypertensiven Wirkung von Calciumantagonisten ein enger Zusammenhang besteht. Calciumantagonisten zeigen eine gesteigerte antihypertensive Wirkung bei einer hohen oralen Kochsalzaufnahme. Dies trifft sowohl für die akute als auch für die chronische antihypertensive Wirkung der Calciumantagonisten zu. Bei der Frage nach den Ursachen dieses Zusammenhangs werden drei Hypothesen diskutiert:

1. Kochsalz führt über verschiedene zelluläre Mechanismen zu einer Erhöhung der intrazellulären Calciumkonzentration und damit zu einer gesteigerten Wirkung der Calciumantagonisten auf die Zelle,
2. Kochsalz beeinflußt die Regulation der Bindungsstellen für Calciumantagonisten an der Zelloberfläche, und
3. die natriuretische Wirkung der Calciumantagonisten.

Letzteres Phänomen ist seit Ende der 60er Jahre bereits bekannt. Calciumantagonisten können über eine direkte tubuläre Wirkung die Ausscheidung von Kochsalz erhöhen. Dieser natriuretische Effekt der Calciumantagonisten ist deutlich geringer als der von Diuretika, er könnte jedoch zu der antihypertensiven Wirkung dieser Antihypertensiva unter erhöhter Kochsalzzufuhr beitragen.

Literatur

1. Beard TC, Cooke HM, Gray WR, Wild P. Verapamil, low-sodium regimens, and blood pressure. Lancet 1986; 2: 1164.
2. Bellemann P, Ferry D, Luebbecke F, Glossmann H. 3H-nimodipine and 3H-nitrendipine as tools to directly identify the sites of action of 1,4-dihydropyridine calcium antagonists in guinea pig tissues. Arzneimittelforsch 1982; 32: 361–3.
3. Capuccio FP, Markandu ND, Mac Gregor GA. Calcium antagonists and sodium balance: effect of changes in sodium intake and of the addition of a thiazidediuretic on

the blood pressurew lowering effect of nifedipine. J Cardiovasc Pharmacol 1987; 10 (suppl 10): S57–60.

4. Corea L, Bentivoglio M, Verdecchia P, Provvidenza M. Calciumantagonists and diuretics in arterial hypertension: a useful combination. IN: Calcium antagonists and the treatment of hypertension. London: The Royal Society of Medicin, 1984: 23–9.
5. DiBona GG, Sawin LL. Renal tubular site of action of felodipine. J Pharmacol Exp Ther 1984; 223: 420–4.
6. Garthoff B, Bellemann P. Effects of salt loading and nitrendipine on dihydropyridine receptors in hypertensive rats. J Cardiovasc Pharmacol 1987; 10 (suppl 10): S36–8.
7. Guyton AC. Arterial pressure and hypertension. Circulatory physiology II. Philadelphia, London, Toronto: W.B. Saunders Co., 1980.
8. Kingswood JC, Thompson FD. Sodium, blood pressure and calcium antagonists. Lancet 1986; 1: 1102.
9. Klütsch K, Schmidt P, Großwendt K. Der Einfluß von BAY a 1040 auf die Nierenfunktion des Hypertonikers. Arzneimittelforsch 1972; 22: 377.
10. Krusell LR, Jespersen LT, Schmitz A, Thomsen K. Lederballe Pedersen O. Repetitive natriuresis and blood pressure. Long-term calcium entry blockade with iradipine. hypertension 1987; 10: 577–81.
11. Kuczera M, Schneider B, Mann JFE, Ritz E. Influence of vitamin D on vascular reactivity in the rat. 7th Workshop on Vitamin D, April 24–29, 1988, Palm Springs (Abstract).
12. Leonetti G, Sala C, Bianchini C. Antihypertensive and renal effects of orally administered verapamil. Eur J Clin Pharmacol 1980; 18: 375.
13. Leonetti G, Rupoli L, Sangiorgio P, et al. Effects of different sodium intakes on the antihypertensive and renal effects of single oral doses of nifedipine in hypertensive patients. J Cardiovasc Pharmacol 1987; 10 (supp 10): S138–9.
14. Loutzenhiser R, Horton C, Epstein M. Effects of diltiazem and manganese renal hemodynamics: studies in the isolated perfused rat kidney. Nephron 1985; 39: 382–8.
15. Luft FC, Aronoff G, Sloan R, Fineberg N, Weinberger M. Calcium channel blockade with nitrendipine. Hypertension 1985; 7: 438.
16. Luque-Otero M, Fernandez-Pinilla C, Catalan P, Martell-Claros N, Fernandez-Cruz A, Maartinez-Gomez ME. Acute antihypertensive effect of nifedipine on high and low salt diet. J Cardiovasc Pharmacol 1987; 10 (suppl 10): S147–8.
17. MacGregor GA, Pevahouse JB, Cappuccio FP, Markandu ND. Nifedipine, diuretics and sodium balance. J Hypertens 1987; 5 (suppl 4): S127–31.
18. MacGregor GA, Pevahouse JB, Cappuccio FP, Markandu ND. Nifedipine, sodium intake, diuretics and sodium balance. Am J Nephrol 1987; 7 (suppl 1): 44–8.
19. Marone C, Luisoli S, Bomio F, Beretta-Picolli C, Bianchetti MG, Weidmann P. Body sodium-blood vlume state, aldosterone ,and cardiovascular responsiveness after calcium entry blockade with nifedipine. Kidney Int 1985; 28: 658–65.
20. Marre M, Misumi J, Raensch KD, Corvol P, Ménard J. Diuretic and natriuretic effects of nifedipine on isolated perfused rat kidneys. J Pharmacol Exp Ther 1982; 223: 263.
21. MassieB, MacCarthy P, Ramanathan KB, et al. Diltiazem and propranolol in midl to moderate essential hypertension as monotherapy or with hydrochlorothiazide. Ann Intern Med 1987; 107: 150–7.
22. McCarron DA, Yung NN, Ugoretz BA, Krutzik S. Disturbances of calcium metabolism in the spontaneously hpertensive rat. Hypertension 1981; 3 (suppl i): I-162-7.
23. Merke J, Hofmann W, Goldschmidt D, Ritz E. Demonstration of 1,25 (OH)vitamin D3 receptors and actions in vascular smooth muscle in vitro. Calcif Tissue Int 1987; 41: 112–4.
24. Miller RJ, Freeman SB. Are dihydropyridine binding sites voltage sensitive calcium channels? Life Sci 1984; 34: 1205–21.

25. Morgan T, Anderson A, Wilson D, Myers J, Murphy J, Nowson C. Paradoxical effect of sodium restriction on blood pressure in people on slow-channel calcium blocking drugs. Lancet 1986; 1: 793.
26. Nicholson JP, Resnick LM, Laragh JH. The antihypertensive effect of verapamil at extremes of dietary sodium intake. Ann INtern Med 1987; 107: 329–34.
27. Poulter N, Thompson AV, Sever PS. A double-blind, placebo-controlled, crossover trial to investigate the additive hypotensive effect of a diuretic (mefruside) to that produced by nifedipine. J Cardiovasc Pharmacol 1987; 10 (suppl 10): S53–5.
28. Resnick LM, Laragh JH, Sealey JE, Alderman MH. Divalent cations in essential hypertension: relations between serum ionized calcium, magnesium, and plasma renin activity. N Engl J Med 1983; 309: 888–91.
29. Resnick LM, Nicholson JP, Laragh JH. Calcium, the renin-aldosterone system, and the hypotensive response to nifedipine. Hypertension 1987; 10: 254–8.
30. Rosenthal J. Antihypertensive effects of nifedipine, mefruside, and a combination of both substances in patients with essential hypertension. In: Kaltenbach M, Neufeld HN, eds. New therapy of ischaemic heart disease and hypertension. Amsterdam: Excerpta Medica, 1982: 175–81.
31. Salvetti A, Bozzo MV, Graziola M, Abdel-Haq B. Acute hemodynamic effect of nifedipine in hypertensives with chronic renal failure: the influence of volume status. J Cardiovasc Pharmacol 1987; 10 (suppl 10): S143–6.
32. Sever PS, Poulter NR. Calcium antagonists and diuretics as combined therapy. J Hypertens 1987; 5 (suppl 4): S123–6.
33. Tsuchiya T, Tsuchida T, Tojo S, Nalto K, Otsuka M. Microauto-radiographic distribution of 14C-diltiazem in the dog kidney after renal arterial injection. Chem Pharm Bull (Tokyo) 1978; 26: 752–6.
34. Waal-Manning HJ, Paulin JM. Sodium supplements, blood pressure and calcium channel blocking drugs. Lancet 1987; 1: 1370.
35. Wright GL, Rankin GO. Concentrations of ionic and total calcium in plasma of four models of hypertension. Am J Physiol 1982; 243: H365–70.
36. Yamaguchi I. Studies in a new 1,5 benzodiazepine derivative. Jpn J Pharmacol 1974; 24: 511.
37. Zanchetti A., Leonetti G. Natriuretic effect of calcium antagonists. J Cardiovasc Pharmacol 1985; 7 (suppl 4): S33–S37.

ACE-Hemmer-Therapie und Natrium-Volumen-Regulation

R.E. Kolloch, Bonn

Dem Renin-Angiotensin-Aldosteron-System kommt bei der Regulation der Natrium-Volumen-Homöostase eine wesentliche Bedeutung zu [12, 13, 16, 23], so daß durch hemmende Einflüsse auf dieses System wesentliche Konsequenzen für die Blutdruckregulation und die Nierenfunktion entstehen [1, 2, 3, 4, 9, 18]. Angiotensin II ist ein wirksamer Konstriktor der glatten Gefäßmuskulatur und stimuliert die Aldosteron-Biosynthese in der Zona glomerulosa der Nebennieren [5, 6, 8]. Darüber hinaus lassen sich Beeinflussungen des Nebennierenmarkes, des sympathischen Nervensystems, der Natriumausscheidung durch die Niere und zentralnervöse Wirkungen auf Blutdruckkontrolle, Durst und Salz-Appetit und die Freisetzung von hypophysären Hormonen nachweisen [7, 11, 24]. Viele dieser Wirkungen stehen in Beziehung zur Blutdruckregulation, sowohl über direkte Gefäßeffekte als auch über die Beeinflussung der Natrium- und Volumen-Homöostase des Organismus (Tabelle 1) [14, 15].

Tabelle 1. Wirkungen von Angiotensin II

- Pressorische Wirkungen
- Stimulation der Aldosteronsekretion
- Sympathikusaktivierung
- Stimulation der ADH-Sekretion
- Stimulation von Durstgefühl und Salz-Appetit
- Intrarenale Effekte

Die Bedeutung von Angiotensin II für die Nierenfunktion läßt sich aus in vitroautoradiographischer Lokalisation von Angiotensin II-Rezeptoren in der normalen Niere der Ratte ableiten (Abb. 1). In der Nierenrinde besteht eine sehr hohe Rezeptorendichte im Bereich der Glomeruli. Eine hohe Rzeptorendichte läßt sich auch im Nierenmark, besonders im Bereich der Vasa recta, dokumentieren. Es ist möglich, daß Angiotensin II-Rezeptoren in diesem Bereich eine wesentliche Rolle für die Regulation des medullären Blutflusses spielen, was wiederum die renale Regulation der Wasser- und Elektrolytausscheidung beeinflussen kann [23, 25, 26, 29, 30].

Die renalen Wirkungen von Angiotensin II erstrecken sich auf das Vas efferens und beeinflussen dadurch insbesondere die glomeruläre Filtration.

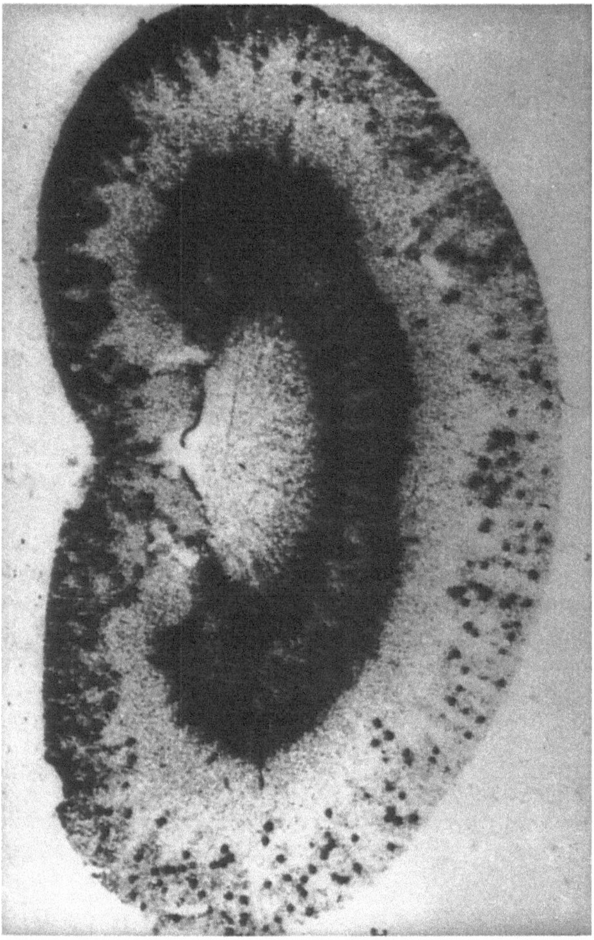

Abb. 1. In vitro autoradiographische Lokalisation von Angiotensin II-Rezeptoren der normalen Rattenniere. In der Nierenrinde findet sich eine sehr hohe Dichte von Rezeptoren im Bereich der Glomeruli. In der inneren Zone des äußeren Markbereiches findest sich eine diffuse Zone vermehrter Rezeptorendichte. Die sehr hohe, longitudinal angeordnete Angiotensin-Rezeptorendichte im Bereich der äußeren Markzone ist mit Bündeln der Vasa recta assoziiert (aus Mendelsohn F.A.O. et al. 1983)

Darüber hinaus läßt sich eine direkte tubuläre Beeinflussung der Natrium-Rückresorption sowie eine Steuerung des tubuloglomerulären Feed-backs durch Angiotensin II nachweisen (Tabelle 2) [22, 26, 26, 33, 34, 35, 38].

Die engen anatomischen Beziehungen zwischen Vas afferens, Glomerulum, Vas efferens, juxtaglomerulärem Apparat und distalem Tubulus deuten bereits auf die enge funktionelle Verknüpfung dieser Strukturen hin (Abb. 2).

Tabelle 2. Renale Wirkung von Angiotensin II

- Vas efferens
- Tubuläre Natrium-Rückresorption
- Tubuloglomerulärer Feed-Back

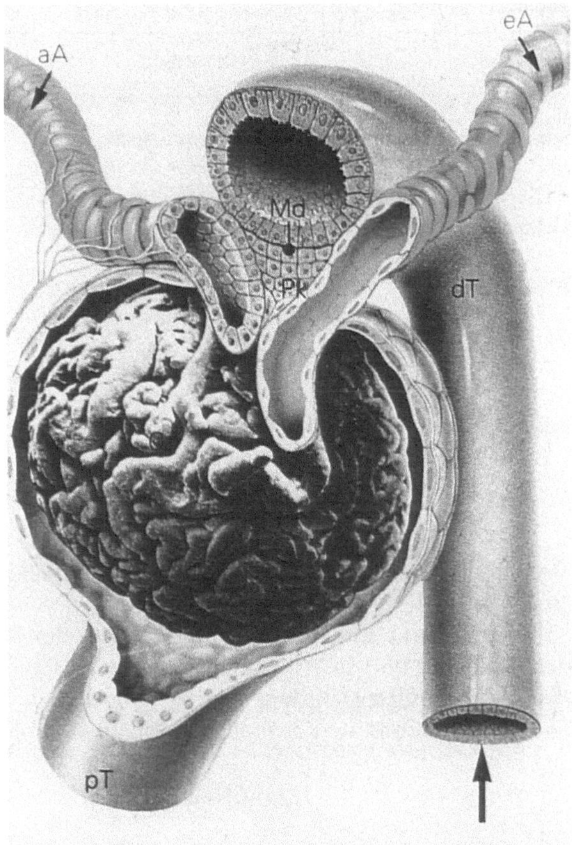

Abb. 2. Synopsis der Lagebeziehung des juxtaglomerulären Apparates Pk = Poolkissen, Md = Macula densa, aA = afferente Arteriole, eA + efferente Arteriole, dT = distaler Tubulusu, pT = proximaler Tubulus, G = Glomerulum

Die Komplexität und pathophysiologische Relevanz der Angiotensin II-Wirkung in der Niere werden durch die Existenz des lokalen intrarenalen Renin-Angiotensin-Systems noch gesteigert. So lassen sich in unterschiedlichen Strukturen der Niere z. T. die vollständigen Komponenten eines funktionierenden Renin-Angiotensin-Systems nachweisen. Neben der Vorstufe Angiotensinogen finden sich die Aktivierungskomponenten Renin und Angiotensin-Converting-Enzym sowie Angiotensin II-Rezeptoren. Die mögliche Funktion dieser lokalen Systeme für spezifische, in der Niere ablaufende Mechanismen, ist nur unvollständig untersucht (Tabelle 3) [33].

Bedingt durch diese komplexen und sich gegenseitig beeinflussenden Mechanismen lassen sich durch die Hemmung des Renin-Angiotensin-Aldosteron-Systems vielfältige Möglichkeiten für die Beeinflussung der Natrium- und Volumen-Regulation aufzeigen. Änderungen im Stimulationsgrad des RAS durch unterschiedliche Kochsalzzufuhr, bzw. Natrium-

Tabelle 3. Hinweise zum Reninmechanismus

Lokalisation	Komponenten	Mögliche Funktion
Blutgefäße (einschließlich Vasa recta)	Renin Angiotensinogen ACE ALL-Rezeptoren	Intrarenael Hämodynamik Natrium-Wasser-Homeostase
Glomerulus	Renin AII-Rezeptoren	Glomeruläre Hämodynamik
Renale Tubuli	Renin (re-absorbiert) Angiotensinogen (synthetisiert) ACE AII-Rzeptoren	Natrium-Reabsorption Tubuloglomerulärer Feedback
Interstitium	Renin Angiotensinogen Angiotensin	?

Volumen-Bilanzen, spielen dabei eine wesentliche modulierende Rolle [15, 19, 31, 37, 39].

Das klassische und vereinfachte Konzept der ACE-Hemmerwirkung auf den Blutdruck und die Natriumausscheidung ist in Abb. 3 dargestellt. Infolge einer verminderten Bildung von zirkulierenden Angiotensin II kommt es über die verminderte Vasokonstriktion zu einer Abnahme des Gefäßwider-

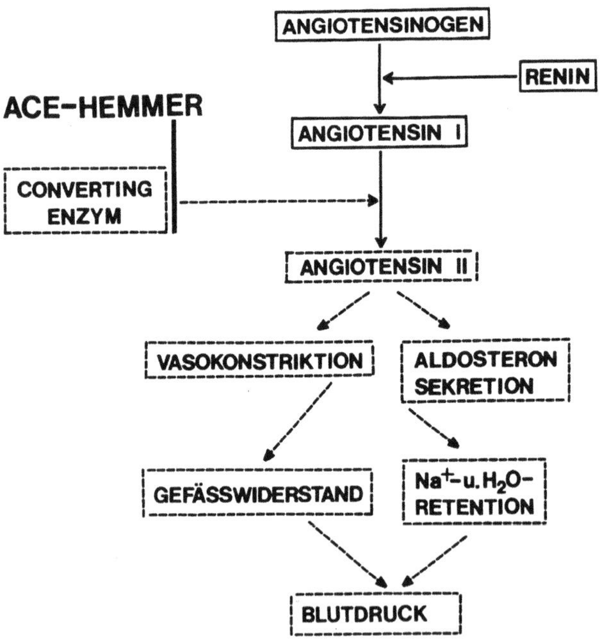

Abb. 3. Angriffspunkt der ACE-Hemmer-Wirkung im Renin-Angiotensin-System mit Auswirkungen auf die Blutdruckregulation

standes mit konsekutiver Blutdrucksenkungen. Ein weiterer wesentlicher Mechanismus verläuft über die verminderte Stimulation der Nebenniere mit geringerer Sekretion von Aldosteron und dadurch bedingter verminderter Natrium- und Wasserretention bzw. Natriurese und Diurese, wodurch die Blutdrucksenkung weiter verstärkt wird [31, 35, 37].

Trotz einer ausgeprägten systemischen Blutdrucksenkung kommt es in der Niere zu einer Zunahme des renalen Plasmaflusses bei deutlicher Reduktion des renalen Gefäßwiderstandes bei unveränderter glomerulärer Filtrationsrate (Abb. 4) [9, 17, 28, 37].

Die deutliche Zunahme der Natrium-Volumenausscheidung infolge einer akuten Angiotensin II-Hemmung trotz Natriumverarmung läßt sich in der

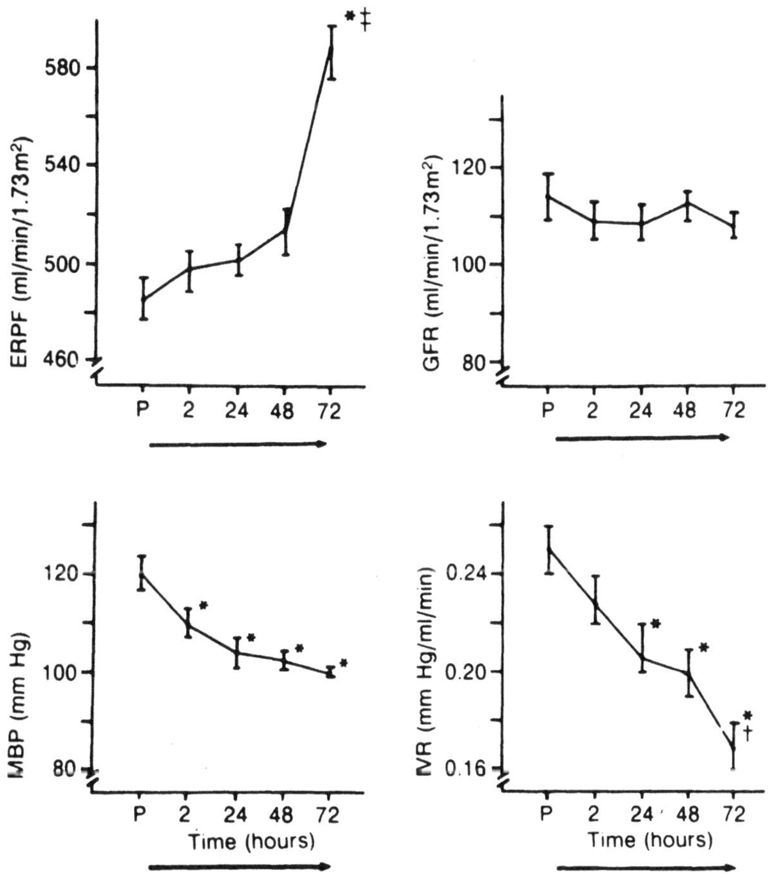

Abb. 4. Effektiver renaler Plasmafluß (ERPF), glomeruläre Filtrationsrate (GFR), mittlerer Blutdruck (MBP), intrarenale vaskuläre Resistance (IVR) nach viertägiger Therapie mit 20 mg Enalapril pro Tag bei essentiellen Hypertonikern. P = Placebo, (Mittelwerte ± SE; * $p < 0{,}05$ verglichen mit Placebo; + $p < 0{,}05$ verglichen mit dem Vorwert; ≠ $p < 0{,}01$ verglichen mit dem Vorwert) (aus Sanchez, R.A. 1985)

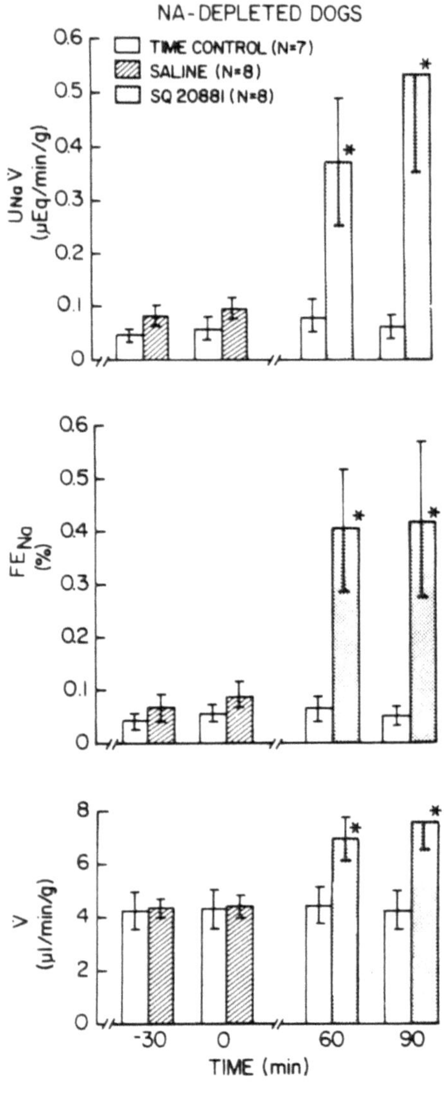

Abb. 5. Änderungen der Natriumausscheidung im Urin ($U_{Na}V$), fraktionale Natriumausscheidung (FE_{Na}) und Urinfluß (V) bei natriumverarmten Hunden während intrarenaler Infusion isotoner Kochsalzlösung (Zeitkontrolle) oder nach Gabe des Converting-Enzym-Inhibitors Captopril SQ-20881). (aus Hall, J.E. 1979)

folgenden Untersuchung erkennen. Abb. 5 zeigt die Ergebnisse von Experimenten, die den Einfluß einer akuten Blockade von Angiotensin II auf die Natriumausscheidung bei Hunden untersucht hat, die eine niedrige Natrium-Aufnahme hatten. In diesen Untersuchungen wurde der ACE-Inhibitor Captopril (SQ 20881) direkt in die Nierenarterie infundiert, um systemische Effekte wie Reduktion der Plama-Aldosteron-Konzentration zu verringern. Auf diese Weise konnten Einflüsse der Aldosteronkonzentraton auf die Natrium- und Volumenausscheidung vermieden werden. Nach

Converting-Enzym-Hemmung nahm die Natriumexkretion um das 5fache zu, und die fraktionelle Natrium-Reabsorption war deutlich vermindert, obwohl keine signifkanten Änderungen der Plasma-Aldosteronkonzentration nachweisbar waren. Da die Natriumausscheidung durch die Angiotension II-Blockade nahezu auf Werte bei normaler Natriumzufuhr gebracht werden konnte, ohne daß Änderungen in der Plasma-Aldosteronkonzentration nachweisbar waren, legen diese Beobachtungen die Vermutung nahe, daß die natriumretinierenden Effekte von Angiotensin II während Natrium-Entzug primär nicht durch die Aldosteronwirkung vermittelt werden [14].

Insgesamt sind über die Wirkung auf Angiotensin II und Aldosteron hinaus weitere Mechanismen für die Zunahme der renalen Natriumausscheidung nach ACE-Inhibition diskutiert worden (Tabelle 4).

Tabelle 4. Mechanismen der verstärkten renalen Natrium-Exkretion durch ACE-Hemmung

– Angiotensin II ↓	– Prostaglandine ↑
– Aldosteron ↓	– Sympathikotonus ↓
– Kalium ↑	– Hyperinsulinismus (?) ↓
– Kinine ↑	– Gegenregulation ↓

Die kaliumsparenden Effekte, die Potenzierung von Kininen und Prostaglandinen durch Hemmung der Kininase II, hemmende Einflüsse auf die Aktivität des sympathischen Nervensystems mit gering ausgeprägten gegenregulatorischen Mechanismen als Folge einer Blutdrucksenkung sowie eine Besserung eines möglicherweise bestehenden Hyperinsulinismus sind als weitere Angriffspunkte für die Zunahme der renalen Natrium-Exkretion nach ACE-Hemmung denkbar [10, 36, 37, 40, 41].

Insbesondere der gegenregulatorischen Stimulation des Renin-Angiotensin-Systems sowie der Erhöhung der sympathischen Aktivität kommt bei der Abschwächung einer natriuretischen Wirkung oder auch bei der Induktion einer Natrium- und wasser-Retention als Folge einer durch Vasodilatation bedingten Blutdrucksenkung eine wesentliche Bedeutung zu. Beim Einsatz der direkten Vasodilatoren Dihydralazin oder Minoxidil ist durch die ausgeprägte reflektorische Stimulation des Renein-Angiotensin-Aldosteron-Systems und des sympathischen Nervensystems eine übermäßige Natrium- und Wasser-Retention nachgewiesen worden, so daß über diesen Mechanismus die blutdrucksenkende Wirkung bei der Langzeittherapie nachläßt [35].

Im Ggensatz dazu läßt sich durch den Einsatz eines ACE-Hemmers eine negative Natrium- und Volumen-Bilanz induzieren, die sich über eine kumulative Zunahme der Natriumexkretion sowie eine Verminderung des austauschbaren Gesamtkörper-Natriums bei chronischer Therapie nachweisen läßt [37] (Abb. 6 und 7).

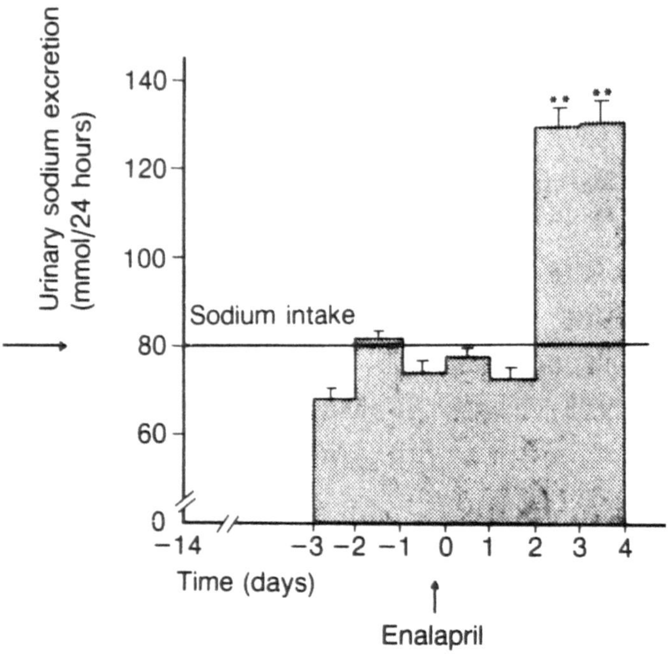

Abb. 6. Zunahme der Natriumausscheidung im Urin während einer dreitägigen Placeboperiode und während viertägiger Behandlung mit 20 mg Enalapril bei essentiellen Hypertonikern (Mittelwerte + SEM; ** $p < 0{,}01$ verglichen mit Placebo) aus Sanchez, R.R. 1985)

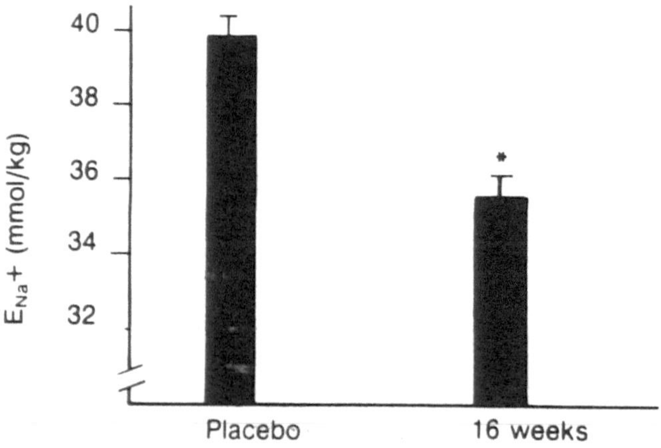

Abb. 7. Austauschbares Natrium (E_{Na+}) während Placebo und nach 16wöchiger Behandlung mit dem ACE-Hemmer Enalapril (Mittelwerte ± SEM; * $p < 0{,}001$) (aus Sanchez, R.A. 1985)

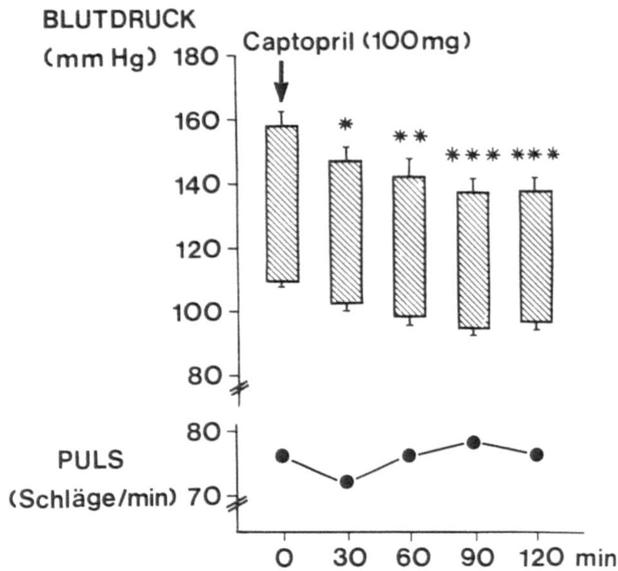

Abb. 8. Fehlende reflektorische Herzfrequenzzunahme trotz akuter Drucksenkung durch einmalige Gabe von 100 mg Captopril bei essentiellen Hypertonikern als Ausdruck der hemmenden Einflüsse der ACE-Inhibitoren auf das sympathische Nervensystem. (Mittelwerte ± SEM; * $p < 0{,}05$, ** $p < p < 0{,}01$, *** $p < 0{,}001$) (aus Stumpe et al. 1982)

Die fehlende Sympathikusaktivierung nach akuter Blutdrucksenkung durch Captopril läßt sich indirekt aus dem fehlenden Herzfrequenz-Anstieg trotz akuter Blutdrucksenkung ableiten (Abb. 8). Die Mechanismen, über die Angiotensin II die sympathische Nervenfunktion beeinflußt, sind schematisch in Abb. 9 dargestellt. Angiotensin II potenziert die durch den Sympathikus vermittelte Kontraktion an der glatten Muskelzelle [27]. Darüber hinaus wird die Freisetzung von Noradrenalin an der sympathischen Nervenendigung erleichtert, die Wiederaufnahme von Noradrenalin wird inhibiert und die Neusynthese von Noradrenalin in sympathischen Strukturen durch Aktivierung der Hydroxylierung von Tyrosin stimuliert. Im Netto-Effekt lassen alle diese Mechanismen auf eine Erhöhung des Sympathikotonus bei gleicher Impulsrate der sympathischen Nervenendigungen schließen. Umgekehrt wird durch Verminderung der zirkulierenden und lokalen Angiotensin II-Konzentrationen eine Hemmung der sympathischen Nervenaktivität mit verminderter Stimulation des Erfolgsorgans nachweisbar sein [36, 40, 41].

Neben diesen klassischen Mechanismen der Beeinflussung der renalen Natriumexkretion durch ACE-Hemmung ist in der letzten Zeit vermehrt auf die Bedeutung eines Hyperinsulinismus bei der Entstehung der Hypertonie und der renalen Regulation der Natriumexkretion hingewiesen worden [10]. Neuere Daten weisen darauf hin, daß unter dem Einfluß einer Converting-Enzym-Hemmung das Ausmaß eines Hyperinsulinismus reduziert werden kann. Das könnte möglicherweise zu einer Aufrechterhaltung oder Verstärkung der renalen Natriumexkretion unter dem Einfluß einer Converting-Enzym-Hemmung beitragen. Inwieweit derartige Zusammenhänge unter

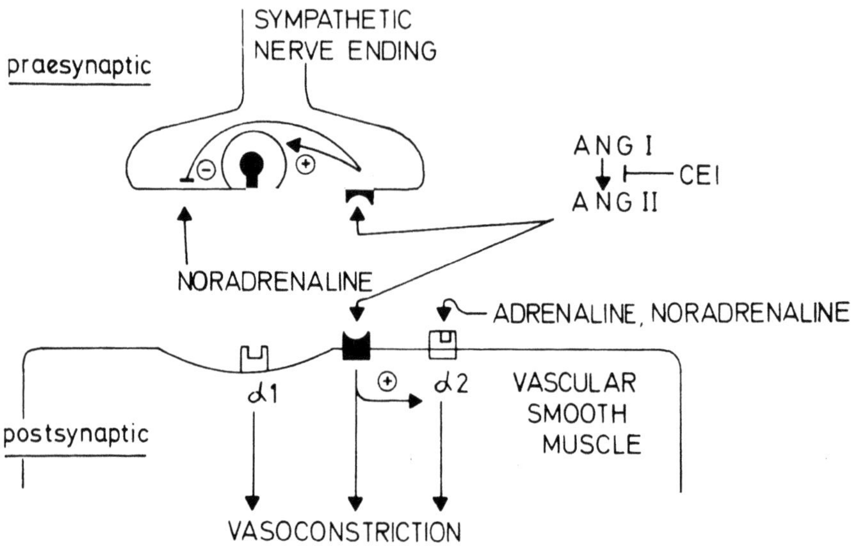

Abb. 9. Beeinflussung der sympathischen Nervenfunktion durch Angiotensin II im Bereich der präsynaptischen sympathischen Nervenendigung sowie an der postsynaptischen Effektorzelle. (ANG = Angiotensin, CEI = Converting-Enzym-Inhibition, − = hemmende Einflüsse, + = stimulierende Einflüsse

praktisch-klinischen Bedingungen eine Rolle spielen, ist zum gegenwärtigen Zeitpunkt weitgehend ungeklärt [10].

Die Abhängigkeit der ACE-Hemmer-Wirkung vom Stimulationsgrad des Renin-Angiotensin-Aldosteron-Systems in Bezug auf die kumulative Natriumausscheidung ist in Abb. 10 dargestellt. Bei Patienten mit supprimiertem Renin läßt sich im Gegensatz zu Patienten mit normalem oder erhöhtem Renin nur eine geringe Zunahme der kumulativen Natriumausscheidung nach Hemmung des Converting-Enzyms mit Captopril nachweisen. Das gilt in gleicher bzw. noch verstärkter Weise auch für die Beeinflussung der Kalium-Bilanz, so daß insbesondere bei stimuliertem Renin-Angiotensin-System mit einem ausgeprägten kaliumsparenden Effekt als Folge der Converting-Enzym-Hemmung gerechnet werden kann. Dieser kaliumsparende Effekt hat möglicherweise nicht nur Einfluß auf das Blutdruckverhalten, sondern auch auf die renale Natriumausscheidung [1].

Die Beziehungen zwischen arteriellen Blutdruck und Natriumausscheidung unter experimentellen Bedingungen beim Hund sind in Abhängigkeit von der Converting-Enzym-Hemmung mit Captopril oder von infundiertem Angiotensin II in Abb. 11 dargestellt. Die Natriumaufnahme wurde sukzessive von 5 auf 500 mmol/Tag gesteigert und auf jeder Stufe für ca. 8 Tage beibehalten, bis eine ausgeglichene Bilanz zwischen Natriumaufnahme und -ausscheidung erreicht worden war. Bei normalen Tieren mit einem intakten

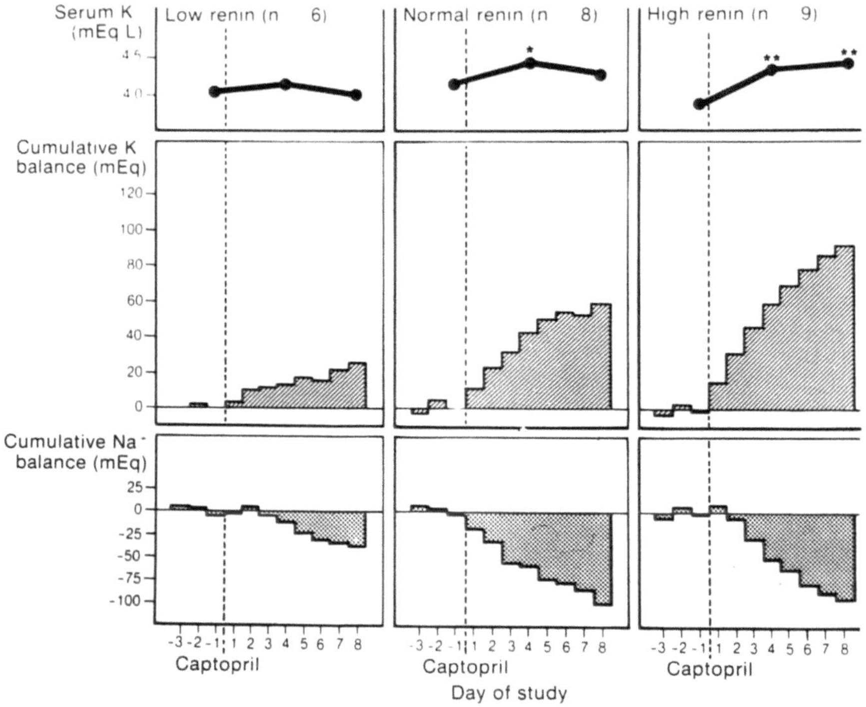

Abb. 10. Mittlere kumulative Kalium- und Natrium-Bilanz sowie mittlere Änderungen der Serum-Kaliumkonzentration während einer Behandlung mit Captopril bei essentiellen Hypertonikern mit niedrigem, normalem und hohem Renin. (Mittelwerte, * $p < 0{,}05$, ** $p < 0{,}005$). Die kumulative Kalium-Bilanz war bei den Hoch-Renin-Patienten im Vergleich zu der Niedrig-Renin-Gruppe während der gesamten Beobachttungsperiode deutlich höher. (aus Atlas et al. 1979)

Renin-Angiotensin-System wurde eine ausgeglichene Natrium-Bilanz mit nur geringen Änderungen (5–10 mm Hg) des arteriellen Blutdruckes über die Gesamtbreite der Natriumaufnahme erreicht, was auf einen sehr wirkungsvollen Mechanismus der Pressor-Natriurese hinweist. Wenn jedoch Angiotensin II in sehr niedriger Dosis (5 ng/kg/min.) infundiert wurde, so daß die zirkulierenden Angiotensin II-Spiegel nicht supprimiert werden konnten, waren wesentlich höhere Anstiege des arteriellen Blutdruckes (40–50 mm Hg) erforderlich, um eine ausgeglichene Natrium-Bilanz aufrechtzuerhalten, wenn die Kochsalzaufnahme erhöht wurde. Nach einer Blockade der Angiotensin II-Bildung durch den Converting-Enzym-Inhibitor Captopril war die renale exkretorische Kapazität deutlich gesteigert, da eine ausgeglichene Natrium-Bilanz auf einem wesentlich niedrigeren Druckniveau, als normalerweise erforderlich, erreicht werden konnte. Auf diese Weise wird

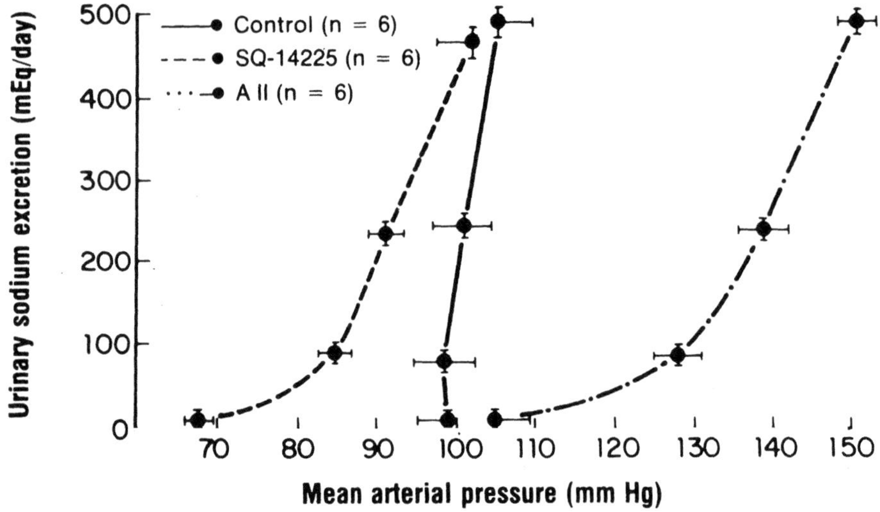

Abb. 11. Steady-State-Beziehung zwischen mittleren arteriellem Druck und Natriumausscheidung im Urin bei Hunden unter Kontrollbedingung und nach Infusion von Captopril (SQ 14, 225) oder Angiotensin II. Die Natriumzufuhr wurde schrittweise in 7- bis 8-Tage-Perioden von 5 auf 500 mmol/Tag erhöht (Mittelwerte ± SEM) (aus Hall et al. 1980)

deutlich, daß Änderungen in der Aktivität des Renin-Angiotensin-Systems einen ausgeprägten Einfluß auf die renalen Pressor-abhängigen natriuretischen Mechanismen haben und daß dieser Wirkungsmechanismus auch eine wesentliche Rolle bei der langfristigen Blutdruckkontrolle spielt [14, 15].

Für die Anwendung der Converting-Enzym-Hemmer im klinischen Alltag gilt somit, daß bei exzessiver Stimulation des Renin-Angiotensin-Systems mit einer wesentlichen Verstärkung der Wirkung gerechnet werden muß [17, 20]. Ein Beispiel ist in Abb. 12 illustriert. Bei einer Patientin mit therapierefraktärer Hypertonie infolge einer einseitigen Nierenarterienstenose mit exzessiver Stimulation des Renin-Angiotensin-Systems ließ sich bei akuter Anwendung eines Converting-Enzym-Hemmers in niedriger Dosis eine rasche Blutdrucknormalisierung trotz zuvor therapierefraktärer Blutdruckwerte erreichen. Eine starke Stimulation des Renin-Angiotensin-Systems ist allerdings in der klinischen Praxis eine Ausnahme, so daß ausgeprägte Blutdruckabfälle bei Einleitung einer Therapie lediglich in Situationen, wie extreme Kochsalzrestriktion, erhebliche Natrium-Volumen-Verluste durch aggressive diuretische Therapie, oder infolge intestinaler oder perspiratorischer Natriumverluste beobachten lassen [32]. Für die Praxis läßt sich jedoch die Möglichkeit ausnutzen, durch vorherige Natriumrestriktion mittels diätetischer Maßnahmen oder milder Natriumverarmung durch eine diuretische Therapie die Wirksamkeit einer ACE-Hemmer-Behandlung zu stei-

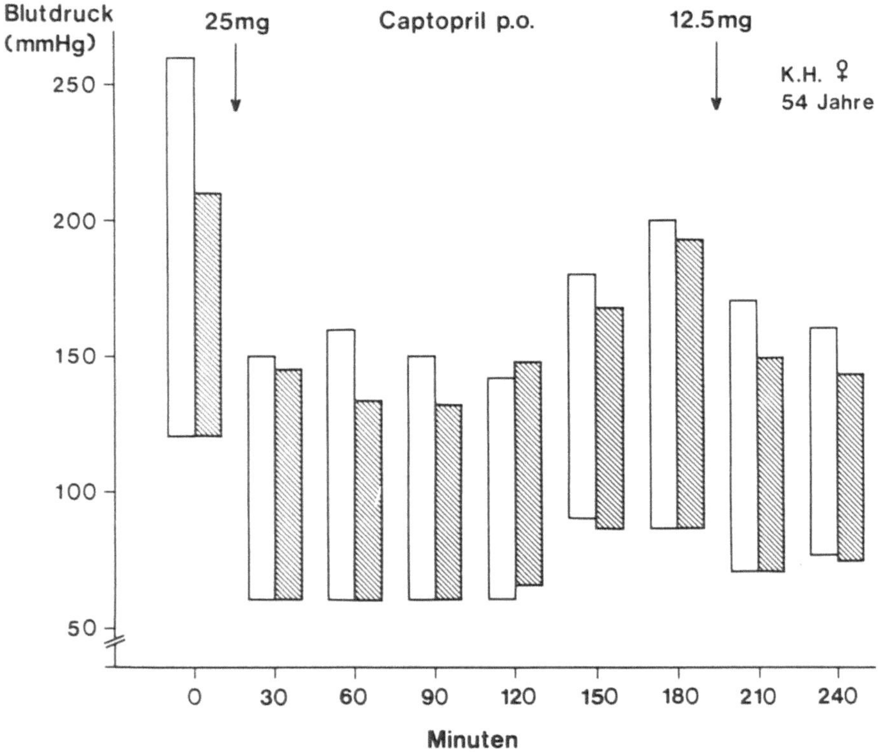

Abb. 12. Starke Drucksenkung durch akute Converting-Enzym-Hemmung mit Captopril bei therapierefraktärer Hypertonie infolge einseitiger Nierenarterienstenose und stark stimuliertem Renin-Angiotensin-System.

gern (Abb. 13). Im Zusammenhang mit einer zu starken Kochsalzrestriktion lassen sich auch unerwünschte Nebenwirkungen mit kollaptischem Blutdruckabfall nach Einleitung einer ACE-Hemmer-Therapie dokumentieren [32] (Abb. 14). Die Aufhebung der übersteigerten Wirkung ist durch die intravenöse Gabe von physiologischer Kochsalzlösung möglich. Umgekehrt kann eine vermehrte diätetische NaCl-Zufuhr oder die Natriumretention unter dem Einfluß von Substanzen wie nicht-steroidalen Antiphlogistika zu einer Suppression des Renin-Angiotensin-Systems beitragen und dadurch die Wirksamkeit einer ACE-Hemmer-Therapie abschwächen oder sogar vollständig aufheben.

Änderungen der Natrium-Volumen-Bilanz spielen somit für die Ansprechquote, die absolute Wirksamkeit, jedoch auch für die therapeutische Sicherheit und das Nebenwirkungsprofil beim Einsatz der ACE-Inhibitoren eine wesentliche Rolle. Eine Kenntnis dieser grundlegenden Zusammenhänge ist erforderlich, um bei optimierter therapeutischer Sicherheit das volle

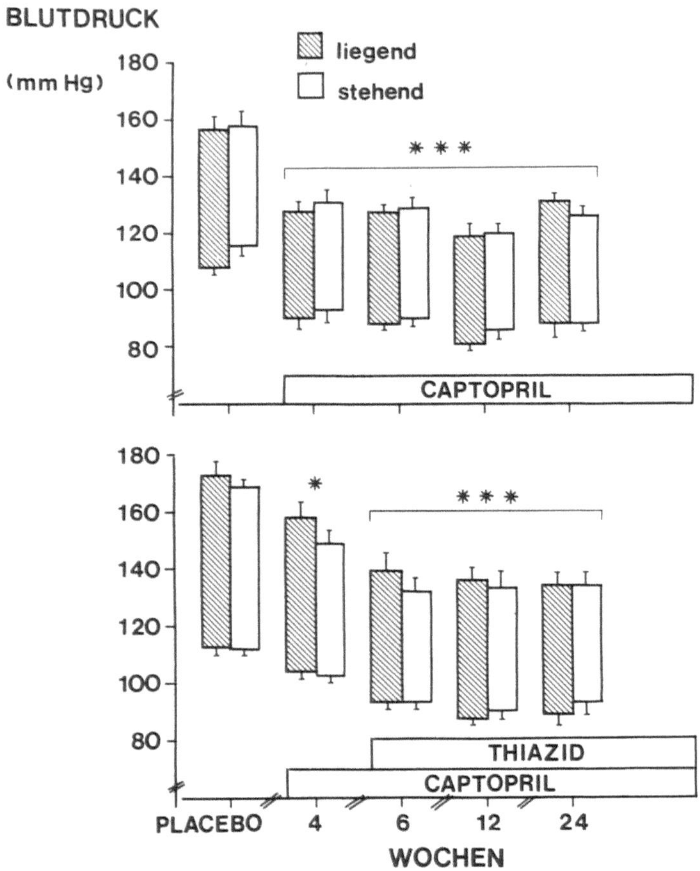

Abb. 13. Verstärkte blutdrucksenkende Wirkung des ACE-Hemmers Captopril bei zusätzlicher Gabe eines Thiazid-Diuretikums (Mittelwerte ± SEM, * $p < 0{,}05$, *** $p < 0{,}001$) (aus Stumpe et al. 1982)

Wirkungspotential einer ACE-Hemmer-Therapie zur Anwendung zu bringen.

Zusammenfassung

Dem Renin-Aldosteron-System kommt bei der Regulation der Natrium- und Volumenhomöostase eine wesentliche Bedeutung zu. Neben direkten intrarenalen Einflüssen von Angiotensin II ist eine Modulation des Natriumvolumenstatus durch die Beeinflussung weiterer Faktoren wie Aldosteron- und ADH-Sekretion, Aktivität des sympathischen Nervensystems sowie des Durstgefühls möglich.

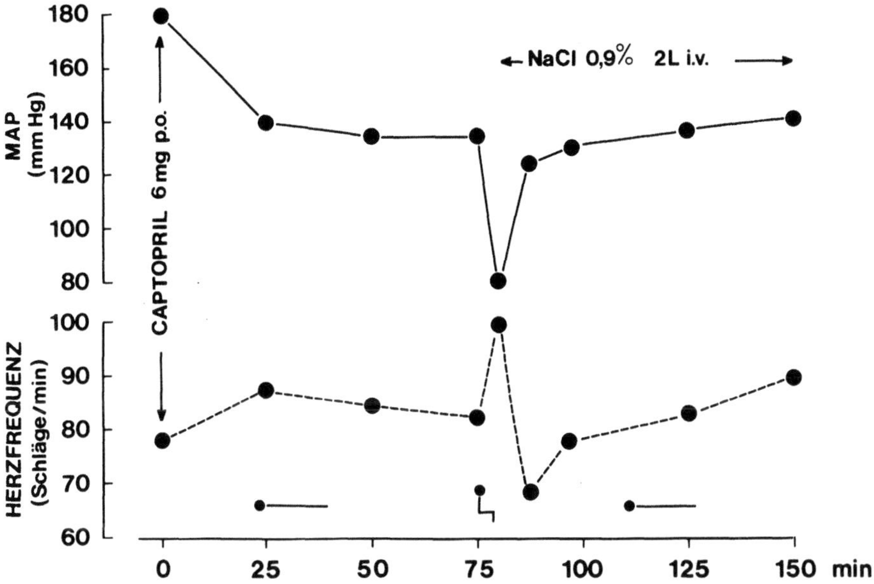

Abb. 14. Orthostatische Hypotonie nach Captopril Erstdosis bei einem Patienten mit Kochsalzrestriktion. Normalisierung des Blutdruckes nach intravenöser Gabe von 2 l physiologische Kochsalzlösung mit Aufhebung der blutdrucksenkenden Wirkung des ACE-Hemmers

Die Zunahme der Natriumexkretion nach einer ACE-Hemmer-Therapie ist somit Folge eines hemmenden Eingriffs in die komplexen Regulationsvorgänge, die direkt und indirekt durch Angiotensin II vermittelt werden.

Die hämodynamischen und renalen Konsequenzen einer Behandlung mit ACE-Inhibitoren sind sehr wesentlich vom Stimulationsgrad des Renin-Angiotensin-Aldosteron-Systems zu Beginn einer Behandlung abhängig. So läßt sich durch Aktivierung des Systems mittels Kochsalzrestriktion oder diuretische Vorbehandlung eine wesentliche Wirkungssteigerung der ACE-Hemmer erreichen, die in Extremsituationen bis zum unerwünschten starken Blutdruckabfall und Beeinträchtigung der Nierenfunktion gehen kann. Andererseits kann durch vermehrte Kochsalzzufuhr oder Natriumretention infolge der Einwirkung von Substanzen wie nicht-steroidale Antiphlogistika eine Suppression des Renin-Systems eintreten, die zu einer Abschwächung oder sogar zum vollständigen Wirkungsverlust der ACE-Hemmer-Therapie beitragen kann.

Aus diesen Zusammenhängen lassen sich wesentliche praktische Konsequenzen für den Einsatz der ACE-Inhibitoren ableiten.

Literatur

1. Atlas SA, Case DB, Sealey JE, Laragh JH, McKinstry DN: Interruption of the renin-angiotensin system in hypertensive patients by Captopril induces sustained reduction in aldosterone secretion, potassium retention and natriuresis. Hypertension 1, 274–80, 1979
2. Bauer JH, Reams GP: Hemodynamic and renal function in essential hypertension during treatment with Enalapril. Am J Med 79 (suppl 3C), 10–13, 1985
3. Brunner HR, Waeber B, Nussberger J: Angiotension converting enzyme inhibition and the normal kidney. Kidney Int 31 (Suppl 20), S104–S107, 1987
4. Brunner HR, Waeber B, and Nussberger J: Renal effects of conventing enzyme inhibition. J Cardiovasc Pharmacol 9 (Suppl 3), S6–S14, 1987
5. Bohr DF: Angiotensin on vascular smooth muscle. In: Angiotensin edited by Page IH, Bumpus FM. Berlin Springer Verlag S424–440, 1974
6. Bunag RD: Circulatory effects of angiotensin. In: Angiotensin edited by Page IH, McCubbin JW. Berlin Springer-Verlag S441–454, 1974
7. Coghlan JP, Considine PJ, Danton DA, Fei DTW, Lekki LG, MeKinley MJ, Muller AF, Tarjan E, Weisinger RS, Bradshaw RA: Sodium appetite in sheep induced by cerebral ventricular infusion of angiotensin: comparison with sodium deficiency. Science 214, 195–197, 1981
8. Davis JO: The renin angiotensin system in the control of aldosterone secretion. In Angiotensin edited by Page IH, Bumpus FM. Berlin Springer Verlag S322–326, 1974
9. de Leeuw D, Navis GI, Donker AJM, de Jong PE: The angiotensin converting enzyme inhibitor Enalapril and the effects on renal function. J Hypertension 1, 93–97, 1983
10. Ferrari P, und Weidmann P: Insulin, insulin sensitivity and hypertension. J Hypertension 8, 491–500, 1990
11. Fitzsimmons JT: Angiotensin stimulation of the central nervous system. Rew Physiol Biochem Pharmacol 87, 117–167, 1980
12. Freeman RH, Davis JO, Vitale SJ, Johnson JA: Intrarenal role of angiotensin II. Circ Res 32, 692–698, 1973
13. Hall JE: Regulation of glomerular filtration rate and sodium excretion by angiotensin II. Fed Proc 45, 1431–1437, 1986
14. Hall JE, Coleman TG, Guyton AC, Balfe JW, Salgado HC: Intrarenal role of angiotensin II and (des-Asp) angiotensin II. Am J Physiol 236, F252–F259, 1979
15. Hall JE, Guyton AC, Smith MJ Jr, Coleman TG: Blood pressure and renal function during chronic changes in sodium intake: role of angiotensin. Am J Physiol 239, F271–F280, 1980
16. Hall JE, Mizelle HL, Woods LL: The renin-angiotensin system and long-term regulation of arterial pressure. J Hypertension 4, 387–397, 1986
17. Hollenberg NK: Renal hemodynamics in essential and renovascular hypertension. Influence of Captopril. Am J Med 76, 22–28, 1984
18. Hollenberg NK: Angiotensin-converting enzyme inhibition: renal aspects. J Cardiovasc Pharmacol 7, S40–S44, 1985
19. Hollenberg NK, Meggs LG, Williams GH, Katz J, Garnic JD, Harrington DP: Sodium intake and renal responses to Captopril in normal man and in essential hypertension. Kidney Int 20, 240–245, 1981
20. Hollifield JW, Moore LC, Winn SD, Marshall AM, McCoombs C, Frazer MG, Goncharenko V: Angiotensin converting enzyme inhibition in renovascular hypertension. Cardiovasc Rev Rep 3, 673–676, 1982
21. Hrick DE, Browning PJ, Kopelman R, Goorno WE, Madias NE, Dzau VJ: Captopril-induced functional renal insufficiency in patients with bilateral renal artery stenosis or renal artery stenosis in a solitary kidney. New Engl J Med 308, 373–376, 1983

22. Ichikawa J, Brenner BM: Importance of efferent arteriolar vascular tone in regulation of proximal tubular fluid reabsorption and glomerulo-tubular balance in the rat. J Clin Invest 65, 1192–1201, 1980
23. Johns EJ: Role of angiotensin II and the sympathetic nervous system in the control of renal function. J Hypertension 7, 695–701, 1989
24. Lang RE, Rascher W, Heil J, Unger T, Weidemann G, Ganten D: Angiotensin stimulates oxytocin release. Life Sci 29, 19–22, 1981
25. Levens NR, Peach MJ, Carey RM: Role of the intrarenal renin-angiotensin system in the control of renal function. Circ Res 48, 157–167, 1981
26. Lohmeier TE, Cowley AW Jr, Trippodo NC, Hall JE, Guyton AC: Effects of endogenous angiotensin II on renal sodium excretion and renal hemodynamics. Am J Physiol 233, F388–F395, 1977
27. Malik KU, Nasjletti A: Facilitation of adrenergic transmission by locally generated angiotensin II in rat mesenteric arteries.
Circ Res 38, 26–30, 1976
28. Meggs LG und Hollenberg NK: Converting enzyme inhibition and the kidney. Hypertension 2, 551–557, 1980
29. Mendelsohn FAO: Evidence for the local occurrence of angiotensin II in rat kidney and its modulation by dietary intake and converting enzyme blockade. Clin Sci 57, 173–179, 1979
30. Mendelsohn FAO, Aguilera G, Saavedra JM, Quirion R, Catt KJ: Characteristics and regulation of angiotensin II receptors in pituitary, circumventricular organs and kidney. Clin Exp Hypertension A5, 1801, 1983
31. Mimran A, Brunner HR, Turini GA, Waeber B, Brunner DB: Effect of Captopril on renal vascular tone in patients with essential hypertension. Clin Sci 57, 421s–423s, 1979
32. Murphy BF, Whitworth JA, Kincaid-Smith P: Renal insufficiency with combination of converting enzyme inhibitors and diuretics. Brit Med J 288, 844–845, 1984
33. Navar LG, Carmines PK, Huang WC, Mitchell KD: The tubular effects of angiotensin II. Kidney Int 31 (Suppl 20), S81–S88, 1987
34. Olsen ME, Hall JE, Montani JP, Guyton AC, Langford HG, Cornell JE: Mechanism of angiotensin II natriuresis and antinatriuresis. Am J Physiol 249, F299–F307, 1985
35. Peach MJ: Renin-angiotensin system: biochemistry and mechanism of action. Physiol Rev 57, 313–370, 1977
36. Roth RH: Action of angiotensin II on adrenergic enhancement of norepinephrine biosynthesis. Fed Proc 31, 1358–1364, 1972
37. Sanchez RA, Marco E, Gilbert HB, Raffaele P, Brito M, Gimenez M, Moledo LI: Natriuretic effect and changes in renal hemodynamics induced by Enalapril inessential hypertension. Drugs 30 (Suppl 1), 49–58, 1985
38. Shuster VL: Effects of angiotensin on proximal tubular reabsorption. Fed Proc 45, 1444–1447, 1986
39. Simon G, Morioka S, Snyder DK, Cohn JN: Increased renal plasma flow in long-term Enalapril treatment of hypertension. Clin Pharmacol Therapeutics 34, 459–465, 1984
39a. Stumpe K.O., A. Overlack, R. Kolloch, S. Schreyer: Longterm efficacy of angiotensin-converting-enzyme inhibition with captopril in mild-to-moderate essential hypertension, Br. J. Clin. Pharmacol. *14*, 121S–126S (1982)
40. Zimmerman BG: Adrenergic facilitation by angiotensin: does it serve a physiological function? Clin Sci 60, 343–348, 1981
41. Zimmerman BG, Sybertz EJ, Wong PC: Interaction between sympathetic and renin-angiotensin system. J Hypertension 2, 581–587, 1984

Mögliche Nebenwirkungen einer Kochsalzrestriktion beim Gesunden

H.-J. Holtmeier, Hohenheim

Wer heute über die therapeutische Wirkung und Nebenwirkungen einer kochsalzarmen Diät sprechen möchte, muß weit in die Geschichte dieser Behandlungsmethode zurückgreifen, weil sie infolge der Anwendung moderner Medikamente stark in den Hintergrund getreten ist.

Wer eine „essentielle" Hypertonie oder Grenzwerthypertonie hat und auf Kochsalzbeschränkung normoton wird, ist kochsalzempfindlich. Der Begriff der sog. Kochsalzempfindlichkeit stammt aus den anfänglichen Erfahrungen der Hochdruckbehandlung aus den Zeiten vor und nach dem zweiten Weltkrieg (1939–45), als es zur Hochdrucksenkung, außer Kochsalzentzug, noch keine wirksamen Medikamente gab. Martini (1938) hat mit Signifikanz nachgewiesen, daß die sog. kochsalzfreie Diät bei „essentiellem" Hochdruck den Rang eines echten Therapeutikums hat, aber in einigen Fällen versagt (zit. aus Bock, 1965). Bock hatte bei Volhard den Effekt mit Safttagen gemeinsam mit Lebsanft (1942) aufgezeigt und bewiesen, daß sich unter dieser Therapie der Blutdruck noch besser senken ließ, als unter der strengen Diätkost mit einer Kochsalzbeschränkung unter 1g/Tag. Das Entscheidende war die Strenge der Einschränkung von NaCl. Die Kochsalzzufuhr mußte überwiegend unter 1g täglich gesenkt werden, um den Hochdruck überhaupt senken zu können! Volhard war der Meinung, daß dies wirksam nur unter stationärer Aufsicht durchführbar sei. Diese Erfahrungen prägten den Ausdruck der sog. Kochsalzempfindlichkeit des „essentiellen" Hypertonikers. Es gab aber auch maligne, weit fortgeschrittene und schlecht behandelte Hypertoniker, die einen fixierten, nicht mehr zu senkenden Hochdruck besaßen, der später infolge Herz- und Niereninsuffizienz oder Schlaganfall usw. zum Tode führte, Fälle, die es heute nur noch selten unter der modernen medikamentösen Therapie gibt. Wenn sich ein derart hoher Blutdruck nicht mehr unter Kochsalzentzug senken ließ, sprach man von fehlender Kochsalzempfindlichkeit. Natürlich gilt dies auch für leichtere essentielle Hypertonien, die auf Kochsalzentzug nicht ansprechen. Der Gesunde besitzt keinen Gendefekt wie der essentielle Hypertoniker und deshalb auch keine Kochsalzempfindlichkeit. Er kann auf Kochsalzbelastung um 15 g/Tag nicht mit einer „essentiellen" Hypertonie reagieren. Vielleicht besitzt er eine sekundäre bzw. *symptomatische Hypertonie* infolge Streß, Alkoholismus usw. und verwechselt diese mit dem Krankheitsbild der „essentiellen" Hypertonie. Die Beseitigung der Ursachen kann den Hochdruck rasch normalisieren. Sarre hat mit Kampmann, W. und Schmidt G. (1956) gezeigt, daß die Mortalität zwischen einer Gruppe, deren Salzzufuhr unter 1g/Tag lag, verglichen mit einer Gruppe deren Zufuhr um 2–3 g lag, in den ersten Jahren beim strengen NaCl- Entzug günstiger, aber nach 5 Jahren gleich lag. Der Kochsalzentzug alleine brachte am Ende nicht den erhofften Erfolg; ganz anders die moderne medikamentöse Therapie. Sie hat einen, gegenüber der alten Kochsalzära, unglaublich positiven Wandel geschaffen, wie dies die Tabellen 1a und 1b am Rückgang der Sterbefälle von 1963 bis 1987 an Hand des Berichtes des Statistischen Bundesamtes, Wiesbaden, 1991 belegt, wobei die Effekte der 8ten (1968) und 9ten ICD-Revision (1979) zu berücksichtigen wären. Der essentielle Bluthochdruck ist heute, im Vergleich zu einer Zeit vor 40 Jahren, ungleich besser behandelbar geworden, hat damit zu einem großen Teil an Schrecken eingebüßt und hat als mögliche Ursache anderer Nachfolgekrankheiten z.B. der Koronarsklerose (Herzinfarkt) usw. abgenommen.

Tabelle 1 zeigt, daß die Sterbefälle an „ischämischen“ Koronarkrankheiten und am akuten Myokardinfarkt ebenfalls seit Jahren rückläufig sind, dies nicht zuletzt wegen der rückläufigen Gefährlichkeit der „essentiellen“ Hypertonie.

Normverteilung von Elementen

Die diagnostischen und therapeutischen Methoden gehen davon aus, daß es für die Masse der gesunden Menschen für die verschiedenen physiologischen Elemente sog. Normalbereiche gibt, die sich nach Art einer Gauß'schen Verteilungskurve häufen bzw. verteilen. Carl Friedrich Gauß (1777–1855) war Mathematiker und Astronom in Göttingen und stellte die Theorie von der glockenförmigen symmetrischen Kurve für die Normalverteilung auf, die in Abb. 1 dargestellt ist. Sie wird als sog. „Gauß'sche Glocken-Kurve“

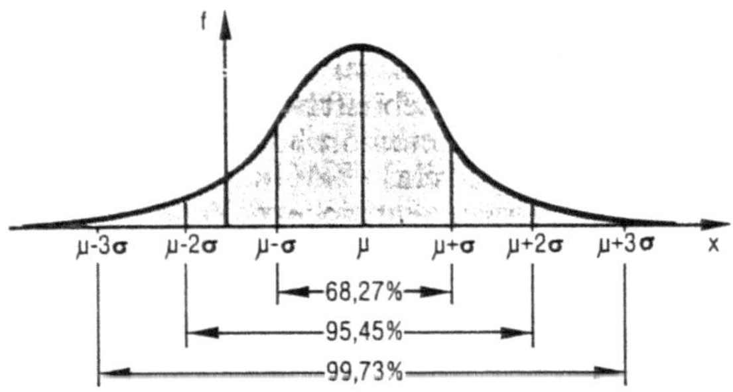

1σ-, 2σ- u. 3σ-Intervalle der Normalverteilung

Abb. 1. Normalverteilung (Gauß) stetige Wahrscheinlichkeitsverteilung. Nomalwerte, Referenzwerte: Richtgrößen zur einfachen Beurteilung von Meßgrößen (z.B. Laborbestimmungen); meist angegeben als Grenzwerte, innerhalb derer sich die Meßwerte einer Kenngröße von 95 % einer möglichst repräsentativen (Alter, Geschlecht etc.) Bevölkerungsgruppe – ohne Erkrankungen, die diese Kenngröße beeinflussen könnten – befinden (Normal- oder Referenzbereich). Aus Lexikon „Roche“ Urban u. Schwarzberg, 2te Auflg., 1987

Tabelle 1. Standardisierte Sterbeziffern für Hypertonie, Ischämische KHK und den akuten Myokardinfarkt von 1963–1989 (Stat. Bundesamt, Wiesbaden, 1991) in der BRD)

	Männer				Frauen		
Jahr	Hypertonie und Hochdruck-krankheiten	Ischämische Herz-krankheiten	Akuter Myokard-Infarkt	Jahr	Hypertonie und Hochdruck-krankheiten	Ischämische Herz-krankheiten	Akuter Myokard-infarkt
	Pos.-Nr. der ICD, 9. Revision*[2]						
	401–405	410–414	410		401–405	410–414	410
	Standardisierte Sterbeziffer[1])				Standardisierte Sterbeziffer[1])		
1963	18,2	171,5	.	1963	40,8	111,2	.
1964	17,9	176,4	.	1964	39,7	110,2	.
1965	18,2	187,3	.	1965	42,1	119,4	.
1966	18,7	188,8	.	1966	41,5	119,9	.
1967	22,3	190,3	.	1967	49,5	121,3	.
1968	19,5	228,5	151,3	1968	43,7	177,6	86,3
1969	18,1	245,2	160,7	1969	40,7	200,1	92,4
1970	17,0	244,6	163,1	1970	38,6	205,8	93,8
1971	17,4	257,6	170,4	1971	39,5	217,3	97,0
1972	17,4	263,2	172,9	1972	37,7	226,9	99,1
1973	16,7	269,0	171,4	1973	36,5	233,1	99,0
1974	16,9	272,0	172,3	1974	37,6	239,7	100,9
1975	17,8	281,1	175,9	1975	37,9	253,2	105,5
1976	16,8	289,4	180,0	1976	37,2	260,9	107,6
1977	15,6	280,5	174,5	1977	33,9	251,1	104,1
1978	16,1	**287,6**	180,6	1978	35,3	**255,4**	108,5
1979	16,9	259,1	181,2	1979	37,5	204,5	111,2
1980	17,0	263,3	185,0	1980	36,6	208,1	113,8
1981	16,9	264,3	182,6	1981	35,3	209,9	113,3
1982	15,1	260,3	177,2	1982	32,4	207,1	111,6
1983	13,9	260,5	174,6	1983	30,2	212,1	111,9
1984	12,1	257,8	168,0	1984	25,8	211,0	108,9
1985	11,7	260,1	168,1	1985	24,9	216,4	109,6
1986	9,9	246,1	161,3	1986	21,6	206,7	107,4
1987	9,9	243,1	156,8	1987	21,3	206,6	106,3
1988	9,4	234,4	147,9	1988	19,1	203,9	102,3
1989	8,5	225,6	143,0	1989	17,7	200,2	101,4

[1]) Bezogen auf den Bevölkerungsaufbau von 1987.

*[2] Bis 1978 wurden die Todesursachen nach der 8. Revision der ICD und *ab 1979 nach der 9. Revision* verschlüsselt. Bestimmte chronische Krankheitszustände, die nach der ICD/8 (bis 1978) innerhalb der ischämischen Herzkrankheiten (Positionsnummern 410–414) signiert wurden, zählen ab 1979 (ICD/9) zu der Gruppe der sonstigen Formen von Herzkrankheiten (Positionsnummern 420–429). Diese Umstellung in der Systematik erklärt zunächst mit die Abnahme der Sterbefälle an ischämischen Herzkrankheiten nach 1978, jedoch nicht die spätere fortlaufende Abnahme.

bezeichnet. 50% der Normalwerte entfallen, vom Pik der Kurve ausgehend, jeweils nach beiden Seiten der abfallenden Schenkel. Dort werden Normalwerte immer seltener. Dieses Verteilungsmuster wird häufig bei der Bewertung von Blutdruckmessungen ungenügend beachtet, denn es gibt keinen starren Oberwert als Normalgrenze. Die Zahlenangaben (68,27%, 95,45% und 99,73%) geben uns die sog. „Vertrauensgrenzen" an, die zu beachten sind. Im Bereich der „Vertrauensgrenze" von 99,73% könnten nur noch 0,27% der betroffenen Patienten einen normalen Blutdruckwert haben. Die Erarbeitung von Normalwerten für den Blutdruck ist das Ergebnis von Messungen an tausenden von Gesunden in verschiedenen Altersklassen nach statistischen Gesichtspunkten. Sie ergibt sich weniger aus der Ableitung von Blutdruckmessungen an Kranken.

Natrium und Chlorid sind „essentielle" Elemente

Mangelzustände können sich in der Regel nur für „essentielle" Elemente ausbilden, die dem Körper von außen zugeführt werden müssen. Natrium und Chlorid sind essentielle Mineralien. Verschiedene Autoren gehen davon aus, daß sich der Mensch bei einer Restriktion der Zufuhr von „Kochsalz" auf 100–250 mg/Tag (oder auf unter 1g/Tag) noch in einem normalen Stoffwechselbereich befindet. Dahl (1960) zitiert, daß Na^{22} Untersuchungen bezüglich der biologischen Halbwertzeit für Natrium beim Menschen gezeigt hätten, daß sich der Natriumumsatz von 2g auf 5g bzw. 10g usw. mehr als verdoppelt. Dies ist jedoch kein Beweis dafür, daß der Natriumumsatz in diesem Bereich nicht als physiologische Größenordnung notwendig wäre. Der erwachsene ca. 175 cm große Mensch verfügt über eine labile extrazelluäre Flüssigkeitsmenge von ca. 2,5 kg, die sowohl für Vorgänge des Stoffaustausches als auch als Reserve gegen Flüssigkeitsverluste usw. zur Verfügung steht. Dabei ist stets ca. 140 mval Natrium und ca. 100 mval Chlorid an 1 Liter Flüssigkeit gebunden.

Effekte auf Aldosteron

Soweit es die Nahrungszufuhr an Natrium und Chlorid angeht (beide kommen in der Regel in unterschiedlichen Mengen in Nahrungsmitteln vor), scheint der Überlebensbereich bei einer Zufuhr von 100–250 mg NaCl täglich (Dahl 1960) zu liegen. Hier dürfte man sich dem 99,7% Zustand der Gauß'schen Glockenkurve in Abb. 1 nähern. Ohne Verwendung von gestreutem Kochsalz liegt die Eigenzufuhr an NaCl der Nahrungsmittel bei ca. 4–5 g/Tag. Die Durchführung einer „streng kochsalzarmen Diät" unter 1g/ NaCl/Tag ist für Kranke schwer zu bewerkstelligen (Holtmeier, 1960). Auf die derzeit übliche Kochsalzzufuhr und -Ausscheidung im Urin gehen andere Referate ein.

Zur Aufrechterhaltung der Normalbereiche setzt der Organismus verschiedene Mechanismen in Gang, um zunehmende für ihn gefährlich werdende Verluste aufzufangen. Mit einer abnehmenden Zufuhr an Natrium und Chlorid wird vermehrt Aldosteron über die Nebennierenrinde produziert, welches, primär am Natrium angreifend, für eine zunehmende Rückresorption in den Nierentubuli sorgt. Trotzdem läßt sich durch diesen Mechanismus ein Verlust an Volumen der extrazellulären Flüßigkeit nicht verhindern. Der Gesunde wird, je nach Körpergröße, bei einer Einschränkung der Kochsalzzufuhr in Bereiche von 1 bis 3 g/Tag bis zu 2,5 kg an Gewicht durch Wasserverluste erleiden. Bei Ödemkranken liegen die Verluste wesentlich höher, weil zusätzlich Ödemflüssigkeit verloren geht.

Physiologisch gesehen ist Aldosteron ein Nebennierenrindensteroid (ein Hormon), dem neben einer ausgeprägten Mineralokortikoidwirkung welche die Natriumrückresorption erklärt – noch andere physiologische Eigenschaften eigen sind, wie dies Abb. 2 schematisch aufzeigt. Das synthetische Hormon Desoxycortikosteronacetat besitzt ausschließlich eine Mineralocortikoid- und keine Glukokortikoidwirkung. Gemessen am DOCA ist Aldo-

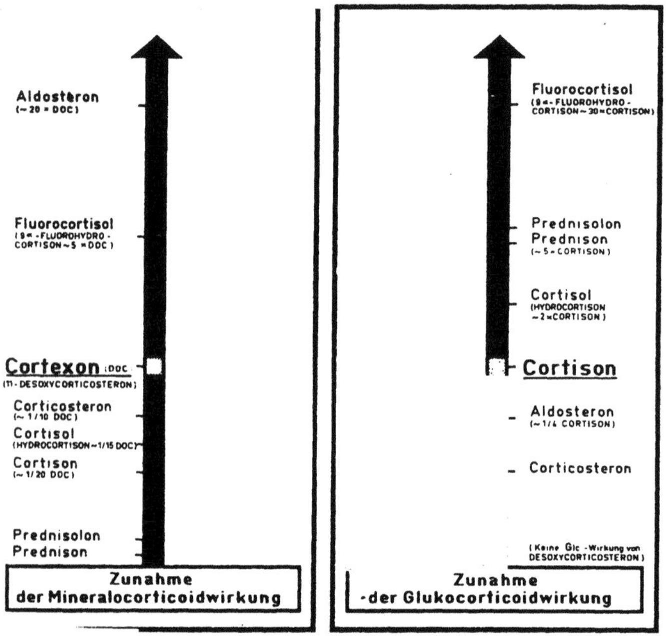

Abb. 2. Schematische Darstellung der Doppelwirksamkeit bekannter Nebennierenrindensteroide. Der Grad der Glukocorticoidwirkung ist bezogen auf Cortison, derjenige der Mineralocorticoidwirkung auf DOC. Cortexon (DOC) gilt als ausschließliches Mineralocorticoid, Aldosteron als stärkstes, Prednison und Prednisolon als Prototyp der Glukocorticoidwirksamkeit. Alle bekannten Rindensteroide weisen eine Doppelwirksamkeit in beiden Bereichen auf. Prednison bzw. -solon besitzen jedoch eine noch geringe Mineralwirksamkeit, während DOC als Glukocorticoid im Gegensatz zu Aldosteron praktisch keine Wirksamkeit aufweist. Es sind keine Wirksamkeiten in anderen Bereichen (antirheumatisch etc.) berücksichtigt.

steron ca. 20 mal mineralwirksamer als dieses. Gemessen am Cortison ist Aldosteron um ca. 1/4 schwächer, soweit es die Glukokortikoidwirkung betrifft. Diese bewirkt ihrerseits eine Fülle von bekannten Stoffwechselwirkungen. Eine vermehrte Aldosteronproduktion unter Kochsalzeinschränkung muß also automatisch neben einer erhöhten Mineralwirksamkeit auch mit einer erhöhten Glukokortikoidwirkung einhergehen. Der bereits erwähnte Effekt auf den Cholesterinhaushalt und die Störung im Glukosestoffwechsel könnten durch diesen Mechanismus mit erklärt werden. Das Bundesgesundheitsamt nennt die gleichen Nebenwirkungen auch als Folge der Gabe von Diuretika.

Nebenwirkungen auf Körperflüssigkeiten

Natrium und Chlorid sind die Hauptträger der extrazellulären Flüssigkeit (EzF) z.B. des Blutserums, einer der wichtigsten Flüssigkeitsbereiche des Organismus. Die Bindung von destilliertem Wasser ist ohne Natrium ebenso unmöglich wie die Bildung von Urin. Der labile Wasserhaushalt von ca. 2,5 kg dient der Aufrechterhaltung bei Wasserverlusten durch Fieber, Schwitzen (Sport, Hitze usw.). Aber auch anderen Körperflüssigkeiten wie Speichel,

Tabelle 2. Elektrolytgehalt und Wasserverschiebungen innerhalb des Organismus (Intestinaler Wasserkreislauf), Holtmeier 1960
Ein Teil der Elektrolyte aus Wassermengen wird ohne wesentlichen Verlust nach außen im Organismus rückresorbiert

Körperwasser (Mittelwerte)	cm^3/Tag	Na^+ mval/l	Cl^- mval/l	K^+ mval/l	Na/Cl
1. Speichel	1500	33.1	33,9	19,5	0,97
2. Schweiß	s. Tab.	58,4	45,4	10,0	1,28
3. Magensaft (gemischt)	2500	59,0	89,0	9,3	0,66
Magenfundussaft		35,0	160,0	15,0	0,21
Magenpylorussaft		160,0	140,0	25,0	1,14
4. Galle	500	145,3	99,9	5,2	1,45
5. Pancreasekret	700	141,1	76,6	4,6	1,84
6. Duodenumsekret	3000	104,9	98,9	5,1	1,06
Ileumsaft		116,7	105,8	5,0	1,10
Caecumsaft		79,6	48,2	20,6	1,65
7. Stuhl geformt (auf Wassergehalt bezogen)		35,0	73,0	72,0	0,48
8. Nieren (Glomerulusfiltrat)	137000				
Urinausscheidung	600–1600	90	100	50	0,9
9. Transsudate	–	144	112	4,9	1,28
Exsudate	–	139	103	3,0	1,34

Magen-, Darm-, Gallesäfte usw. werden in unterschiedlicher Weise von Natrium und Chlorid gebunden (Tabelle 2). Würde man das umlaufende Flüssigkeitsvolumen um bis zu 2,5 kg durch strengen Kochsalzentzug reduzieren, könnten in der Regulierung dieser Mechanismen besonders bei Kranken Störungen auftreten.

Nebenwirkungen im Alter

Da sich mit zunehmendem Lebensalter in unterschiedlicher Weise eine Arteriosklerose auch der feinen Gefäße entwickeln kann, kommt es zur Bildung arteriosklerotischer Gefäßplaques, die mit einer zunehmenden Wandstarre einhergehen können. Normalerweise wird durch die Herzaktion der Blutdruck erzeugt, der durch aktive Kontraktion der Muskelschicht der arteriellen Gefäße bis ans Ende ohne wesentlichen Druckabfall weitergetragen wird. Das Auftreten von arteriosklerotischen Gefäßwandherden kann, einer Hypothese folgend, die Druckwelle abbremsen, zu einem Druckabfall und zur nachfolgenden Eindämmung der Sauerstoffversorgung der Organe führen, dies um so mehr, je ausgeprägter die Herdbildung ist. Kompensatorisch erhöht der Organismus deshalb häufig im Alter den systolischen Blutdruck. Ein Volumenverlust bis zu 2,5 kg unter einer kochsalzarmen Ernährung könnte diesen Vorgang beeinträchtigen. Es käme zum Zusammenbruch der Sauerstoffversorgung und, soweit es die Gehirndurchblutung anginge, zur schweren Demenz und zur Gefahr von orthostatischen Kollapszuständen älterer Leute. Der erfahrene Kliniker weiß von diesen Zuständen

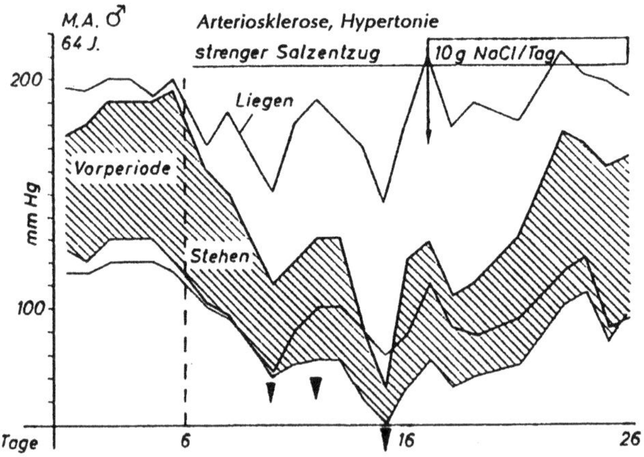

Abb. 3. Zeigt das Verhalten eines Patienten mit ausgeprägter Arteriosklerose, Hypertonie und Blutdruckabfall im Stehen, welcher unter Kochsalzzufuhr behoben werden konnte. Der Patient erhielt kein Antihypertonikum (aus Holtmeier, H.-J. in „Hochdruckforschung", Hrsg. von L. Heilmeyer und H.-J. Holtmeier, Thieme, Stuttgart, 1965, Seite 97).

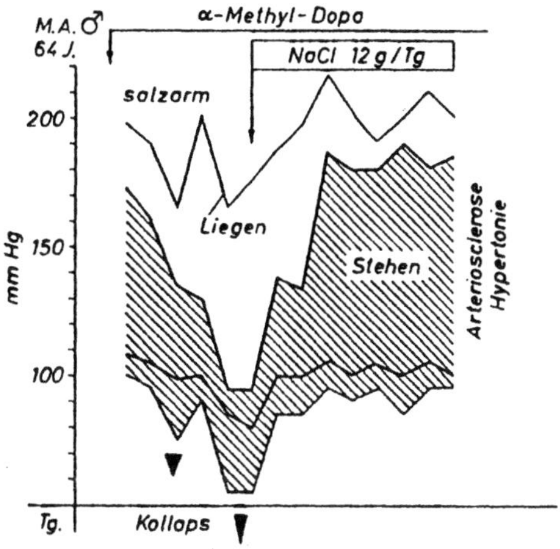

Abb. 4. Diese Abb. zeigt im weiteren Behandlungsverlauf des gleichen Pat, wie in Abb. 3, jetzt unter α-Methyldopa und zusätzlichem Kochsalzentzug erneut Auftreten von orthostatischen Störungen mit Druckabfall im Stehen, während die Drucksenkung im Liegen unter diesem Medikament unzureichend ist. Unter Kochsalzbelastung verschwinden sofort die orthostatischen Störungen. Zwischenzeitlich war der Patient so schwindelig, daß er beim Aufstehen aus dem Bett stürzte, wenn Kochsalz entzogen war. Dieser Verlauf zeigt, wie wichtig die Abgrenzung zwischen orthostatischen Regulationsstörungen infolge der Medikation und/oder infolge von Kochsalzentzug ist und daß die Kombination beider Methoden möglicherweise orthostatischen Kollaps auslösen muß, obwohl eventuell bereits eine der beiden Methoden allein eine ausreichende Blutdrucksenkung möglich macht (Quelle für Abb. 4 s. unter Abb. 3)

als Folge einer unvernünftigen Kochsalzbeschränkung ein Lied zu singen. Abbildungen 3 und Abbildung 4 zeigen hierfür Beispiele. Besonders gefährlich kann sich Kochsalzentzug im postoperativen Stadium auswirken, wie dies folgendes Beispiel zeigt.

Eine Patientin wurde mit 73 Jahren einer Augenorperation unterzogen und hatte zuvor einen altersentsprechenden Druck von ca. 170/100 mm Hg entwickelt. Unter der Op.-Vorbehandlung mit eingeschränkter Essenszufuhr, die dadurch zwangsläufig auch kochsalzreduziert wurde, und der Narkose wurde nach der Operation ein Blutdruck von 130/80 mm Hg gemessen. Die Patientin blieb auch noch nach der Narkose bewußtlos und mußte wegen Unruhe am Bett gefesselt werden. Daraufhin wurde sehr langsam Kochsalz intravenös gespritzt. Unter dieser Behandlung stieg der Blutdruck rasch an und das Bewußtsein der Patientin kehrte sofort zurück.

Viele ältere Leute trinken zu wenig und schränken die Kochsalzzufuhr ein. Als Folge kann es zur Exikose kommen, zur mangelhaften Hirndurchblutung und Sauerstoffversorgung und zum ausgeprägten Bild der arteriosklerotischen Demenz. Vielen von ihnen kann durch eine ausreichende Kochsalzzufuhr geholfen werden.

Nebenwirkungen auf die Geschmacksorgane

Auf den Zungenknospen befinden sich die vier Geschmacksbereiche für süß, sauer, salzig und bitter, die eng mit den Geruchsempfindungen im Nasen-, Rachenraum verbunden sind. Aus diesen vier Grundempfindungen werden alle typischen Geschmacksqualitäten gebildet. Die Geschmacksempfindung steht in einem engen Zusammenhang mit der Regulation der physiologischen Verdauungsabläufe. Mangelhafte geschmackliche Herrichtung der Speisen z.B. totale Kochsalzverarmung können Störungen bewirken.

Nebenwirkung auf die Bildung der Magensäure

Die Magensäsure besteht aus HCI, von dem Chlorid ein wesentlicher Bestandteil und zugleich „essentiell" ist. Es muß mit der Nahrung zugeführt werden. Eine mangelhafte Chloridzufuhr, z.B. infolge mangelhafter Zufuhr von Natrium und Chlorid, kann besonders bei älteren Menschen zur Subazidität gelegentlich bis hin zur Anazidität führen. Diese kann vor allem dann auftreten, wenn Medikamente verabreicht werden, die zur Behandlung von Bluthochdruck oder Ödemkrankheiten eine zusätzliche Diurese von Kochsalz und Wasser herbeiführen. Als erstes verzichtet der Organismus erfahrungsgemäß auf die ausreichende Weiterbildung von HCl. Es kommt zur mangelhaften Desinfektion der Speisen und zu Darminfekten mit entsprechenden Krankheiten und Beschwerden. Mit dem Mangel an Salzsäure sind Nachteile für die Eiweißverdauung usw. verbunden, deren erste Verdauungsstufe unter Säureeinwirkung im Magen stattfindet usw.

Zusammenfassung

Natrium und Chlorid sind „essentielle" Elemente. Sie müssen ausreichend durch die Nahrung zugeführt werden. Eine Minderzufuhr kann zu Störungen führen. Eine Kochsalzbeschränkung auf 1 bis 3 g/Tag ist mit einem Volumenverlust bis zu 2,5 kg verbunden. Verluste durch Fieber, Schweiß, infolge Hitzeverluste usw. können dann eventuell nicht mehr kompensiert werden. Eine Zufuhr im unteren Normbereich bringt leicht die Gefahren einer Dekompensation mit sich. Natrium und Chlorid sind Hauptträger der extrazelluären Flüssigkeit bzw. des Blutserums, aber auch zahlreicher anderer Körperflüssigkeiten. Mögliche Nebenwirkungen betreffen dann auch diese Bereiche. Nebenwirkungen bei arteriosklerotischen Gefäßwandprozessen können infolge von NaCl und Volumenverlust bis hin zu zerebralen Demenzerscheinungen im Alter führen. Eine Mangelzufuhr an Natrium und Chlorid können zu Störungen der Geschmacksempfindungen mit nachfolgender Beeinträchtigung der Verdauungsabläufe führen. Es können Sub- bzw. Anazidität auftreten sowie Störungen im Cholesterin- und Zuckerstoffwechsel.

Literatur und weiterführende Literatur

Bocke (1965) Hochdruckforschung Thieme Stuttgart, S379

Conn, J.W., D.R. Rovner, E.L. Cohen, R.M. Nesbit: Normokaliemic primary aldosteronism. Its masquerade as „essential" hypertension. J. Amer. med. Ass. 195 (1966) 21

Cottier, P.: Renale Hämodynamik, Wasser- und Elektrolytausscheidung bei Hypertonie. Helv. med. Acta 27 (1960) Suppl. 39

Dahl, L.K. „Der mögliche Einfluß der Salzzufuhr auf die Entwicklung der essentiellen Hypertonie" in „Essentielle Hypertonie", hrsg. von Bock, K.D. und Cottier, P., Springerverlag, Berlin, Göttingen, Heidelberg, 1960
Dahl, L.K.: Possible role of salt intake in the development of essential hypertension. In: Essential Hypertension. Hrsg.: K.D. Bock, P. Cottier. Springer, Berlin 1960, S. 53
Dahl, L.K.: Effects of chronic excess salt ingestion – Experimental hypertension in he rat: Correlation with human hypertension. In: Epidemiology of Hypertension. Hrsg.: J. Stamler, R. Stamler, T.N. Pullman. Grune and Stratton, New York 1967
Dennig, H.: Lehrbuch der Inneren Medizin, Band I/II. 7. Aufl. Thieme, Stuttgart 1966
Heilmeyer, L., H.-J. Holtmeier, E.S. Mazzei, F. Marongiu: Diureseforschung. Thieme, Stuttgart 1967
Heilmeyer, L., H.-J. Holtmeier (Hrsg.): Ernährungswissenschaften. Thieme Stuttgart 1968
Heilmeyer, L., H.-J. Holtmeier (Hrsg.): Herzinfarkt und Schock. Thieme, Stuttgart 1968
Heilmeyer, L., H.-J. Holtmeier (Hrsg.): Herzinfarkt und Schock. Thieme, Stuttgart 1969
Herken, H.: Handbuch der experimentellen Pharmakologie, Band XXIV (Diuretika). Springer, Berlin 1969
Holtmeier, H.-J.: Über die Wirkung mineralarmer Kostformen, insbesondere der kochsalzarmen Kost. Therapiewoche 7 (1958) 336
Holtmeier, H.-J.: Kochsalzarme Kost. Thieme, Stuttgart 1960
Holtmeier, H.-J. „Ernährungslehre für Krankenpflegeberufe", Thiemeverlag Stuttgart, 4. Aflg., 1990
Holtmeier, H.-J. und Holtmeier, W. „Ernährung des alternden Menschen", Wiss. Verlagsgesellschaft, Stuttgart, 6. Auflg. 1991
Holtmeier, H.-J. und Pittelkow, Chr., Kochsalzbelastung in der Bundesrepublick Deutschland und Hypertonie, Card. Angiol. Bulletin 27 (1990) 26–34
Holtmeier, H.-J., L. Heilmeyer: „Hochdruckforschung". 587 – 101 und 368 ff.
Kampmann W, Schmidt G (1956) KliWo 34: 509
Lang, K. Biochemie der Ernährung, Steinkopfverlag, Darmstadt, 4. Auflg. 1979
Martini P (1938) Dtsch Arch f Klin Med 183: 109
Mutschler, E. Arzneimittelwirkungen, Wissenschaftliche Verlagsgesellschaft Stuttgart, 1981, 4te Auflg.
Page, I.H.: Hypertension and its effects on the cerebral circulation. In: Cerebral vascular discases. Eds.: J.S. Wright and E. Luckey. Grune & Stratton, New York 1955, S. 59
Sarre, H.: Hypertonie, Pathogenese, Klinik und Therapie. Schattauer, Stuttgart 1969

IV. Salzgewinnung und -verbrauch in der BRD

Vorsitz: H. Reinauer, Düsseldorf
P. Schramel, Neuherberg

Technologie der Speisesalzgewinnung

F. GÖTZFRIED, Heilbronn

Einleitung

Der Beginn der Verwendung von Salz als Lebensmittel liegt in der vorgeschichtlichen Zeit. Ebenso alt sind Techniken des Eindampfens von Meerwasser oder von Wasser aus salzhaltigen Quellen. Gute Kenntnisse liegen vor über die keltische Methode der vollständigen Eindampfung von Sole zu festem Salz in befeuerten Tontiegeln.

Heute ist die Versorgung der Weltbevölkerung mit Salz durch die riesigen Salzvorräte der Meere und Salzseen sowie der erschlossenen festen Salzlagerstätten in Verbindung mit den modernen rationellen Gewinnungs- und Veredelungsverfahren problemlos und langfristig gesichert. Das Weltmeer enthält allein $36 \cdot 10^{15}$ t Natriumchlorid. Der Steinsalzvorrat sämtlicher Lagerstätten der Erde wird auf 10^{15} t geschätzt.

Für die Herstellung von Speisesalz kommen folgende Verfahren in Betracht:
1. Bergmännische Gewinnung als *Steinsalz*
2. Gewinnung als *Siedesalz* durch Eindampfung von Sole
3. Gewinnung als *Meersalz* durch Eindampfung von Meerwasser mit Hilfe der Sonne

Die in den zahlreichen salzproduzierenden Ländern angewandten Gewinnungsmethoden sind sehr unterschiedlich; sie sind insbesondere von der Art der Salzressourcen, von der geographischen Lage und vom Stand der technischen Entwicklung des betreffenden Landes abhängig.

Steinsalzlagerstätten als Basis für Speisesalz

Für die Gewinnung von Speisesalz in der Bundesrepublik Deutschland sind ausschließlich die Steinsalzvorkommen von Bedeutung. Reiche Steinsalzvorkommen finden sich in verschiedenen geologischen Formationen: Zechsteinsalze (u.a. Niederrhein, Hannover, Werra-Fulda-Gebiet), Muschelkalksalz (Baden-Württemberg) und alpines Triassalz (Berchtesgaden). Diese Steinsalzlagerstätten sind die Basis für die Gewinnung von Siede- und Steinspeisesalz (Abb. 1).

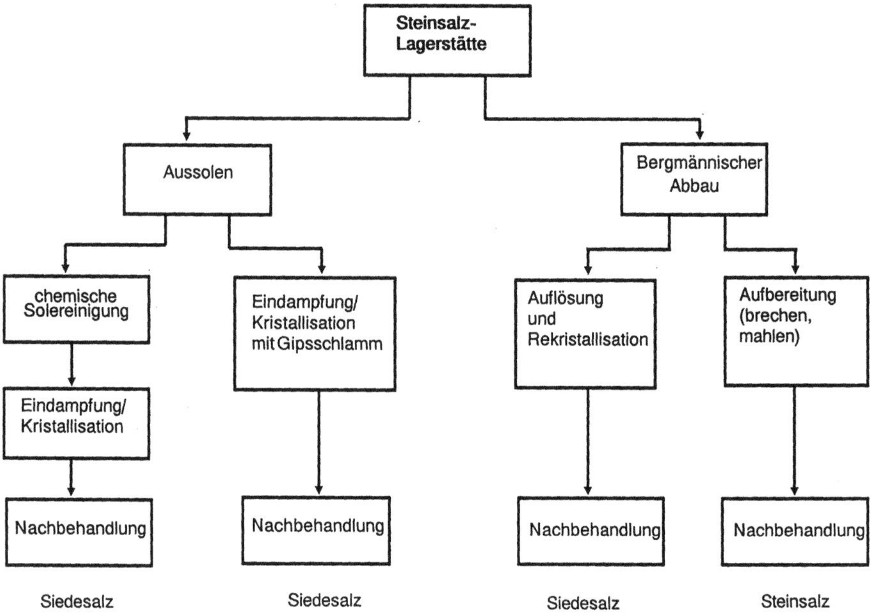

Abb. 1. Gewinnung von Speisesalz aus Steinsalzlagerstätten

Die *Bohrlochsolung* („solution mining“) ist dabei ein sehr wirtschaftliches Verfahren zur Ausbeutung einer Salzlagerstätte. Die Lagerstätte wird von übertage aus durch Solbohrungen aufgeschlossen. Über den Ringraum zwischen zwei konzentrischen, in die Bohrung eingehängten Spülrohrsträngen wird Süßwasser in die Bohrung injiziert. Das Wasser löst das anstehende Salz und steigt als Sole im zentralen Rohrstrang nach übertage auf. Das Zentralrohr kann umgekehrt auch zum Einpressen des Lösewassers dienen (Abb. 2).

In den alpinen Salzlagerstätten werden im Untertagebetrieb definierte Kammern (Sinkwerke, Bohrspülwerke) durch Süßwasserbefüllung ausgesolt (Abb. 3). In Bad Reichenhall wird neben Sole aus *Bohrspülwerken* auch Natursole zur Salzgewinnung herangezogen.

Die *bergmännische Salzgewinnung („mechanical mining“)* erfolgt in Tiefen zwischen 180 und 900 Metern und setzt die Abteufung von Förderschächten bis in das Salzlager voraus. Als Abbauverfahren für das flachgelagerte Salz ist der Kammerbau verbreitet (Abb. 4). Der Abbau steilstehender Lager erfolgt im sogenannten Trichterbauverfahren. Zur Erhaltung der Standfestigkeit des Gebirges werden Salzpfeiler belassen.

Die Salzgewinnung erfolgt durch Bohr- und Sprengarbeit unter Einsatz mobiler Großgeräte hoher Leistungsfähigkeit. Zur Herstellung der Sprenglöcher dienen Bohrwagen mit Dieselantrieb und elektrohydraulischem

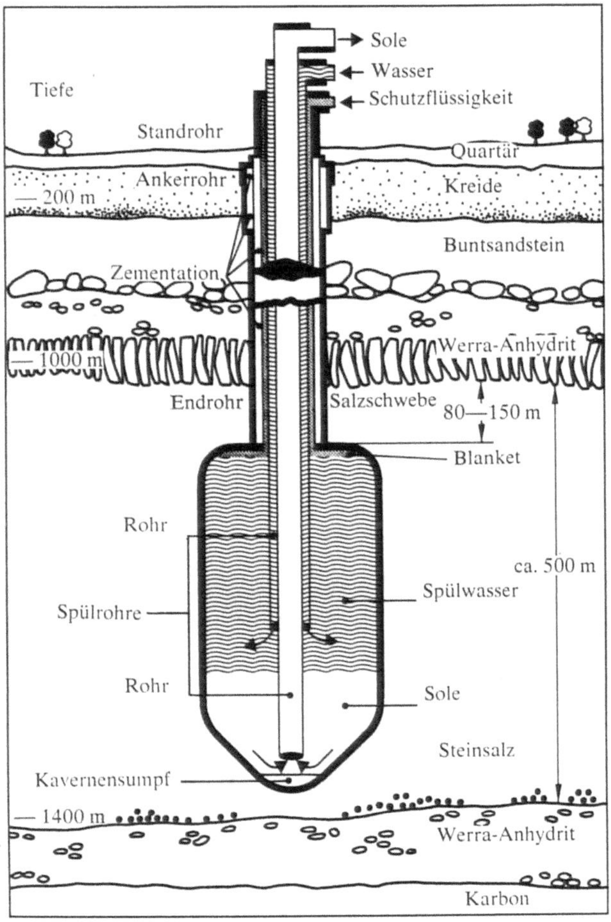

Abb. 2. Solegewinnung durch Bohrlochsolung

Bohrantrieb. Als Sprengstoff findet ein loser Ammoniumnitrat-Sprengstoff Anwendung, der mit Sprengstoffladegeräten über Schläuche pneumatisch in die Bohrlöcher eingebracht wird. Das gesprengte Haufwerk wird mit Schaufelladern oder Löffelbaggern weggeladen und zu Brechanlagen transportiert, wo es vorzerkleinert und dann auf nachgeschalteten Förderbandanlagen zum Förderschacht transportiert wird.

Herstellung von Siedesalz

Zur Herstellung von hochreinem Siedesalz wird gesättigte Sole eingedampft, wobei das Natriumchlorid auskristallisiert. Die Siedesalzerzeugung kann in

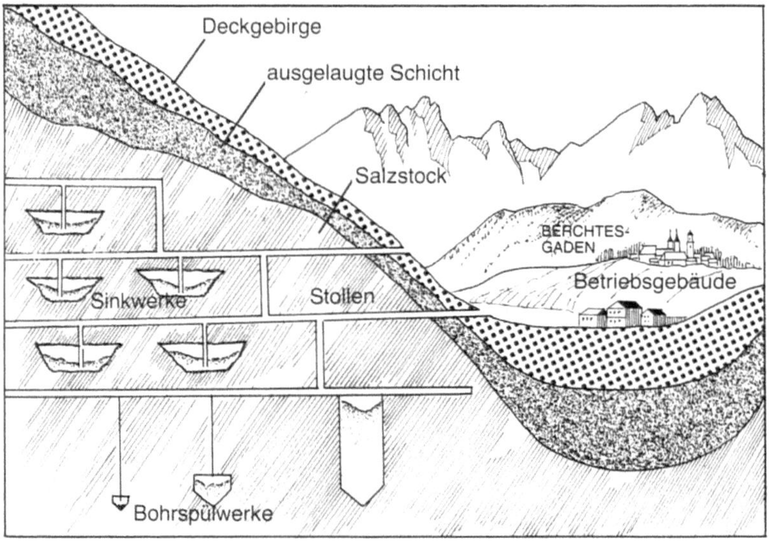

Abb. 3. Solegewinnung in Bohrspülwerken und Sinkwerken

offenen Pfannen oder in geschlossenen Verdampfergefäßen erfolgen. Da die Wasserverdampfung ein energiekostenträchtiger Vorgang ist, sind die über Jahrhunderte üblichen offenen Siedepfannen, bei denen keine wesentliche Herabsetzung des Energieverbrauches möglich war, heute kaum noch in Gebrauch. Bereits anfangs des 20. Jahrhunderts wurden die ersten geschlossenen, wärmetechnisch günstigen Verdampfergefäße in der Salzindustrie eingeführt.

Zur Herstellung des Siedesalzes aus Sole bzw. Steinsalz haben sich in der Bundesrepublik Deutschland drei Verfahren durchgesetzt:
- Mehrfacheffekt-Verdampfung
- Thermokompressions-Verdampfung
- Rekristallisations-Verfahren

Bei der *Mehrfacheffekt-Verdampfung* werden mehrere Verdampfer dampfseitig hintereinander geschaltet. Die Siedetemperatur wird in jeder Verdampferstufe um ca. 12–20 °C herabgesetzt. Nur der erste Verdampferapparat wird mit Frischdampf gespeist. Die nachfolgenden Verdampfer erhalten den aus den vorgeschalteten Verdampfern austretenden Brüdendampf. Die Sole wird mit Kondensat aus den Verdampfern vorgewärmt. Der Brüdendampf der letzten Stufe wird mit Kühlwasser niedergeschlagen (Verluststufe). Der aus den Verdampfern abgezogene Salzbrei wird in Zentrifugen bis auf Restfeuchten von ca. 3 % abgeschleudert (Abb. 5).

Beim *Thermokompressionsverfahren* wird der aus der siedenden Sole entweichende Brüdendampf abgesaugt und durch Verdichtung in einer

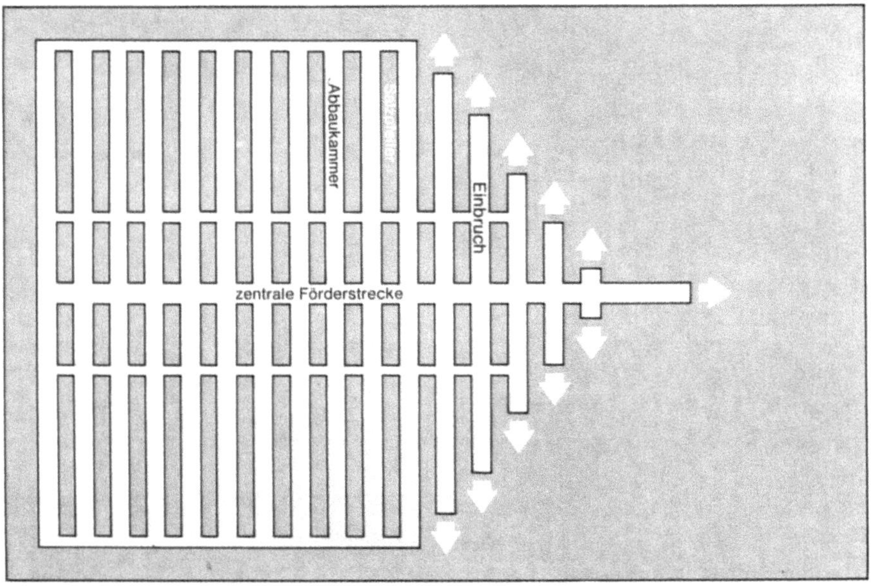

Die Gewinnung des Steinsalzes beginnt zunächst mit dem Auffahren einer zentralen Abbaustrecke. Rechtwinklig dazu stehen die Abbaukammern und die Salzpfeiler. Hier ein Horizontalschnitt des Abbauschemas.

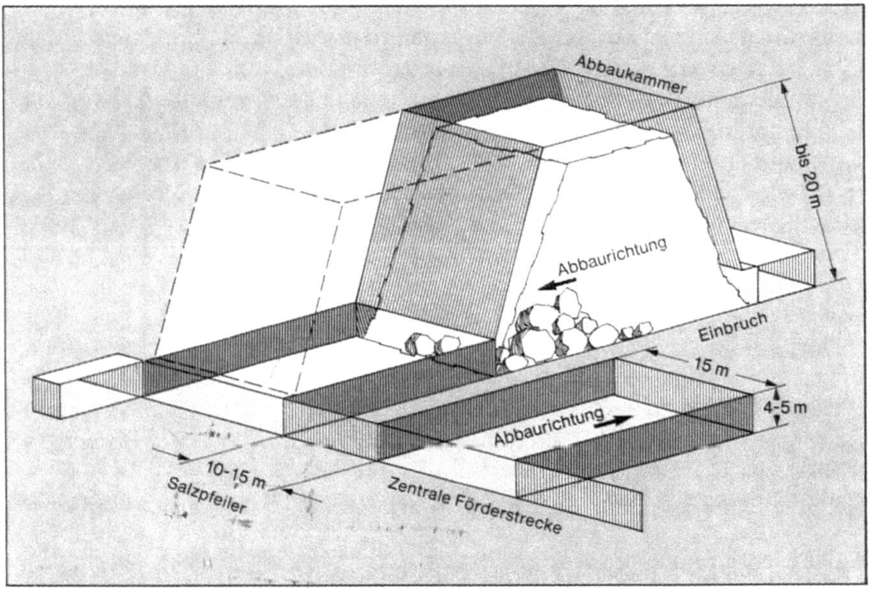

Der Abbau des Salzes erfolgt in zwei Phasen: zunächst der Einbruch mit 4 bis 5 m Höhe, dann der Hochbruch bis auf die endgültige Kammerhöhe von max. 20 m.

Abb. 4. Abbau des Salzes im Kammerbauverfahren

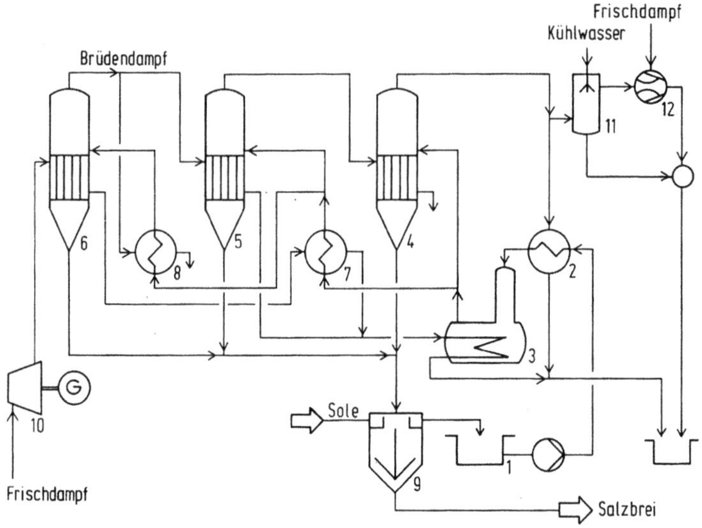

Abb. 5. Fließschema einer Dreifacheffekt-Verdampferanlage
1 Sammelgefäß, 2 Vorwärmer, 3 Soleentgaser, 4, 5, 6 Verdampfer, 7, 8 Vorwärmer, 9 Sammelgefäß für Salzbrei, 10 Gegendruck-Dampfturbine, 11 Brüdenkondensator, 12 Vakuumpumpe

Wärmepumpe auf ein höheres Druck- und damit Energieniveau gebracht und dem Verdampfer als Heizdampf wieder zugeführt (Abb. 6).

Im Gegensatz zu den beiden vorgenannten Verfahren geht das *Rekristallisationsverfahren* nicht von chemisch gereinigter Sole, sondern von bergmännisch gefördertem rohem Steinsalz aus. Die Fernhaltung des in der Eindampfung störenden Salznebenbestandteils Calciumsulfat (Anhydrit) geschieht durch Auflösung des Rohsalzes bei Temperaturen oberhalb 100 °C. Bei dieser Temperatur ist Calciumsulfat nur wenig löslich. Die gesättigte Sole

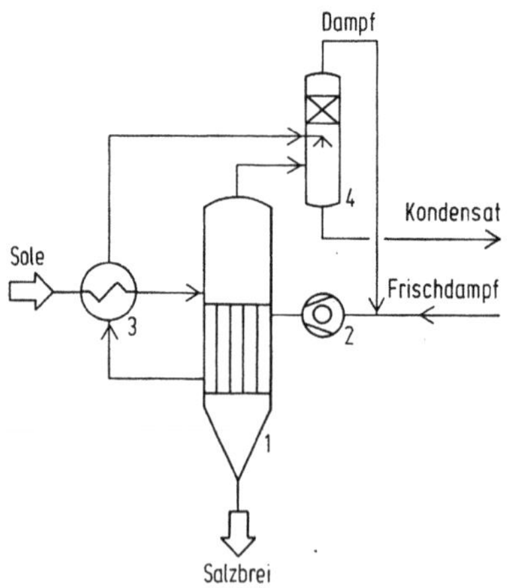

1 Verdampfer
2 Turbokompressor
3 Vorwärmer
4 Wäscher für Brüdendampf

Abb. 6. Fließschema der Thermokompressions-Verdampfung

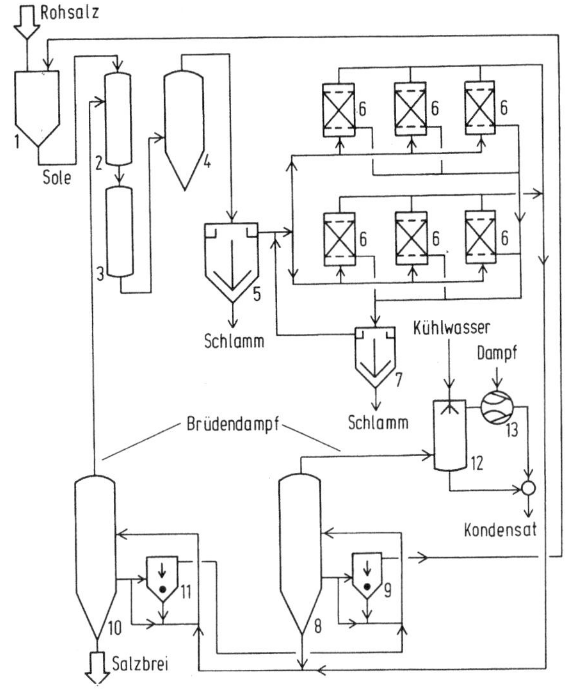

1 Aufschlämmbehälter
2, 3 Erhitzer
4 Sättiger
5 Eindicker
6 Kiesbettfilter
7 Eindicker
8 Verdampfer
9 Absetzbehälter
10 Verdampfer
11 Absetzbehälter
12 Brüdenkondensator
13 Vakuumpumpe

Abb. 7. Fließschema einer Rekristallisationsanlage

wird anschließend in mehrstufigen Anlagen durch Eindampfung im Vakuum abgekühlt. Dabei kristallisiert das Siedesalz aus, und das Calciumsulfat bleibt aufgrund seines inversen Löslichkeitsverhaltens in der Sole gelöst. Voraussetzung für die Anwendung dieses Verfahrens ist der Betrieb eines Salzbergwerkes (Abb. 7).

Nachbehandlungsschritte

Bis das Siede- bzw. Steinsalz als Speisesalz verkaufsfertig ist, sind verschiedene Nachbehandlungsschritte notwendig:
- Trocknung und Kühlung
- Klassierung (Siebung, Sichtung)
- Mechanische Kornvergrößerung („Brezelsalz")
- Wirkstoffzugabe (Pökelsalz, Jodsalz, Fluorsalz)
- Antibackausrüstung (Calciumsilikat, Calciumcarbonat, Kieselsäure, Magnesiumcarbonat, Natriumhexacyanoferrat (II))
- Verpackung

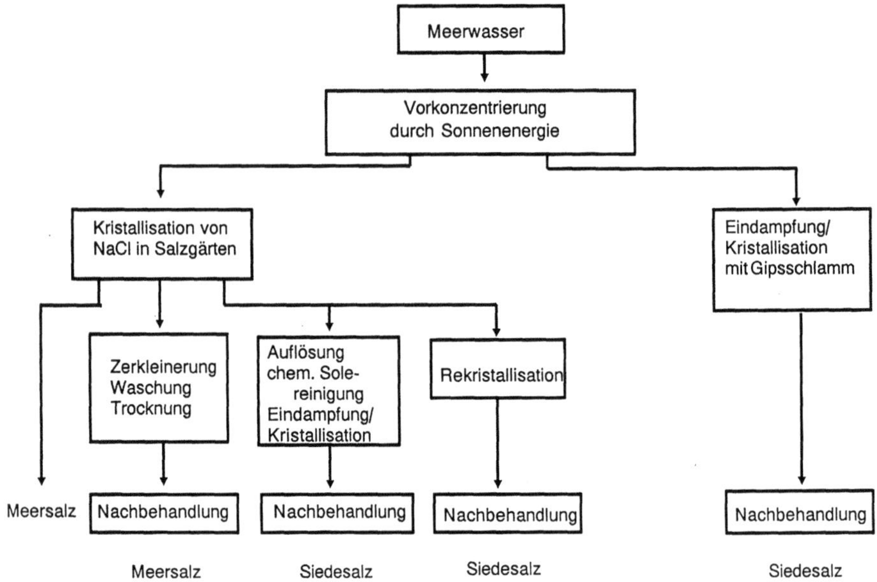

Abb. 8. Gewinnung von Speisesalz aus dem Meer

Zusammenfassung

Die Gewinnung von Meersalz hat in der BRD keine Bedeutung. Soweit diese Salzqualität am Markt nachgefragt wird, wird sie aus den südlichen Ländern Europas (Südfrankreich, Spanien etc.) importiert. Weltweit betrachtet werden etwa 30 % des gesamten Salzbedarfes aus Meerwasser und Salzseen gewonnen. Vielfach wird das gewonnene Meersalz durch Verarbeitung zu Siedesalz veredelt (Abb. 8).

Mit den heutigen Gewinnungs- und Veredelungsverfahren lassen sich bei allen Salzqualitäten (Siedesalz, Steinsalz, Meersalz) die vom Codex Alimen-

Tabelle 1. Typische Zusammensetzung verschiedener Speisesalze

	Siedesalz	Steinsalz	Meersalz	Codex Alimentarius	
NaCl	99,9–99,98	98,5–99,5	98,7–99,5	97	%
Sulfat	50 –400	2000–10000	1000–5000		ppm
Bromid	5 –250	25– 300	100– 350		ppm
Jodid	< 0,1	< 0,1	< 0,3		ppm
Calcium	1 –100	500– 4000	500–2500		ppm
Magnesium	1 – 20	50– 500	300–1000		ppm
Kalium	1 –800	300– 3500	100– 500		ppm
Unlösliches	< 100	500– 1000	100–3500		ppm

(ohne Berücksichtigung eines Antibackmittelzusatzes)

tarius für Speisesalz gesetzten weltweit gültigen Qualitätsmaßstäbe erreichen. Hinsichtlich der Reinheit ist Siedesalz den anderen Salzqualitäten überlegen (Tabelle 1).

In der BRD beschäftigen sich heute sieben Unternehmen mit der Speisesalzgewinnung (Tabelle 2).

Tabelle 2. Speisesalz-Produktionsstätten in der BRD

Unternehmen	Standort	Produkte (Verfahren)
AKZO Salz und Grundchemie GmbH	Saline Stade	Siedesalz (zwei 5-stufige Eindampfungsanlagen mit chemischer Solereinigung)
Bartold Levin GmbH & Co.KG	Saline Luisenhall/Göttingen	Siedesalz (Pfannenbetrieb)
Bayerische Berg-, Hütten- und Salzwerke AG	Saline Bad Reichenhall	Siedesalz (3-stufige Eindampfung mit Thermokompression und chemischer Solereinigung)
Kali und Salz AG	Salzbergwerke Braunschweig-Lüneburg in Grasleben und Niedersachsen-Riedel in Wathlingen	Steinsalz
Mitteldeutsche Stein- und Siedesalzgesellschaft mbH	Salzbergwerk Bernburg und Saline Oberilm	Steinsalz und Siedesalz (Pfannenbetrieb)
Solvay Salz GmbH	Salzbergwerk und Saline Borth	Steinsalz und Siedesalz (3-stufige Rekristallisation)
Südwestdeutsche Salzwerke AG	Salzbergwerk und Saline Bad Friedrichshall	Siedesalz (7-stufige Rekristallisation)

Kochsalz- und Speisesalzverbrauch in den alten Bundesländern Deutschlands

Ch. PITTELKOW, Stuttgart

Erhebungsmöglichkeiten zur Bestimmung der Natriumchlorid-Zufuhr

Anamnestische Protokollerhebungen

Man kann die *Kochsalzaufnahme* per os direkt mit Hilfe von Anamnesen bestimmen, was äußerst schwierig und aufwendig ist. Insbesondere deshalb, weil Kochsalz zu den Substanzen zählt, die relativ preisgünstig sind und deren Verbrauchsquantität deshalb weniger interessant beachtet wird.

Viele Patienten verschweigen, wieviel Kochsalz sie in der Realität tatsächlich aufnehmen.

Darüber hinaus ergeben sich aber auch Schwierigkeiten wegen der erforderlichen Aufmerksamkeit seitens der Patienten und seitens der Kontrollpersonen.

Da die *Natriumzufuhr* oft auch mit der Aufnahme von Getränken einhergeht, Getränke aber meistens dann aufgenommen werden, wenn das Erhebungspersonal evtl. nicht beim Probanden sein kann, d.h. nach 18.00 Uhr, ist auch hier der Nachweis nur unter erheblichem Aufwand zu bekommen.

Wegen des hohen personellen und technischen Aufwands wird deshalb bei Aussagen über die Höhe der Zufuhr häufig nicht oder nur unzureichend zwischen der an NaCl in sichtbarer und der in verborgener Form unterschieden.

NaCl-Zufuhr und Na-Ausscheidung im Urin

Eine zweite Möglichkeit zur Ermittlung der *Kochsalzzufuhr* ist mit Hilfe der Natriumausscheidung im Urin möglich. Komplett gesammelte 24-Stunden-Harnproben ergeben, selbst wenn man sie mehrtägig durchführt, eine trotz analytischem Aufwand leichter zu realisierende, aber keine vollständige Beurteilungsbasis. Es ist inkorrekt zu konstatieren, man würde die gesamte Natriumausscheidung erfassen. Insbesondere ist es dann nicht der Fall, wenn es sich um Personen handelt, die in der Berufsarbeits- oder in der Freizeit körperlich tätig sind, und das gilt vor allen Dingen für alle Personen, die in der wärmeren, vor allem in der heißeren Jahreszeit körperlich arbeiten. Die sich infolge der Schweißbildung ergebende Natriumausscheidung ist nicht zu unterschätzen. Sie kann, beim vorwiegend sitzend tätigen Menschen, unter gemäßigten klimatischen Bedingungen zwischen 200–500 mg pro Tag liegen und bei Schwerarbeit unter Hitzebedingungen auf mehrere Gramm ansteigen.

Interviewmethode

Große Personenzahlen lassen sich über einen längeren Zeitraum nur mit Hilfe der Interviewmethode – in Bezug auf die Ermittlung des *Kochsalzkonsums* – verfolgen.

Nach einer Untersuchung von Wirths (1974, 1978) Wirths et al. (1979) von überwiegend 8000 älteren Menschen aus der damaligen Bundesrepublik ergab sich, daß 70 % der Meinung waren, täglich weniger als 10 g sichtbares Kochsalz zu verwenden, 29 % schätzten ihren Kochsalzkonsum zwischen 10–20 g Kochsalz ein, und 1 % schätzten ihren Kochsalzkonsum am Tag auf über 20 g ein.

Allerdings ist bei der Interviewmethode ohne die Möglichkeit der direkten Versuchsüberwachung bei solchen Ergebnissen Vorsicht geboten.

Berechnung nach verzehrten Lebensmitteln

Weiterhin besteht auch die Möglichkeit, die Menge der verzehrten Lebensmittel mit ihrem in zahlreichen Nährwerttabellen angegebenen Salzgehalt zu multiplizieren.

Bei dieser Methode muß das Tafelsalz anhand von verbrauchten Mengen (z.B. Salzsteuer) extra berechnet werden.

Berechnung nach versteuerten Salzmengen

Von allen Salzarten unterliegt nur das Speisesalz einer *Salzsteuer*. Wenn man den Salzverbrauch nur anhand der versteuerten Salzmenge berechnet, werden die Salzmengen nicht berücksichtigt, die bei der industriellen Produktion und bei der Zubereitung im Haushalt verloren gehen, ebenso wird nicht berücksichtigt, was verworfen wird.

Geschichte des Salzkonsums

Der *Salzkonsum* hat im Laufe der Menschheitsgeschichte beständig zugenommen.

Der Salzkonsum ist bei Kulturvölkern in der Regel größer als bei Naturvölkern.

Salzkonsum hängt von geographisch und national verschiedenen Eßgewohnheiten ab.

Der Salzkonsum weist in gleichen Ernährungsregionen beträchtliche Unterschiede von Mensch zu Mensch auf.

Naturvölker in Asien und Indianer in Amerika haben den niedrigsten Salzverbrauch auf der ganzen Welt; er liegt bei unter 2 g am Tag, nach den Ergebnissen der Intersalt Studie von 1989.

Was die Verhältnisse in Deutschland in den Grenzen von 1920 betrifft, so schätzte von Noorden den täglichen Salzverzehr pro Kopf auf 6–20 g, im Durchschnitt für Männer auf 15 g, für Frauen auf 12 g.

Bedeutung von Speisesalz in der menschlichen Ernährung

Die gesamte Salzproduktion läßt sich in verschiedene Mengen, je nach Verwendungszweck unterteilen:

- *Speisesalz*
- Gewerbesalz
- Auftausalz
- Industriesalz

Speisesalz ist das für die menschliche Ernährung bestimmte mit einer *Salzsteuer* belegte Salz, das in nahrungsmittelverarbeitenden Betrieben und im Haushalt Verwendung findet.

Der Anteil des Speisesalzes an der gesamten Salzproduktion beträgt zur Zeit 3 %.

Laut Salzsteuergesetz darf Salz nur dann mit einer Steuer belegt werden, wenn es zu Zwecken der Herstellung oder Zubereitung von Lebens- oder Genußmitteln verwendet wird.

Die *Salzsteuer* beträgt DM 120,– pro Tonne.

Verwendung von Kochsalz in Lebensmitteln und in der Lebensmittelherstellung

Beim Konsum von salzhaltigen Lebensmitteln muß zwischen dem natürlichen Salzgehalt und Salz als Zutat und dem Zusatz von Salz zur Verarbeitung und/oder Konservierung unterschieden werden.

Eine der ältesten Konservierungsmethoden ist das Pökeln, schon im 14. Jahrhundert soll Natriumnitrat zur Konservierung von Fischen benutzt worden sein. Etwa 60 % des geschlachteten Fleisches werden in der Bundesrepublik Deutschland zu Fleischerzeugnissen verarbeitet, von denen über 95 % gepökelt werden.

Tabelle über den Natriumgehalt einiger Nahrungsmittel (verzehrsfertig)

Nahrungsmittel	Natriumgehalt in 100 g in mg
Getreide-Brotwaren	
Brötchen[1]	486
Grahambrot[1]	370
Roggenbrot[2/1]	552–220
Weißbrot[2/1]	540–385
Pumpernickel[1]	569
Knäckebrot[2]	463
Zwieback[1]	263
Cornflakes[1/2]	660–910
Milch-Milchprodukte	
Kuhmilch[1]	55
bei einer empf. tgl. Trinkmenge von 300 g = 165 mg Natrium	
Magermilchpulver[2]	557
Kondensmilch 7,5 %[2]	98
Käse	
Harzerkäse[2]	1 520
Edelpilzkäse 50 % F.i.T.[2]	1 450
Schmelzkäse 45 % F.i.T.[2]	1 260
Camembert[1]	1 150
Edamer[1]	737
Emmentaler[1]	620
Rahmkäse[1]	606
Parmesan[1]	755
Erdnußbutter[1]	607
Eier	
Eiklar[1]	170
Vollei[1]	144
Fleisch/-Waren	
Büdnerfleisch[2]	2 100
Speck (durchwachsen)[2]	1 770
Schinken (roh)[2]	1 400
Cornedbeef[1]	1 300
Cervelatwurst[1]	1 100
Salami[1]	1 260
Rindfleisch getrockn. ges.[1]	4 300
Dosenwürstchen[1]	711
Weißwurst[1]	620
Kalbsniere[1]	200
Kalbshirn[1]	170
Rindsniere[1]	240
Kalbfleisch[2]	90
der Verzehr von einem Restaurantstück mit 180 g enthält = 162 mg Natrium ungesalzen u. ungewürzt	
Rindfleisch[2]	80

Nahrungsmittel	Natriumgehalt in 100 g in mg
Fisch und -Waren	
Salzhering[2]	5 930
Bismarckhering[1]	1 000
Ölsardine (in Büchsen ohne Öl)[1]	823
Sardinen (in Büchsen)[1]	510
Thunfisch in Öl[1]	361
Lachs (in Büchsen)[1]	540
Miesmuscheln[1]	290
Schellfisch[1]	116
der Verzehr von einem Restaurantstück von 200 g enthält = 232 mg Natrium ungesalzen u. ungewürzt	
Scholle[1]	104
Kaviar[1]	2 200
Krabben (in Büchsen)[1]	1 000
Gemüse	
Sauerkraut[2]	650
Bleichsellerie[2]	132
Bohnen (in Büchsen ungesalz.)[1]	236
Erbsen (in Büchsen ungesalz.)[1]	260
Karotten (in Büchsen ohne Flüssigkeit)[1]	236
Fenchel[2]	86
Mais (in Büchsen ungesalz.)[1]	236
Spargel (in Büchsen ungesalz.)[1]	236
Spinat (in Büchsen ungesalz.)[1]	320
Mangold[2]	90
Kartoffelchips[1]	340
Spinat frisch[2]	65
bei einer empfohlenen Tagesmenge an Frischgemüse von 300 g werden zugeführt = 195 mg Natrium (ungesalzen u. ungewürzt)	
Möhren frisch[2]	60
Verschiedenes	
Brühwürfel[2]	20 000
Oliven mariniert[2]	2 100
Tomatenketchup[2]	1 300
Tomatenmark[2]	590
Tomatensaft (ungesalz.)[1]	230
1 übl. Glas Wasser mit 200 g Tomatensaft im Hotel o. Flugzeug liefert 460 mg Natrium (ungesalzen u. ungewürzt)	
Senf[1]	1 300
Mayonaise[1]	702
Curry[1]	450
Caramel[1]	226

Literatur:

[1] Angaben nach wiss. Tabellen, Geigy, Basel, 8 te Aufl. 1977

[2] Angaben nach Nahrungsmitteltabellen nach Souci, Fachmann, Kraut, Wiss. Verlagsgesellschaft. Stuttgart und G. Lange, Univ. Hohenheim, Tab. 10/1986 (Ern. physiolg.)

Natrium in der Lebensmittelverarbeitung

Natriumverbindungen dienen in der Lebensmittelverarbeitung den verschiedensten Zwecken.

Außer bei der vorher erwähnten Konservierung durch Pökeln und zur geschmacklichen Beeinflussung taucht es in zahlreichen anderen Hilfs- und Zusatzstoffen auf:
- Natriumalginat (Dickungsstoff und Geliermittel)
- Natriumcyclamat (Süßstoff)
- Natriumnitrat (Pökeln von Fleisch und Anchosen)
- Natriumnitrit (Pökelung von Fleischwaren)
- Natriumphosphate (Säureträger und Stabilisatoren)
- Natriumsulfit (Konservierungsstoff)
- Natronlauge (Laugengebäck etc.)

Allerdings sind die auf diese Weise aufgenommenen Natriummengen sehr gering.

Kochsalzverbrauch berechnet aus statistischen Erhebungen

Ernährungsberichte der Deutschen Gesellschaft für Ernährung

Nach dem Ernährungsbericht 1980 setzt sich die Natriumaufnahme durch Lebensmittel, wie folgt zusammen:

– Brot und Backwaren	40%
– Fleisch- und Fleischwaren	30%
– Käse und Quark	7%
– Milch- und Milchprodukte	6%
– Gemüseprodukte	5%
– Fisch- und Fischwaren	4%

Nach dem Ernährungsbericht von 1984 hat sich die Herkunft des Kochsalzes bzw. die Natriumzufuhr drch den Anteil verarbeiteter Lebensmittel nur geringfügig verändert:

– Brot und Backwaren	34%
– Fleisch und Fleischwaren	28%
– Käse, Quark, Eier	10%
– Fisch und Fischwaren	7%
– Milch und Milchprodukte	5%
– Gemüse und Gemüseerzeugnisse	5%
– Fett, Süßwaren und Getränke	11%

Die aufgeführten Zahlen für die Natriumzufuhr geben nur die in Lebensmitteln verbrauchten Mengen wieder. Die zur Speisenwürzung mit Kochsalz verbrauchten Natriummengen sind, ebenso wie die Verluste im Kochwasser, mit den Methoden der Erhebung nicht erfaßbar. Die ausgewiesenen Zahlen geben jedoch Hinweise, durch welche Lebensmittel – neben der Speisenwürzung – ein wesentlicher Beitrag zur Natriumzufuhr eingebracht wird.

An erster Stelle stehen nach wie vor Brot und Backwaren, dann Fleisch und Fleischwaren und – mit einigem Abstand – Käse.

Bei der Analyse der heute üblichen Ernährungsgewohnheiten ist eine zunehmende Beliebtheit der stark natriumhaltigen Lebensmittel zu konstatieren.

Besonders der Konsum von Hamburgern, Frankfurtern, Salami, Chips und Pommes frites ist bei breiten Bevölkerungsschichten, vor allem bei Kindern und Jugendlichen sehr stark angestiegen.

In der Bundesrepublik Deutschland liegt der Kochsalzverzehr pro Kopf und Tag in einem Bereich von etwa 4,5 bis 33 g, im Durchschnitt zwischen 10–12 g. Der mittlere Verbrauch von Kochsalz allein aus Lebensmitteln, ohne Tafelsalz, betrug nach den Erhebungen der Deutschen Gesellschaft für Ernährung 1980/81 für Männer 3031 mg Natrium entsprechend 7,7 g Kochsalz und für Frauen 2364 mg Natrium entsprechend 6,0 g Kochsalz pro Tag.

Statistische Jahrbücher für die Bundesrepublik Deutschland für den Zeitraum 1980–1989

Die vom Statistischen Bundesamt, Wiesbaden, jährlich herausgegebenen Statistischen Jahrbücher orientieren sich bezüglich des Salzverbrauchs an der versteuerten Speisesalzmenge der Verbrauchsstatistik, hierbei werden verworfene Markt- und Haushaltsanteile nicht berücksichtigt. Durchschnittlicher Kochsalzverbrauch in Gramm pro Tag:

- 1980 15,69
- 1981 16,08
- 1982 15,78
- 1983 15,61
- 1984 15,53
- 1985 15,51
- 1986 15,51
- 1987 15,62
- 1988 15,37
- 1989 15,12

Kochsalzverbrauch berechnet aus Untersuchungen

Neuere Untersuchungen von Stumpe, Bonn. Bei Stumpes Untersuchungen in Bonn 1989 wurde ein täglicher Kochsalzkonsum von 9,8 g ermittelt.

Intersalt Studie 1989. Die internationale Intersalt Studie, die in 52 Studienzentren über die ganze Welt verteilt durchgeführt wurde, berechnete eine Spannbreite der 24-Stunden-Natriumausscheidung zwischen 0,2 mmol/24 h bis zu 242 mmol/24 h, diese beiden extremen Werte wurden bei Indianern in Brasilien und bei Nordchinesen gemessen. Die Erhebungsorte in der Bundesrepublik waren Bernried und Heidelberg. Der dabei ermittelte Median lag zwischen 9,5 und 10,0 g NaCl, während der Mittelwert zwischen 9,8 und 10,1 g NaCl, bei einer Standardabweichung von 3,5 g NaCl lag.

Die Daten der Intersalt-Studie zeigen, daß die mittlere Natriumausscheidung in einer typischen westlichen Gesellschaft im Mittel bei etwa 150 mmol/24 Std. liegt, was einer Natriumchloridausscheidung von etwa 9 g entspricht. Rechnet man hierzu die geringen Natriumverluste über den Darm und die Haut, kann daraus geschlossen werden, daß die tägliche Natriumchoridaufnahme in westlichen Ländern zwischen 9 und 12 g/Tag liegt.

Heidelberg Studie, Schlierf et al. 1980. Hier wurde bei 383 Heidelberger Männern im Alter zwischen 20 und 40 Jahren die 24-Stunden Natriumausscheidung gemessen. Der durchschnittliche Wert lag bei 11,32 g Natriumchlorid, die Streubreite lag zwischen 1,39 und 37,49 g NaCl.

Interessant ist bei dieser Studie die Gesamtverteilung:

- ungefähr 5 % konsumieren weniger als 5 g NaCl
- ungefähr 85 % konsumieren 6 g NaCl und mehr
- ungefähr 38 % konsumieren 10 g NaCl und mehr
- ungefähr 19 % konsumieren 15 g NaCl und mehr

Bericht der Bundesforschungsanstalt für Ernährung „Essentielle und toxische Inhaltsstoffe in der täglichen Gesamtnahrung", Schelenz, 1983. Die Studie wurde von März – Juni 1981 (Duplikat-Methode) durchgeführt. Zugrunde lag die tägliche Gesamtnahrung von insgesamt 26 Frauen im Alter von 25 bis 45 Jahren aus dem Raum Karlsruhe und dem Raum Stuttgart an 4 unterschiedlichen Wochentagen.

Die von der DGE empfohlene Höchstmenge für die tägliche Zufuhr von NaCl (7.63 g) wurde im Viertagesdurchschnitt von 16 Frauen (62 %) überschritten.

Die erhöhte Natriumchloridzufuhr ist hauptsächlich auf die Verwendung von Tafelsalz im Haushalt zurückzuführen!

Ergebnisse von 26 Personen über 4 Tage:

Die mittlere Na-Zufuhr	3,27 ± 0.934 g
Extremwerte von	1,67 – 6.89 g pro Tag/Person
mittlere Cl-Zufuhr	4.71 ± 1.344 g
Extremwerte von	2,31 – 10,82 g pro Tag/Person

Wenn man die Na-Aufnahme auf Kochsalz umrechnet, müßten im Mittel 5.04 g Chlorid pro Tag von den Versuchspersonen mit der Nahrung aufgenommen worden sein. Der tatsächlich analytisch ermittelte Wert von Chlorid liegt nur 6,6 % unterhalb dieses Wertes. Dieses Ergebnis legt den Schluß nahe, daß die Aufnahme von Natrium und Chlorid hauptsächlich über die Verwendung von Speisesalz (Tafelsalz) zum Würzen der Speisen geschieht.

Dafür spricht ebenfalls die hochsignifikante positive Korrelation ($p < 0{,}001$) für das Elementpaar Natrium/Chlorid mit $r = 0.95$.

Nur rund 30 % der 104 Gesamtnahrungsproben wiesen Natrium- und Chloridgehalte auf, die im Bereich der Empfehlung der DGE von 2–3 g Na und 3–5 g Cl lagen.

Bei fast 60 % (58,6 %) der Tagesrationen war die tägliche Zufuhr beider Elemente höher, als es dem empfohlenen Bereich entsprach, während nur ca. 10.6 % unter dem Bereich der DGE-Empfehlung lagen.

Der ermittelte durchschnittliche Natriumwert von 3,27 g pro Tag und Person entspricht einer Aufnahme von 8,31 g NaCl mit Extremwerten von 4,25–17,51 g NaCl pro Tag und Person.

Wenn man die empfohlenen Zufuhrmengen der DGE auf die Gehalte in den 104 Gesamtnahrungsproben bezieht, erhält man folgendes Ergebnis:

Lediglich 33 Gesamtnahrungsproben (31,7 %) entsprachen der empfohlenen Zufuhr für Natrium und 54 Tagesrationen (51,9 %) der für Chlorid.

Berechnet man die durchschnittlichen, täglichen Zufuhren für Natrium und Chlorid aus den mittleren Gehalten der 4 Gesamtnahrungsproben je Versuchsperson/den 4-Tages-Durchschnitt, dann erhält man bei einem Vergleich mit den Zufuhrempfehlungen folgendes Ergebnis:

Fast 62 % der Versuchspersonen lagen mit ihrer Kochsalzaufnahme aus der Nahrung über der empfohlenen täglichen Zufuhr.

In der „Heidelberger Studie" (Arab et. al. 1982) wurde über die Urinausscheidung von Natrium bei 20- bis 40-jährigen Frauen eine durchschnittliche Kochsalzaufnahme von 9 g pro Tag berechnet.

Der Höchstwert von 6.89 g Natrium pro Tag, der 17,51 g Natriumchlorid entspricht, wurde in der Tagesration einer Versuchsperson gefunden, die mit 3642 g den Maximalwert der täglichen Nahrungsaufnahme darstellt. Dieser lag um 75 % höher, als dem Durchschnitt von 2080 g für alle Versuchspersonen entsprach.

Mineralstoff- und Spurenelementbestimmungen in 28 Gesamtnahrungsproben von 4 männlichen Erwachsenen über jeweils 7 Tage aus Karlsruhe (Schelenz 1977) ergaben im Mittel eine Natrium- bzw. Chloridzufuhr von 4,5 bzw. 6.0 g mit Extremwerten von 1,9–8,2 bzw. 2,6–11,0 pro Tag und Person. Die um 38 % höhere mittlere Kochsalzzufuhr pro Tag im Vergleich zu dieser Untersuchung ist wahrscheinlich auf den größeren mittleren Tagesverzehr der Männer von 2402 ± 314 g im Vergleich zum 2080 ± 381 g der Frauen zurückzuführen.

Bericht der Bundesforschungsanstalt für Ernährung über „Mineralstoff- und Spurenelementgehalt von Speisen“ Bognar et. al. 1981

Natrium, Chlorid und Kochsalzgehalt

Der Gehalt von Natrium und Chlorid betrug in den untersuchten Speisen 114 bis 993 mg Na und 73 bis 1480 mg Cl/100 g und war von der Speise- und Herstellungsart abhängig. Bezogen auf den Brennwert wiesen die meisten

- Fleischspeisen mit Sauce
- Eintopfgerichte
- Gemüsespeisen
- Gemüse

eine hohe Natrium- und Chloriddichte auf.

Relativ „natriumarm“ waren

- Fleisch- und Fischspeisen ohne Sauce
- Süßspeisen
- einige Kartoffelspeisen
- Eierteigwaren
- Reis

Ein Vergleich der aus Na- und Cl-Konzentrationen berechneten Kochsalzwerte ergab, daß die industriell hergestellten Speisen unabhängig von der Angebotsform meist eine deutlich höhere Menge an Kochsalz enthielten als die nach den DGE-Großküchen-Rezepturen zubereiteten Speisen.

Wie die sensorischen Prüfungen zeigten, ist ein Kochsalzzusatz über ein Prozent aus geschmacklichen Gründen nicht erforderlich, vielmehr wurden Speisen mit höherem Kochsalzzusatz als zu salzig bemängelt.

Gegenüberstellung von analytisch ermittelten und aufgrund der Rezepturen und Nährwerttabellen berechneten Mineralstoffwerte

Bei Natrium konnte zwischen den analysierten und berechneten Werten – im Vergleich zu anderen Elementen – eine recht gute Übereinstimmung festgestellt werden.

Wie die Häufigkeitsverteilung der prozentualen Abweichungen zeigt, lagen die Unterschiede bei 55 % der untersuchten Speisen niedriger als ± 20 %.

Die mittlere prozentuale Abwicklung zwischen den berechneten und analysierten Werten betrug nur 1 %.

Die Berechnung des Natriumgehaltes anhand der Rezepturen und Nährwerttabellen ergibt daher in den meisten Fällen ähnliche Werte wie die analytische Bestimmung.

Dieser Befund ist nicht verwunderlich, wenn man bedenkt, daß das Natrium in den Speisen hauptsächlich aus dem in der Rezeptur meist genau angegebenen Kochsalzzusatz stammt.

Energie- und Mineralstoffzufuhr durch den Verzehr von warmen Mittagsmahlzeiten in Schulen

Grundlage der erhobenen Daten waren Speiseplananalysen von 70 Ganztagesschulen in der BRD über einen Zeitraum von 190 Tagen. Es war zu erkennen, daß eine vielseitige und abwechslungsreiche Ernährung mit den verschiedenen Verpflegungsformen mit „frisch" zubereiteten, warmgehaltenen, gekühlten und tiefgefrorenen Speisen möglich ist.

- So wurden im Jahresdurchschnitt z.B.
  40 verschiedene Fleischspeisen
  24 verschiedene Gemüsespeisen
  9 verschiedene stärkereiche Beilagen
  angeboten

- Am häufigsten ausgegeben wurden je Schuljahr:

Fleischspeisen an	133 Tagen
Gemüsebeilagen an	124 Tagen
Kartoffelspeisen an	106 Tagen

Regionale Schwankungen sind zu beachten!

- Die Menge einer Mittagsmahlzeit betrug im Mittel 396 g von 70 Ganztagesschulen.
- Tatsächlich wurden in einigen Schulen dann 486 g ermittelt und im häuslichen Bereich sogar 510 g/pro Mittagessen.
- Der durchschnittliche Energiegehalt betrug 1975 kg = 494 kcal pro Portion und entsprach rund 20 % der vom DGE empfohlenen Tageszufuhr.
- Das Angebot an Natrium und Chlorid betrug 1,6 bzw. 2 g pro Portion Durchschnittsmahlzeit und erreichte 107 % (Natrium) und 80 % (Chlorid) der empfohlenen Tageszufuhr.
- Zu hoch erscheint das Natrium- und Chloridangebot mit 107 % bzw. 80 % der empfohlenen Tageszufuhr, dagegen ist das Angebot an Calcium und Magnesium unzureichend.

Allgemeine Empfehlungen zum Salzsparen in der Küche

Bei der Zubereitung im Haushalt oder in der Großküche kann es nicht schaden, sich die Salzmengen der sogenannten Haushaltsmaße kritisch zu vergegenwärtigen:

1 Prise Salz	=	40 mg
1 Messerspitze Salz	=	250 mg
1 Teelöffel Salz	=	6–10 g
1 gestrichener Kaffeelöffel Salz	=	5 g
1 gestrichener Eßlöffel Salz	=	15 g

Wichtig ist die Verwendung von vielen Gewürzen und Kräutern, sie geben den Speisen Geschmack und machen reichliches Salzen entbehrlich.

Wenn die Speisen generell erst nach dem Garen, evtl. erst bei Tisch gesalzen werden, wird sehr viel weniger Salz verbraucht.

Vielleicht, weil es frisch intensiver schmeckt!

Vielleicht bringt hier aber schon das Ritual des Nachsalzens die gewünschte „psychologische" Würze.

Zusammenfassung

Vom Gesamt-NaCl-Verbrauch entfallen in der BRD nur ca. 3,1 % auf Speisesalz. Beim vom Menschen aufgenommenen Na entfallen ca. 40 % auf den Gehalt in Brot und Backwaren, 30 % auf den in Fleisch und Fleischwaren, 7 % auf Käse und Quark, 6 % auf Milch und Milchprodukte, 5 % auf Gemüseprodukte und 4 % auf Fisch- und Fischwaren. 92 % der Na-Zufuhr entstammen der fertigen Nahrung und 8 % entfallen auf Zusalzen im Haushalt.

Nach dem Statistischen Bundesamt werden derzeit 7,4 g NaCl/Tag von 19–65jährigen Männern und 5,7 g der Frauen „gekauft" (keine Verbrauchsziffer). Nach Haushaltsstudien werden nicht mehr als ca. 5 g verbraucht. 61 % davon gehen mit dem Kochwasser wieder verloren. Aus dem Speisesalzkonsum im Haushalt werden letztendlich nur ca. 2 g NaCl täglich in der BRD und ca. 3 g täglich in den USA aufgenommen. Die effektive NaCl-Belastung summiert sich aus den „versteckt" gelieferten NaCl-Mengen im Nahrungsmittel selber (92 %) und dem zusätzlich verwendeten NaCl und wurde in verschiedenen Städten an Hand der Urin-Na-Ausscheidung gemessen. Danach läßt sich eine NaCl-Ausscheidung um 11,5 bis 13,1 g/Tag feststellen, mit einigen relativ seltenen Extremabweichungen nach oben auf ca. 17 g und nach unten auf ca. 4,8 g pro Person. Eine Erfahrung aus den schlechten Ernährungszeiten zweier Weltkriege besagt, daß damals in Ermangelung hochwertiger Nahrung bei uns stets extrem hohe NaCl-Zufuhren, aber selten Hypertonie festzustellen waren, während in Wohlstandszeiten die Hypertonie stark zunehmen, aber die Salzzufuhren absinken. Die NaCl-Belastung hat seit 1946/47 in der BRD stark abgenommen. Nach der Heidelbergstudie von 1980 läßt sich zwischen der Höhe der NaCl-Aufnahme und dem Vorkommen von Hypertonie kein Zusammenhang herstellen, obwohl auch andere Auffassungen vertreten werden.

Literatur

Arab L, Schellenberg B, Schlierf G, Nutrion and Health, A Survey of Young Men and Women in Heidelberg. Ann. Nutr. Metab. 26 (1), 1982, 244

Auswertungs- und Informationsdienst für Ernährung, Landwirtschaft und Forsten (AID) e.V., 5300 Bonn 2. Salz in unserer Ernährung Nr. 1014, 1987, Nr. 2017, 1987

Bernwardis M, Praktische Hinweise zur Durchführung der kochsalzarmen Kost. Ernährungs-Umschau 31 (10), 1984, 348–352

Bock KD, Schrey A, Natrium und Hypertonie. Universitätsdruckerei und Verlag Dr. C. Wolf und Sohn, München 1981
Bognar A, Nährwerttabellen für verzehrfertige Speisen. Lose-Blattsammlung, Auswertungs- und Informationsdienst für Ernährung, Landwirtschaft und Forsten (AID) e.V., 5300 Bonn 2, 1990
Bognar A, Mineral- und Spurenelementgehalt von Speisen. Bundesforschungsanstalt für Ernährung, Karlsruhe, BFE-Bericht 1981/2
Deutsche Gesellschaft für Ernährung e.V., (DGE), Ernährungsbericht 1984. Deutsche Gesellschaft für Ernährung e.V., 6000 Frankfurt a.M. 1984
Deutsche Gesellschaft für Ernährung e.V. (DGE), Material zum Ernährungsbericht 1984. Deutsche Gesellschaft für Ernährung e.V., 6000 Frankfurt a.M. 1985
Deutsche Gesellschaft für Ernährung e.V. (DGE), Ernährungsbericht 1988. Deutsche Gesellschaft für Ernährung e.V., 6000 Frankfurt a.M. 1988
Eisenblätter D, Jaeger W, Arterielle Hypertonie und ihre Behandlung. Ernährungsforschung Heft 1, Band 27, 1982, 7–11
Ganten D, et. al, Salz und Hochdruck. Sonderdruck aus Apotheker-Journal, Monatsmagazin aus Wissenschaft und Praxis, Heft 3, 1989, 44–48
Glatzel H, Salz III – ein Nahrungsmittel. IDS Informationsdienst Deutsche Salzindustrie, 5300 Bonn 1
Haenel H, Zu Beziehungen zwischen Kochsalzverbrauch und Gesundheit. Ernährungsforschung Heft 3, Band 30, 1985, 79–81
Heyden S, Hypertonie: Ernährung, Medikament, Verhalten. Aktuelles Wissen, Reihe: Herz-Kreislauf, Hoechst AG, 1988
Hoffmann J, Hypertoniebehandlung im Wandel? – Rolle des Kochsalzes in neuem Licht. Therapiewoche/Sonderausgabe, 40. Jahrgang 11, 1990, 21–22
Hoffmann J, Wird die Bedeutung des Kochsalzes für die Hypertonie unterschätzt? Ein Interview mit Prof. Stumpe zur Intersalt-Studie. Therapiewoche 39, 4, 1989, 244–248
Holtmeier H-J und Pittelkow Chr, Kochsalzbelastung in der Bundesrepublik Deutschland und Hypertonie. Cardiologisch-Angiologisches Bulletin, 27/9β, 26–34
Laaser U, et. al., Die Intersalt-Studie: Ergebnisse und Perspektiven. Soz. Praeventiv Med. 34, 1989, 1–3
Loew D, Meng K, Kurze wissenschaftliche Mitteilungen zum Kochsalzverbrauch in der Bundesrepublik Deutschland. Klin. Wschr. 53, 1975, 1131–1132
Luft F, Ganten D, Salz ist nicht gleich Salz. Sonderdruck – Dtsch. med. Wschr. 112, 1987, 1391–1394
Pittelkow Chr, Kochsalz und Hypertonie. Diplomarbeit. Universität Hohenheim – Institut für Ernährungslehre Sommersemester 1984
Rabe E, et. al., Situationsanalyse über den Natriumgehalt im deutschen Brot. Ernährungs-Umschau 32, Heft 12, 1985, 394–398
Schelenz R, Dietary intake of 25 elements by man estimated by neutron aktivation analysis. J. Radioanal. Chem. 37, 1977, 539–548
Schelenz R, et al., Essentielle und toxische Inhaltstoffe in der täglichen Gesamtnahrung. Bericht der Forschungsanstalt für Ernährung, BFE-R--83-02 Bundesforschungsanstalt für Ernährung, Karlsruhe, Dez. 1983
Schlierf G, et. al., Salt and Hypertonie: data from the Heidelberg Study. The American Journal of Clinical Nutrition 33, April 1988, 872–875
Statistisches Bundesamt, Wiesbaden, Statistische Jahrbücher für die BRD, 1980–1990
Südwestsalz-Vertriebs GmbH, 7107 Bad Friedrichshall 1, Salz
Wirths W, Natrium und Kalium in der Lebensmittelaufnahme. Aktuelle Ernährungsmedizin II, 1986, 5–12
Wollbeck D, Mineral- und Heilwässer in der natriumarmen Ernährung. Ernährungs-Umschau 33, Heft 12, 1986, 389–392

Die Natriumaufnahme Erwachsener in den neuen Bundesländern Deutschlands

M. ANKE, E. LÖSCH, M. MÜLLER und B. GROPPEL, Jena

Während der letzten zwei Jahrzehnte erlangte der Kochsalz(NaCl)-verzehr des Menschen besondere Aufmerksamkeit, da die Hypertonie mit dem Umfang des NaCl-Konsums in Verbindung gebracht wurde, obwohl diese Hypothese experimentell nicht gesichert ist und sich keine positive Korrelation zwischen diesen cardiovaskulären Sterbefällen und einer Zunahme des NaCl-Verbrauches herstellen ließ (Holtmeier und Pittelkow 1990).

Durch die Jodierung des Haushaltspeisesalzes zur Prophylaxe der Struma des Menschen in den jetzigen neuen Bundesländern waren außerdem Angaben über den Speisesalzkonsum durch „Zusalzen" und über den NaCl-Einsatz bei der Lebensmittelherstellung (Brot, Wurst etc.) erforderlich (Anke et al. 1989; Groppel et al. 1989).

Der tatsächliche NaCl-Verzehr durch „Zusalzen" der Nahrung ist weitestgehend unbekannt. Ursache dafür ist, daß die verschiedensten Nahrungsmittel mit NaCl (z.B. Brot) hergestellt, mit diesem konserviert (z.B. Sauerkraut, gepökeltes Fleisch, Seefisch) oder zubereitet (z.B. Kartoffeln, Gemüse) werden, dieses Kochsalz aber bei der Mahlzeitbereitung wieder partiell aus dieser entfernt und nur in begrenztem Umfang konsumiert wird.

Aus diesem Grund wurde der Na-Gehalt der für die frühere DDR typischen Nahrungsmittel und Getränke 1988 systematisch analysiert (Marktkorbmethode) und im gleichen Zeitraum der Na-Verzehr Erwachsener bei vier Testpopulationen in Brandenburg und Thüringen untersucht (Duplikatmethode).

Um den Einfluß des Wechsels der „Verzehrgewohnheiten" nach der Einheit Deutschlands auf den Na-Konsum zu kontrollieren, war es 1990 notwendig, den Na-Verzehr erneut zu testen. Gleichzeitig wurde die Na-Exkretion über Harn und Kot systematisch bestimmt. Diese Untersuchungen sollten auch die Eignung des Rückschlusses von der renalen Na-Ausscheidung auf den Kochsalzverbrauch des Menschen relativieren (Rühle et al. 1990).

Material und Methoden

Die Analyse der Na-Konzentration der für die frühere DDR typischen Nahrungsmittel und Getränke (n = 108) wurde in neunfacher Wiederholung bestimmt. Die Proben stammten aus Jena, Weimar, Leipzig, Berlin 2 ×, Potsdam, Greifswald, Stralsund und Rostock. Sie sind im Juni und Juli 1988 gekauft worden (n = 972).

Die Analyse der Na-Aufnahme Erwachsener erfolgte 1988 bei vier in Brandenburg (Wusterhausen, Vetschau) und Thüringen (Bad Langensalza, Jena) beheimateten Testpopulationen von jeweils sieben Frauen und sieben Männern im Alter von 20 bis 60 Jahren. An sieben aufeinanderfolgenden Tagen erfaßten die 56 Testpersonen sämtliche individuell verzehrten Speisen und Getränke tageweise nach der Duplikatmethode. Auch die während der Freizeit, bei der Gartenarbeit, dem Sport oder beim Fernsehen aufgenommenen Früchte, Bonbons, Getränke etc. wurden gesammelt und der Tagesprobe zugeschlagen. Die Befunde wurden mit Hilfe der „Doppelten Varianzanalyse" (Rasch et al. 1978) ausgewertet. Sie gestattete, den Einfluß des Geschlechtes und Lebensraumes auf die Na-Versorgung zu erfassen.

Nach der Währungsunion und dem grundsätzlichen Wechsel des Nahrungsmittel- und Getränkeangebotes in den neuen Bundesländern wurde erneut die Na-Aufnahme und zusätzlich die Na-Ausscheidung über Harn und Fäzes bei jeweils sieben Frauen und Männern aus Bad Liebenstein im Thüringer Wald, nahe der früheren Grenze gelegen, untersucht.

Von jeder Testperson kamen die Einzelproben der sieben Untersuchungstage (Speisen und Getränke, Sammelharn, Kot) zur Analyse, so daß neben dem Wochen- auch der individuelle Tageskonsum bzw. die Tagesausscheidung bestimmt werden konnte.

Die Sammelproben des Tages wurden gewogen bzw. gemessen, bei −20 °C in verschlossenen Plastikbeuteln bzw. Plastikgefäßen eingefroren und anschließend neben der Trockenmasse der Na-Gehalt bestimmt.

Die Männer und Frauen der Testpopulation waren gesund.

Die Na-Bestimmung erfolgte nach trockener Veraschung der Proben bei 450 °C flammenphotometrisch.

Alle Na-Konzentrationen der Nahrungsmittel sind auf die Trockensubstanz (TS) bezogen, die der Getränke werden in mg/l angegeben.

Ergebnisse

Der Natriumgehalt der Nahrungsmittel

Der Na-Gehalt der Nährmittel und Teigwaren (z.B. Nudeln, Makkaroni) ohne Kochsalzzusatz ist extrem niedrig und beträgt in der Regel < 100 mg/kg TS und häufig < 500 mg/kg TS (Tabelle 1). Lediglich verschiedene Puddingarten enthielten durch den Na-Gehalt der Milch einen signifikant höheren Na-Anteil.

Eierkuchen- bzw. Kloßmehl und insbesondere Fertigsuppen sind mit NaCl ergänzt und enthalten mit 8,13 oder 45 g Na/kg TS erhebliche Na-Mengen. Dabei ist zu berücksichtigen, daß das Na des Eierkuchenmehls

Tabelle 1. Der Natriumgehalt verschiedener Nährmittel und Teigwaren in mg/kg Trockensubstanz (n = 9)

Art	x̄	s	Art	x̄	s
Zucker	45	45	„Weizenin“	248	124
Grieß	60	21	Makkaroni	262	38
Reis	64	22	Weiße Bohnen	276	100
Weizenmehl	70	30	Marmelade	372	167
Honig	72	29	Geschälte Erbsen	448	25
Hafermark	96	20	Schokoladenpudding	3057	1875
Graupen	98	46	Vanillepudding	3058	2740
„Maisan“	105	82	Eierkuchenmehl	8210	2287
Haferflocken	135	48	Kloßmehl	12858	2170
Nudeln	233	31	Fertigsuppen	45064	8580

und der Fertigsuppen nahezu komplett in die menschliche Ernährung eingeht, während das NaCl des Kloßmehls zumindest teilweise im Kochwasser verschwindet und so vom Konsum ausgeschlossen wird.

Alle Backwaren (Tabelle 2) werden bei der Herstellung mit NaCl supplementiert, deshalb ist ihr Na-Gehalt wesentlich größer als der des Mehles und Zuckers. Die einzelnen Backwaren unterscheiden sich hinsichtlich ihres Na-Anteils signifikant. Keks, Kuchen und Zwieback liefern < 5 g Na/kg TS, während alle Arten von Brot und Brötchen im Mittel 6 bis 8 g Na/kg TS enthielten. Diese werden offenbar mit mehr NaCl als die zuckerreichen Gebäckarten ergänzt.

Tabelle 2. Der Natriumgehalt verschiedener Backwaren in mg/kg Trockensubstanz (n = 9)

Art	x̄	s	Art	x̄	s
Keks	1406	873	Knäckebrot	6213	626
Streuselkuchen	1664	232	Brötchen	6423	834
Rührkuchen	2153	684	Toastbrot	6487	1591
Eierschecke	2765	2041	Mischbrot	7804	1920
Zwieback	4824	1475			

Die für die frühere DDR typischen Gewürze und Genußmittel (Tabelle 3) brachten mit Ausnahme des Senfes, des künstlichen Meeressalzes „Sanisal“ und des Kochsalzes ähnlich bescheidene Na-Mengen in die menschliche Nahrung wie die nicht mit Kochsalz ergänzten Nährmittel. Außerdem sind die täglich verzehrten Gewürzmengen für die Na-Bilanz mit Ausnahme des „Sanisals“ und Speisesalzes uninteressant.

Der Na-Gehalt der Genußmittel blieb im wesentlichen < 1 g/kg Trockensubstanz. Der höhere Na-Anteil der Vollmilchschokolade im

Tabelle 3. Der Natriumgehalt verschiedener Gewürze und Genußmittel in mg/kg Trockensubstanz (n = 9)

Art	x̄	s	Art	x̄	s
Senfkörner	278	49	Pralinen	637	296
Kümmel	359	86	Bonbons	685	226
Kaffee	496	36	Paprika, scharf	849	577
Zimt	515	92	Majoran	989	437
Kakao	583	89	Vollmilchschokolade	1391	147
Pfeffer	589	153	Senf	38798	10254
Schwarzer Tee	626	65	„Sanisal“	322703	19785
Paprika, süß	629	265	Speisesalz	389167	2082

Vergleich zum Kakao resultiert aus ihrer Milchergänzung, die erhebliche Na-Mengen liefert.

Kaffee und Tee, deren Gesamtgehalt an Na und nicht nur ihr extrahierbarer Anteil erfaßt wurde, tragen nicht wesentlich zur Na-Versorgung des Menschen bei.

Der Na-Gehalt unkonservierter Früchte und Gemüsearten ist extrem unterschiedlich und schwankt zwischen 245 mg beim Apfel und 2700 mg/kg TS beim Kohlrabi (Tabelle 4). Der Na-Anteil des Apfelmuses wurde durch den Zuckerzusatz verdünnt.

Tabelle 4. Der Natriumgehalt verschiedener Früchte und Gemüsearten in mg/kg Trockensubstanz (n = 9)

Art	x̄	s	Art	x̄	s
Apfelmus	144	32	Weißkohl	2172	1053
Äpfel	245	149	Dill	2274	1216
Kartoffeln	255	27	Petersilie	2339	825
Orangen	318	79	Kohlrabi	2700	802
Zitronen	464	206	Rotkohl, Glas	36366	10619
Erbsen, grün	483	94	Buschbonen, Glas	38736	14787
Tomaten	1147	450	Möhren, Glas	45418	20055
Schnittlauch	1311	518	Sauerkraut, Glas	48241	16549
Kopfsalat	1595	856	Sauerkraut, lose	50644	14519
Gurken	2150	360			

Tomaten, Schnittlauch, Kopfsalat, Gurken, Weißkohl, Dill, Petersilie und Kohlrabi liefern immerhin 1 bis 2,5 g Na/kg TS.

Kohl, Buschbohnen und Möhren im Glas waren und sind mit NaCl konserviert und deshalb signifikant Na-reicher als das Ausgangsmaterial.

Sauerkraut enthält etwa die zwanzigfache Na-Menge des Weißkrautes, wobei beachtet werden muß, daß bei der Zubereitung des Sauerkrautes ein Teil des Na ausgewaschen oder mit dem Kochwasser entfernt wird.

Der Na-Gehalt der untersuchten Kuhmilch war mit 6 g/kg TS im Vergleich zur Literatur normal, lag aber im oberen Bereich der ausgewiesenen Schwankungsbreite (Renner 1989). Ungesalzene Butter besaß signifikant weniger Na als die Milch.

Die in der Tabelle 5 mit aufgeführte Margarine enthielt die dreifache Na-Menge des Butterfettes. Quark beinhaltet gleichfalls signifikant weniger Na als die Milch. Ein Teil des Na verläßt bei der Quark- oder Käsebereitung mit der Molke die Milcherzeugnisse.

Tabelle 5. Der Natriumgehalt der Milch und verschiedener Milchprodukte in mg/kg Trockensubstanz (n = 9)

Art	$\bar{x}$	s	Art	$\bar{x}$	s
Butter	537	76	Edamer	10836	3188
Quark	1827	451	Gouda	11141	2468
Margarine	1963	967	Limburger	16148	4967
„Ki-Na Neu“	2571	607	Tollenser	16426	9978
„Milasan“	2640	250	Camembert	17700	5450
„Babysan“	4340	1019	„Ziegenkäse“	19386	3695
Milch	6111	2119	Schmelzkäse	26864	4995
Kondensmilch	7091	1808			

Die Na-Konzentration der in der früheren DDR angebotenen Formulas „Ki-Na Neu“, „Milasan“ und „Babysan“ war niedriger als die der Kuhmilch und entsprach damit mehr der Muttermilch. Frauenmilch ist Na-ärmer als Kuhmilch (Hurrell et al. 1989; Harzer und Haschke 1989).

Kondensmilch enthielt in Übereinstimmung mit der Literatur (Scott et al. 1989) geringfügig mehr Na als die Kuhmilch.

Alle Käsearten werden durch „Salzen“ mit NaCl über den Na-Gehalt der Kuhmilch hinaus, trotz des Na-Abganges über die Molke, mit Na angereichert. Edamer und Gouda sind offenbar mit weniger NaCl versetzt als Camembert oder der sogenannte „Altenburger Ziegenkäse“, welcher grundsätzlich aus Kuhmilch erzeugt wurde. Der extrem hohe Na-Anteil des Schmelzkäses resultiert partiell auch aus dem Natriumphosphatzusatz bei der Einschmelzung von nicht marktfähigem „Schnittkäse“, der nach Anke et al. (1989) auch zu einer starken P-Anreicherung führt.

Der Na-Anteil des Fleisches schwankt je nach seiner artspezifischen Zusammensetzung zwischen 1,7 g/kg TS beim Schweinefleisch, 2,6 g/kg TS beim Geflügelfleisch und 3,4 bzw. 3,8 g/kg TS beim Rind- bzw. Schaffleisch (Tabelle 6). Rinderleber speichert statistisch gesichert weniger Na als das Nierengewebe.

Süßwasserfisch, vertreten durch die Forelle, enthielt mit 4,1 g Na/kg TS ähnliche Na-Mengen wie das Hühnerei.

Alle Wurstsorten erwiesen sich im Vergleich mit dem Ausgangsmaterial als erheblich mit NaCl angereichert. Das gilt insbesondere für die in der früheren DDR weit verbreitete Bockwurst.

Tabelle 6. Der Natriumgehalt von Fleisch, Wurst, Fisch und Hünerei in mg/kg Trockensubstanz (n = 9)

Art	x̄	s	Art	x̄	s
Schweinefleisch	1684	339	Salami	11613	1234
Leber, Rind	1963	753	Leberwurst	12400	1256
Geflügelfleisch	2637	457	Blutwurst	15507	5070
Rindfleisch	3396	1168	Bockwurst	17241	4869
Schaffleisch	3811	1975	Forelle, geräuchert	17519	5292
Forelle	4120	1032	Makrele, Dose	19484	1407
Hühnerei	4838	802	Hering, Dose	24449	1332
Nieren, Rind	6832	2452	Salzhering	97761	7754

Geräucherte Forelle besaß den vierfachen Na-Gehalt der frischen Forelle und erreichte damit den Na-Anteil von Dosensalzwasserfisch, vertreten durch Makrele und Hering.

Salzhering, nicht gewässert, enthielt fast 100 g Na oder 249 g NaCl/kg TS. Diese Na-Menge geht nach entsprechender Wässerung und Zubereitung nur partiell in die menschliche Ernährung ein.

Der Natriumgehalt verschiedener Getränke

Der Na-Gehalt der verschiedenen Getränke ist mit 34 mg/l Rotwein bis 74 mg/l Pilsner Bier relativ niedrig (Tabelle 7). Lediglich Eierlikör wird durch den Eizusatz mit Na angereichert. Wein und Sekt sind im Vergleich zum Bier relativ Na-arm. Der Betrag der Getränke zur Na-Bilanz des Menschen ist mit Ausnahme der Milch gering. Der Na-Anteil des Essigs wurde aus Gründen der Maßstabsgleichheit (mg/l) in die Tabelle 7 aufgenommen.

Tabelle 7. Der Natriumgehalt verschiedener Getränke in mg/l

Art	x̄	s	Art	x̄	s
Essig	25	13	Pilsner	74	39
Rotwein	34	16	Wermut	90	36
Sekt	40	16	Korn	96	18
Weißwein	45	14	Weinbrand	104	44
Limonade	52	21	Eierlikör	113	206
Vollbier	72	61			

Die Natriumaufnahme Erwachsener in Brandenburg und Thüringen

Die Na-Konzentration der verzehrten Nahrungs- und Getränketrockensubstanz betrug im Mittel der Frauen 8797 mg/kg und der Männer 9156 mg/kg.

Tabelle 8. Der Natriumgehalt konsumierter Nahrungsmittel und Getränke in Abhängigkeit vom Lebensraum und Geschlecht der erwachsenen Testpersonen (mg/kg Trockensubstanz)

Lebensraum		Frauen		Männer		Geschlechtseinfluß
		s	$\bar{x}$	$\bar{x}$	s	
Brandenburg	Wusterhausen	3365	9010	8899	2179	
	Vetschau	3677	9188	10280	3598	
						> 0,05
Thüringen	Bad Langensalza	2124	7280	8286	2582	
	Jena	3139	9711	9161	2377	
Einfluß des Lebensraumes			< 0,001			–

Sie war damit bei letzteren um 4 % insignifikant größer als bei den Frauen (Tabelle 8). Die Na-Konzentration der Nahrungstrockensubstanz ist etwa sechsmal so hoch wie der Na-Bedarf der meisten Haustierarten (1 500 mg/kg TS;Anke 1988) mit zum Teil beträchtlich größeren Leistungen, als sie bei Erwachsenen die Regel sind. Dieser Vergleich belegt, daß offenbar vom Menschen weit mehr Na verzehrt wird, als sein kalkulierter Bedarf betragen kann.

Im Gegensatz dazu beeinflußte der Lebensraum die Na-Aufnahme der Erwachsenen gesichert. Die Testpersonen beider Geschlechter aus Bad Langensalza verzehrten eine gesichert Na-ärmere Nahrungs- und Getränketrockensubstanz als die Frauen und Männer aus Jena und Vetschau. Dieser Befund kann ursächlich nicht erklärt werden. Möglicherweise aßen die Bad Langensalzaer Testpersonen mehr unkonserviertes Gemüse als die Bürger anderer Lebensräume. Dieses liefert ebenso wie Mehl und Leguminosen wenig Na, während Fleisch, Milch und Molkereierzeugnisse, genauso wie konserviertes Gemüse, viel Na enthalten. Dieser Aussage steht entgegen, daß Vegetarier, die keine Nahrungsmittel tierischer Herkunft verzehrten, sich im Na-Verzehr nur insignifikant von schwedischen Normalbürgern unterschieden (Abdulla et al. 1986). Auch Laktovegetarier nahmen ähnliche Na-Mengen wie reine Vegetarier und Normalkonsumenten auf (Abdulla 1986 b). Offenbar wird die durch den Gemüseverzehr bedingte Minderaufnahme durch einen vermehrten Speisesalzkonsum ausgeglichen.

Das komplett geänderte Nahrungsmittel- und Getränkeangebot nach der Einheit Deutschlands nahm auf den Na-Gehalt der verzehrten Nahrungstrockensubstanz keinen Einfluß (Tabelle 9).

Die Frauen verzehrten 1990 lediglich 2 % weniger Na als 1988. Im Gegensatz dazu nahmen die Männer nach der Wende 8 % mehr Na auf. Die Differenz blieb insignifikant.

In beiden Testjahren konsumierten die Männer eine im Mittel Na-reichere Nahrungstrockenmasse.

Tabelle 9. Der Natriumgehalt konsumierter Nahrungsmittel und Getränke in Abhängigkeit vom untersuchten Jahr in mg/kg Trockensubstanz

Geschlecht (n)	1988		1990			
	s	$\bar{x}$	$\bar{x}$	s	p	%
Frauen (56;14)	3 239	8 797	8 636	1 880	> 0,05	98
Männer (56;14)	2 813	9 156	9 903	2 666	> 0,05	108
p	> 0,05		> 0,05			
%	104		115		–	

Der tägliche Na-Verzehr der Frauen war im Mittel mit 2565 mg Na/Tag um 35 % niedriger als der der Männer mit 3462 mg/Tag. Die gesicherte Differenz (Tabelle 10) resultiert im wesentlichen aus dem um 27 % höheren Trockenmasseverzehr der Männer und ihrer um 4 % Na-reicheren Nahrung.

Tabelle 10. Die Natriumaufnahme Erwachsener in Abhängigkeit von Lebensraum und Geschlecht (mg/Tag)

Lebensraum		Frauen		Männer		Geschlechtseinfluß
		s	$\bar{x}$	$\bar{x}$	s	
Brandenburg	Wusterhausen	868	2 565	3 668	1 097	< 0,001
	Vetschau	1 260	2 921	3 502	1 430	
Thüringen	Bad Langensalza	595	1 996	3 133	1 180	
	Jena	936	2 776	3 545	1 012	
Einfluß des Lebensraumes				< 0,001		–

Der Lebensraum beeinflußte auch den Na-Konsum der vier Testpopulationen (Tabelle 10). Die Bürger des Kreises Bad Langensalza aßen signifikant weniger Na als die der anderen Testpopulationen.

Rechnet man das täglich mit der Nahrung und den Getränken verzehrte Na in Speisesalz um, dann nahmen die Frauen im Mittel 6,5 g und die Männer 8,8 g NaCl/Tag auf. Dieser NaCl-Verzehr entspricht dem für 1980 in den USA prognostizierten Speisesalzverzehr von 6 bis 9 g/Tag (Anonym 1980) bzw. dem von 5 bis 6 g NaCl in Schweden (Abdulla 1986).

Das nach der Vereinigung komplett veränderte Nahrungsangebot beeinflußte den Na-Verzehr (Tabelle 11) der Frauen lediglich insignifikant um −4 % und den der Männer überhaupt nicht.

Der „Na-Bedarf" Erwachsener wurde in den USA auf 1 100 bis 3 300 mg/Tag geschätzt (Anonym 1980). Die in Brandenburg und Thüringen verzehrten Na-Mengen bewegen sich in diesem Rahmen.

Tabelle 11. Die Natriumaufnahme Erwachsener in Abhängigkeit vom Untersuchungsjahr in mg/Tag

Geschlecht (n)	1988		1990			
	s	$\bar{x}$	$\bar{x}$	s	p	%
Frauen (56;14)	1 001	2 565	2 449	1 043	> 0,05	96
Männer (56;14)	1 197	3 462	3 443	1 283	> 0,05	100
p	< 0,001		< 0,001			–
%	135		141			

Natriumausscheidung

Die Natriumausscheidung der Frauen und Männer aus Bad Liebenstein wurde täglich über Sammelharn und Fäzes erfaßt (Tabelle 12). Ihre Na-Exkretion über den Schweiß blieb unberücksichtigt. Die Analyse der Na-Ausscheidung zeigte, daß über den Stuhl im Mittel nur 2,4–3,0 % der insgesamt exkretierten Na-Menge den Körper verlassen.

Da in diesem sich auch endogenes Na befindet, kann von einer nahezu 100 %igen Absorption des Na ausgegangen werden. Die renale Tagesausscheidung von 3,3 bzw. 3,6 g Na durch beide Geschlechter ist nicht besonders hoch. Die Na-Exkretion über den Tagesharn wird seit 1959 dazu benutzt, um den Kochsalzverzehr der Probanden zu erfassen. Für die Testpersonen aus Bad Liebenstein läßt sich auf diese Weise im Mittel ein NaCl-Verzehr von 8,4 bis 9,2 g/Tag kalkulieren. Dieser Kochsalzverzehr ist niedriger als der nach der gleichen Methode bei 20- bis 40jährigen Männern aus Heidelberg für die Jahre 1980 bzw. 1981 (11,3 bzw. 12,0 g NaCl/Tag) sowie bei Frauen (9,8 g/Tag) kalkulierte (Holtmeier und Pittelkow 1990).

Tabelle 12. Natriumausscheidung der Frauen und Männer über Harn und Fäzes in mg/Tag

Exkretion	Frauen		Männer			
	s	$\bar{x}$	$\bar{x}$	s	p	%
Harn	1 726	3 311	3 552	1 471	> 0,05	107
Fäzes	84	102	89	77	> 0,05	87
Exkretion über Harn, %	97,0		97,6			–
Exkretion über Fäzes, %		3,0		2,4		

Zwischen den Geschlechtern ließen sich bei der Bad Liebensteiner Testpopulation hinsichtlich der renalen und fäkalen Na-Ausscheidung keine signifikanten Unterschiede nachweisen, die aber bei der Na-Aufnahme signifikant bestanden (Tabelle 11).

Diskussion

In den USA wird ein Na-Verzehr von 1 100 bis 3 300 mg/Tag bei Erwachsenen als bedarfsdeckend angenommen (Anonym 1980).

In Brandenburg und Thüringen verzehrten sowohl vor als auch nach der Vereinigung Deutschlands Frauen und Männer im Mittel 2 500 bzw. 3 400 mg Na/Tag. Dieser Na-Verzehr wird als bedarfsdeckend angesehen, obwohl insbesondere weibliche Testpersonen bei hochsommerlichen Temperaturen, großer Flüssigkeitsaufnahme und reichlicher Harnausscheidung eine negative Na-Bilanz von etwa 1 g/Tag aufweisen können. Der etwa 90 g umfassende Na-Bestand Erwachsener (Abdulla 1986), kann ein solches Defizit kurzfristig ausgleichen.

In den Niederlanden konsumierten 18jährige Männer 4 420 mg/Tag (Van Dokkum et al. 1989), in der Schweiz nahmen Erwachsene 4 851 mg/Tag auf (Wyttenbach et al. 1987), in den USA verzehrten 25- bis 30jährige Frauen 2 016 mg/Tag und Männer des gleichen Alters 3 097 mg/Tag (Pennington et al. 1980). In einer anderen Studie der USA aßen erwachsene Frauen und Männer 3 359 bzw. 3 404 mg Na/Tag (Kim et al. 1984).

Diese Befunde belegen, daß in Brandenburg und Thüringen vor und nach der Wende kein besonders hoher, sondern ein normaler Na-Verzehr erfolgte. Das 1990 im Vergleich zu 1988 fast komplett veränderte Nahrungsmittel- und Getränkeangebot nahm keinen Einfluß auf den Na-Verzehr.

Für die einleitend genannte Jodprophylaxe ergibt sich, daß neben dem Speisesalz auch andere J-Quellen erschlossen werden sollten. Dazu eignet sich die Jodierung der Mineralstoffmischungen landwirtschaftlicher Nutztiere, die das J über Milch, Innereien und Fleisch in die menschliche Ernährung bringen und es in einer biologisch effektiven Form liefern (Anke et al. 1989).

Die Gefahr, daß eine reichliche Na-Aufnahme zu einer Hypertonie führt, ist experimentell nicht belegt. Abdulla et al. (1986a) und Thulin et al. (1980) fanden ebenso wie Holtmeier und Pittelkow (1990) keine Korrelation zwischen NaCl-Verzehr und Blutdruck.

Der Rückschluß von der renalen Na-Ausscheidung auf den NaCl-Konsum des Menschen ist theoretisch möglich, liefert aber nur sichere Werte, wenn die Messungen über längere Zeiträume erfolgen, da die Tagesnatriumaufnahme extrem schwankt und der Körper, wie schon erwähnt, eine negative Bilanz kurzzeitig ausgleichen kann.

Zusammenfassung

Mit Hilfe von 108 in neunfacher Wiederholung gesammelten Lebensmitteln und Getränken aus dem Gesamtgebiet der früheren DDR wurde 1988 die Na-Versorgung der Bevölkerung getestet. Alle pflanzlichen Nahrungsmittel und insbesondere Grieß, Mehl, Graupen, Reis, Haferflocken, Zucker und Teigwaren erwiesen sich als extrem Na-arm. Brot, Gebäck, Fertigsuppen, Pudding und konservierte Gemüsearten erhielten ihren höheren Na-Anteil über Kochsalzzulagen, das gilt insbesondere für Sauerkraut.

Butter und Quark sind im Vergleich zur Milch Na-arm. Das Na verläßt mit der Molke die Molkereiprodukte. Der hohe Na-Anteil der verschiedenen Käsearten wurde durch „Salzen“ verursacht. Schmelzkäse ist mit 26 g Na/kg TS besonders Na-reich.

Schweine-, Geflügel-, Rind- und Schaffleisch enthielt mit 1,7 bis 3,8 g Na/kg TS steigende Na-Mengen. Die Wurst bezieht ihren ungleich höheren Na-Anteil von 12 bis 17 g/kg TS durch Würzen mit Speisesalz.

Hühnereier enthalten 4,8 g Na/kg TS, Seefisch liefert etwa 20 g Na/kg TS. Salzhering kann 100 g Na/kg Trockensubstanz speichern. Die verschiedenen Getränke tragen wenig zur Na-Bilanz des Menschen bei.

Vier Testpopulationen aus Brandenburg und Thüringen verzehrten 1988 vor der Einheit Deutschlands eine Lebens- und Getränketrockenmasse mit 8 797 mg Na/kg bei den Frauen und 9 156 mg Na/kg TS bei den Männern. Der Lebensraum der Menschen beeinflußte den Na-Gehalt der konsumierten Nahrungstrockenmasse signifikant.

Die Na-Aufnahme der Frauen betrug 2 565, die der Männer 3 462 mg/Tag. Sie wurde durch Geschlecht und Lebensraum signifikant variiert.

Das komplett geänderte Lebensmittel- und Getränkeangebot nach der Vereinigung Deutschlands beeinflußte den Na-Verzehr nicht.

Das Na der Speisen und Getränke wird wahrscheinlich komplett absorbiert. Mit dem Kot verließen im Mittel lediglich 2,4 bis 3,0 % der versetzten Na-Menge den Körper. Diese Na-Menge könnte endogenen Ursprungs sein. Die Messung des NaCl-Verzehrs über die renale Na-Ausscheidung ist dennoch problematisch, da der Na-Verzehr tageweise extrem schwankt und der Körper über große Na-Depots verfügt, die ein zeitlich begrenztes Na-Defizit ausgleichen können. Dadurch kann ein höherer NaCl-Konsum vorgetäuscht werden.

Die Gefahren einer Na-Belastung des Menschen (Hypertonie) sind mit großer Wahrscheinlichkeit nicht so hoch, wie ursprünglich angenommen.

Literatur

1. Abdulla M: Sodium, In: Abdulla M (ed.) Inorganic chemical elements in prepared meals in Sweden. Dep. of Clin. Chem., Univ. of Lund, Sweden (1986a) p. 25
2. Abdulla M: Public health/clinical significance of inorganic chemical elements. In: Abdulla, M (ed.) Inorganic chemical elements in prepared meals in Sweden. Dep. Clin. Chem., Univ. Lund, Sweden (1986b) p. 339

3. Abdulla M, Andersson J, Asp N-G, Berthelsen K, Birkhed D, Dencker J etc.: Nutrient intake and health status of vegans. Chemical analysis of diets using duplicate sampling technique. Am. J. Nutr. 34 (1981) 2464
4. Abdulla M, Jägerstad M, Nordén A, Thulin T, Svensson S: Sodium. In: Abdulla M (ed.) Inorganic chemical elements in prepared meals in Sweden. Dep. Clin. Chem., Univ. of Lund, Sweden (1986) p. 138
5. Anke M: Anorganische Bausteine. In: Püschner A, Simon O (eds.) Grundlagen der Tierernährung. 4. Auflage, VEB Gustav Fischer Verlag Jena (1988)
6. Anke M, Bugdol G, Arnhold W, Groppel B: Der Phosphorgehalt der Nahrungsmittel bzw. Getränke und die Phosphoraufnahme Erwachsener in Brandenburg und Thüringen. Mengen- und Spurenelemente 10 (1990) 516, Universität Leipzig und Jena
7. Anke M, Wenk G, Heinrich H, Groppel B, Bauch K: Die Wirkung jodierter Mineralstoffmischungen für Rind und Schwein auf die Jodversorgung und Strumaprophylaxe. Z. gesamte inn. Med. 44 (1989) 41
8. Anonym: Recommended dietary allowances 9th ed. – Food and Nutritional Board. National Academy of Sciences, Washington DC, National Research Council (1980)
9. Groppel B, Anke M, Hennig A: Jodversorgung des Menschen. In: Interdisziplinäre Probleme des Jodmangels, der Jodprophylaxe, des Jodexzesses und antithyreoidaler Substanzen. Berlin-Chemie 2 (1989) p. 48
10. Harzer G, Haschke F: Micronutrients in human milk. In: Renner E (ed.) Micronutrients in milk and milk-based food products. Elsevier Applied Science, London and New York (1989) p. 125
11. Holtmeier HJ, Pittelkow Chr: Kochsalzbelastung in der Bundesrepublik Deutschland und Hypertonie. Card. Ang. Bull. 27 (1990) 26
12. Hurrell RF, Berrocal R, Neeser J-R, Schweizer TF, Hilpert H, Fraitler H, Colarow L, Lindstrand K: Micronutrients in infant formulas. In: Renner E (ed.) Micronutrients in milk and milk-based food products. Elsevier Applied-Science, London and New York (1989) p. 239
13. Kim W, Kelsey J, Judd J, Marshall M, Mertz W, Prather E: Evaluation of long-term dietary intakes of adults consuming self selected diets. Am. J. Clin. Nutr. 40 (1984) 1327
14. Pennington JAT, Young BE, Wilson DB: Nutritional elements in US diets results from the total diet study 1982–1986. J. Am. Diet. Assoc. 89 (1989) 659
15. Rasch D, Herrendörfer G, Bock J, Busch K: Verfahrensbibliothek, Versuchsplanung und Auswertung. VEB Deutscher Landwirtschaftsverlag Berlin (1981)
16. Renner E: Micronutrient in milk and milk-based food products. Elsevier Applied Science, London and New York (1989)
17. Rühle M, Ventz M, Bartsch F, Lungfield S, Schwarzbach H: Untersuchungen zum Kochsalzverbrauch im Norden der DDR. In: Interdisziplinäre Probleme des Jodmangels, der Jodprophylaxe, des Jodexzesses und antithyreoidaler Substanzen. Berlin-Chemie 2 (1989) p. 29
18. Scott KJ: Micronutrients in milk products. In: Renner E (ed.) Micronutrients in milk and milk-based food products. Elsevier Applied Science, London and New York (1989) p. 71
19. Thulin T, Abdulla M, Dencker J, Jagerstad M, Melander A, Norden A, Scherstén B, Akkesson B: Comparison of energy and nutrient intakes in women with high and low blood pressure levels. Acta Med. Scand. 208 (1980) 367
20. Van Dokkum W, de Vis RH, Mnys T, Wesstra JA: Mineral and trace elements in total diets in the Netherlands. Brit. J. Nutr. 61 (1989) 7
21. Wyttenbach A, Bajo S, Tobler L, Zimmerli B: The concentration of 19 elements in the swiss diet. In: Brätter P, Schramel P (eds.) Trace Elements Analytical Chemistry in Medicine and Biology. De Gruyter, Berlin – New York (1987) 169

Die Bedeutung von jodiertem Speisesalz

C. R. Pickardt, München

Deutschland ist als Ganzes ein Jodmangelgebiet. Die Minderversorgung von Neugeborenen, Kindern und Erwachsenen ist belegt [1, 2]. Die Begründung für die Jodarmut des Gesteins und damit die Jodarmut des Wassers, der Pflanzen und der tierischen sowie menschlichen Nahrung wird aus dem Auswaschen von Jod aus dem Gestein während der Tauzeiten in ehemals vergletscherten meeresfernen Landesteilen gesehen. Die Jodarmut führt zu einem geringen Jodgehalt der Produkte der gesamten Nahrungskette.

Zur Beseitigung des Jodmangels benötigt man ein Lebensmittel des allgemeinen Verzehrs, das die Bevölkerung möglichst gleichmäßig erreicht, dem Jod in geeigneter Verbindung (derzeit 20 mg Jod pro kg Kochsalz als Kaliumjodat) zugesetzt werden kann [3]. Dazu bietet sich Kochsalz an, das in praktisch jedem Haushalt in nahezu konstanter Menge alle Familienmitglieder, abgesehen von Kleinkindern und Hochdruckkranken, erreicht.

In der Schweiz, die regional besonders stark von den Folgen des endemischen Jodmangels betroffen war, begann der Kanton Appenzell 1922 mit der Jodierung des Speisesalzes und erreichte damit das Verschwinden des endemischen Kretinismus und eine Verminderung der Neugeborenenstruma. Anders als in Deutschland gibt es keine lebensmittelrechtlichen Bedenken gegen die Verwendung von Jodsalz. Der Jodgehalt wurde 1980 auf 20 mg/kg erhöht [4]. Bis 1984 waren 93 % des verkauften Speisesalzes Jodsalz. Die Jodausscheidung im Urin war auf 141, 3 $\pm$ 64,5 µg/24 Std. angestiegen [4]. Bei der jüngeren Bevölkerung traten keine endemischen Strumen mehr neu auf. Die Struma bei älteren Menschen, bei denen diese Veränderung bereits eingetreten war, hat sich durch diese prophylaktische Maßnahme natürlich nicht verändert. Damit hat die Schweiz gezeigt, daß ein schwerer Jodmangel durch die Verwendung von jodiertem Speisesalz beseitigt werden kann.

Es gibt noch einen weiteren Weg zur Beseitigung des Jodmangels: In jodarmen Regionen ist naturgemäß das Viehfutter auch jodarm, so daß die tierischen Nahrungsmittel einen geringen Jodgehalt aufweisen. Länder, in denen der Milch- und/oder der Fleischkonsum der Bevölkerung besonders hoch liegt, können durch Beimengung von Jodsalzen zu den Mineralstoffsupplementierungen zu der Haustiernahrung eine Verbesserung der Jodversorgung erreichen. So wurde der Jodmangel in Finland [5], wo die Haustiere längere Zeit des Jahres im Stall leben, beim Menschen erst beseitigt, nachdem auch dem Viehfutter Jod zugesetzt worden ist. 1984 wurde gezeigt, daß die Schilddrüsengewichte im Sektionsgut bei Verstorbenen unter 45 Jahren mit 20–27 g im Vergleich zu 1959 nicht mehr zu hoch war [6]. Dieser Weg war auch in der ehemaligen DDR begangen worden, in den alten Bundesländern jedoch nicht [7].

In Europa [9] gibt es außer England und Dänemark kein Land ohne Jodsalzprophylaxe, in dem die Struma nicht endemisch wäre (Tabelle 1). In Dänemark gibt es Hinweise auf einen grenzwertigen Jodmangel [10]. Es gibt weiterhin Länder, in denen durch obligatorische Jodprophylaxe die Strumaendemie gemildert, aber nicht beseitigt werden konnte. Schließlich gibt es Länder, in denen die Struma weiterhin endemisch ist, eine Jodierung des Speisesalzes vorgenommen worden ist, die Verwendung jedoch auf freiwilliger Basis stattfindet und, wie an der Persistenz der Strumaendemie abzulesen ist, ungenügend funktioniert. Zu diesen Ländern gehört Deutschland.

Warum funktioniert die Jodprophylaxe bei der Verwendung von Jodsalz auf freiwilliger Basis nur ungenügend?

Die Weltgesundheitsorganisation empfiehlt eine Jodzufuhr von 150 bis 200 μg bei Erwachsenen und 280 μg bei Schwangeren und stillenden Frauen [11]. In unserem Lande besteht ein Defizit von 80–120 μg pro Tag, das in der Schwangerschaft höher liegt.

Da aus gesetzgeberischen Gründen Jodsalz nur freiwillig verwendet werden darf und erst seit 1989 die Verwendung bei der Lebensmittelherstel-

Tabelle 1. Jodprophylaxe und Strumaendemie in Europa 1988 (aus [9])

Struma nicht endemisch		Struma kann weder als endemisch noch als nicht endemisch eingeordnet werden	
Belgien	v	Österreich	m
Dänemark	n	Bulgarien	m
Finland	m	CSFR	m
Island	–	Ungarn	m
Irland	v	Niederlande	m
Norwegen	v	Polen	m
Schweden	m	Schweiz	m
Großbritannien	n	Jugoslawien	m
Struma endemisch		**keine Angaben**	
BRD	v	Albanien	–
Frankreich	v	Luxemburg	–
ehem. DDR	m	UdSSR	–
Griechenland	v		
Italien	v		
Portugal	v		
Rumänien	–		
Spanien	v		
Türkei	–		

m = vorgeschrieben oder vom Großteil der Bevölkerung benutzt, v = freiwillig, n = ohne Jodsalzprophylaxe, – = keine Angaben lung und in Gemeinschaftsverpflegungen mit einer einfachen Deklarationspflicht zugelassen ist [12], wurde untersucht, welcher Erfolg durch die Verwendung von jodiertem Speisesalz im Haushalt erwartet werden darf. Im Institut für Kinderernährung in Dortmund wurde gezeigt, daß bei einer Natriurese, aus der sich für Frauen ein Kochsalzverbrauch von 9,8 g pro Tag und bei Männern von 12 g pro Tag errechnen ließ, der durchschnittliche Salzverbrauch im Haushalt bei 2,25 g pro Tag anzusetzen war. Das bedeutet, daß 20–25 % des Natriumchlorids aus den zu Hause zubereiteten Nahrungsmitteln stammte und daß man mit dieser Supplementierung die Jodversorgung um maximal 40 µg pro Tag verbessern kann [13]. Dementsprechend stieg die Jodurie in diesen Familien nur bei den Jungen sowie bei Frauen und Mädchen signifikant an [14]. Aus diesen Informationen ist abzulesen, daß die quantitativ größere Kochsalzzufuhr aus vorgefertigten Nahrungsmitteln stammt und daß zweitens die Verwendung von Jodsalz im Haushalt zum Ausgleich des Joddefizits nicht ausreicht. Weiterhin wurde gezeigt, daß von dem Jodsalz, das dem Kochwasser im Haushalt zugegeben wird, nur wenig in das Kochgut übergeht, 12–27 % verdampfen während des Kochens, ein hoher Anteil wird schließlich mit dem Kochwasser verworfen [15]. Die ungenügende Wirksamkeit der Verwendung von jodiertem Speisesalz im Haushalt wurde auch in einer Studie von Hintze und Mitarb. [16] gezeigt. 126 Schulkinder, in deren Familien 4 Jahre lang Jodsalz verwendet wurde, zeigten zwar einen signifikanten Anstieg der Jodurie auf im Mittel 60 µg pro Tag, der jedoch die untere Grenze der optimalen Versorgung nicht erreichte. Die Struma bei diesen Kindern änderte sich nicht.

In der ehemaligen DDR wurden die in Tabelle 2 aufgeführten Maßnahmen zur Optimierung der Jodversorgung ergriffen [7]. Die Erfolge, die 1987 zu verzeichnen waren, sind in Tabelle 3 zusammengefaßt. Die Erklärung für den nur sehr geringen Anstieg der Jodurie in den hier untersuchten Bevölkerungsgruppen läßt sich aus der Tatsache ableiten, daß nur das Paketsalz für den Haushalt jodiert war und auf der anderen Seite Kinder, Schüler und die arbeitende Bevölkerung die Hauptmahlzeiten nicht zu Hause einnahmen und daß die Sackware, also das Salz, das in Großgebinden in Großküchen verwendet wurde, nicht jodiert war. Immerhin ging die Häufigkeit der Neugeborenenstruma in Jena von 3,4 % im Jahre 1982 auf 0,1 % im Jahre 1986 zurück [8].

Tabelle 2. Etappen der interdisziplinären Strumaprophylaxe in der DDR (aus [7])

Vor 1983	Geringer und zufälliger Verbrauch von jodiertem Salz (25 mg/KI/kg)
1983	Bevorzugte Lieferung von jodiertem Salz (25 mg KI/kg) in Südbezirke und Bezirk Cottbus
1985	Ab Juli Jodierung von 84 % des Paketsalzes (32 mg KIO_3/kg) und Auslieferung in gesamte DDR
1986	Ab März Einsatz jodierter Mineralstoffmischungen (20 mg KIO_3/kg) bei Schwein (gesamte DDR) und Rind (Südbezirke und Bezirk Cottbus)

Tabelle 3. Änderung der Urinjodausscheidung in der ehemaligen DDR von 1985–1986/87 (aus [7])

Region	n	1985 μg J/g Kreat	n	1986/87 μg J/g Kreat
Norden	91	20.3 ± 1.9	79	37.3 ± 2.1
Zentrum	88	22.8 ± 3.3	126	49.2 ± 1.8
Südost	143	17.7 ± 1.2	284	42.8 ± 1.2
Südwest	46	13.4 ± 1.5	47	47.2 ± 2.8
	368	19.0 + 1.0	536	43.4 + 0.9

K. Bauch et al. Z. ges. Inn. Med. 45 (1990) 8

Man muß also andere Wege gehen, um die Jodversorgung der Bevölkerung zu optimieren, solange in unserem Land die Verwendung nur auf freiwilliger Basis erfolgen darf. Wir müssen die Hauptquellen der Natriumchloridzufuhr in der Ernährung besser nutzen [3] und das bedeutet, daß die Verwendung von jodiertem Speisesalz zur Herstellung von Brot- und Backwaren sowie zu Fleisch- und Wurstwaren herangezogen werden muß, da ca. 70 % des NaCl aus diesen Lebensmitteln stammt. Dies ist seit Mitte 1989 [12] möglich, wenn die Nahrungsmittelindustrie unter der Anmerkung „hergestellt mit jodiertem Speisesalz“ diese Nahrungsmittel herstellt und anbietet [12]. Der Arbeitskreis Jodmangel der Deutschen Gesellschaft für Ernährung und Deutschen Gesellschaft für Endokrinologie setzt sich derzeit für die Aktivierung der Nahrungsmittelindustrie ein. So wurde in Dortmund die Bäckerinnung unter dem Titel „Jod im Brot“ angesprochen. Nach einer Aufklärungsaktion zeigten etwa 80 % der Bäcker in diesem Bereich ein Interesse, 50 % bekundeten die Bereitschaft zur Teilnahme. Etwa 13 % boten entsprechende Backwaren an. Erstaunlich war das Interesse der Kunden. Der noch geringe Absatz von Jodsalz in Großgebinden zeigt, daß die Möglichkeiten der neuen Regelung noch nicht genügend genutzt werden. Hier sind noch sehr intensive Aufklärungskampagnien für die Lebensmittelindustrie und die Verbraucher unter dem Schlagwort „wenn Salz, dann Jodsalz“ erforderlich.

Um in diesen Diskussionen über den Nutzen des Jodsalzes bestehen zu können, muß man über eventuelle Nebenwirkungen von Jodsalz sprechen können.

Nebenwirkungen sind überhaupt nur diskussionswürdig vor dem Hintergrund der Tatsache, daß eine typische Jodmangelkrankheit die Knotenstruma ist, die aus der ursprünglichen diffusen und rückbildungsfähigen Struma Jugendlicher entsteht und in der durch funktionelle Entdifferenzierung die sog. funktionelle Autonomie entsteht. Diese ist definiert als eine Schilddrüsenveränderung, bei der unabhängig vom Bedarf des Organismus und unabhängig von der Stimulation durch thyreotropes Hormon Schilddrüsenhormon gebildet und freigesetzt wird. Diese unter Umständen vermehrte Schilddrüsenhormonfreisetzung kann durch einen Jodüberschuß verstärkt werden (Übersicht bei [17]).

Auf der anderen Seite läßt sich bei diesen Veränderung durch Jodmangel die Hyperthyreose nicht verhindern, wie die Verteilung der Hyperthyreoseformen in unserem Krankengut unter den Bedingungen des endemischen Jodmangels zeigt (Tabelle 4). Ein Ausgleich des Jodmangels kann aber bei latenten Formen zur Manifestation der Überfunktion führen. Nicht in allen Fällen wird der Ausgleich des Jodmangels jedoch zur Hyperthyreose führen, wie der Anteil von 39 % jodkontaminierter Patienten bei präklinischer Hyperthyreose dokumentiert.

Tabelle 4. Verteilung der Hyperthyreoseformen und der Jodkontaminationsraten (%; n = 446) in München 1980/81

Hyperthyreoseform	n	%
Morbus Basedow	102	13
Autonome Adenome	193	27
Multif. Autonomie	63	27
Lat. Hyperthyreosen	88	44

Ein Experiment großen Stils wurde unabsichtlich in Tasmanien gemacht [18]. Die Jodversorgung der Bevölkerung wurde zunächst angehoben durch die Verwendung von Jodophoren zur Desinfektion von Milchgefäßen und schließlich durch eine Erhöhung der Jodzufuhr um 80–300 µg durch Änderung der Brotherstellung. Hier kam es zu einem transienten Anstieg der Hyperthyreoserate in der Bevölkerung von 0,3 auf 1,3 %. Dieser Anstieg betraf die über 40jährigen, bei denen eine andere Form der Hyperthyreose indirekt ausgeschlossen werden konnte. Aus diesen Befunden läßt sich schließen, daß eine vorübergehende frühzeitige Manifestation der Hyperthyreose bei der Verwendung von jodiertem Speisesalz durchaus vorkommen kann. Darin ist jedoch kein ernsthaftes Gegenargument gegen eine wirksame Jodprophylaxe zu sehen, da diese Prophylaxe längerfristig das Auftreten dieser speziellen Jodmangelkrankheit prinzipiell verhindern wird.

Der Gesetzgeber verlangt von uns die Einhaltung des Freiwilligkeitsprinzips. Daher setzt sich die Hoffnung des Arbeitskreises Jodmangel auf Aufklärung der Bevölkerung, die eine Stimulation der Nachfrage nach jodsalzhaltigen Nahrungsmitteln mit sich bringen könnte. Es wäre zu hoffen, daß ähnlich wie in der Schweiz die Verwendung von jodiertem Speisesalz dann eine Selbstverständlichkeit wird und somit auf freiwilliger Basis Jodsalz zum Regelsalz wird.

Zusammenfassung

Deutschland ist als Ganzes ein Jodmangelgebiet, in dem die Minderversorgung von Neugeborenen, Kindern und Erwachsenen belegt ist. Dieser Jodmangel erklärt sich aus der Jodarmut des Trinkwassers und der daraus resultierenden Jodarmut der gesamten tierischen und pflanzlichen Nahrungskette.

Zur Beseitigung des Jodmangels benötigt man ein Lebensmittel des allgemeinen Verzehrs, das die Bevölkerung möglichst gleichmäßig erreicht und dem Jod in geeigneter Verbindung zugesetzt werden kann. Dazu bietet sich Kochsalz an, das in praktisch jedem Haushalt in nahezu konstanter Menge alle Familienmitglieder, abgesehen von Kleinkindern und Hochdruckkranken erreicht.

Die Wirksamkeit der Verwendung von jodiertem Speisesalz im Haushalt *und* der Nahrungsmittelindustrie ist z.B. in der Schweiz belegt: Die mittlere Urinjodausscheidung beträgt nach der letzten Erhöhung des Jodgehaltes im Kochsalz auf 20 mg pro kg 141,3 ± 64,5 μg/24 Std. Das Neuauftreten endemischer Strumen konnte damit verhindert werden, vorbestehende Strumen älterer Menschen haben sich allerdings erwartungsgemäß nicht zurückgebildet.

In Deutschland ist die Verwendung von jodiertem Speisesalz aus gesetzgeberischen Gründen an das Freiwilligkeitsprinzip gebunden. In der Gemeinschaftsverpflegung und in der Lebensmittelindustrie darf es seit Mitte 1989 unter einfacher Deklaration verwendet werden, so daß auch hier das Freiwilligkeitsprinzip beachtet werden muß.

Die Verwendung von jodiertem Speisesalz im Haushalt kann die Jodzufuhr nur um maximal 40 μg Jod pro Tag verbessern. Dieser Erfolg ist bei dem mittleren Joddefizit zwischen 80 und 120 μg pro Tag ungenügend. Eine Verbesserung der Jodversorgung der Bevölkerung kann nur gelingen, wenn jodiertes Speisesalz bei der Zubereitung industriell vorgefertigter Nahrungsmittel breiten Einsatz findet, da etwa 70% des täglich aufgenommenen Kochsalzes aus Brot-, Back-, Fleisch- und Wurstwaren stammt. Dieses Ziel läßt sich nur durch Aufklärung von Herstellern und Verbrauchern erreichen.

Im Rahmen einer wirkungsvollen Aufklärung muß auch den Bedenken gegen die Verwendung von Jodsalz begegnet werden. Nebenwirkungen von jodiertem Speisesalz sind nur diskussionswürdig vor dem Hintergrund der Tatsache, daß eine typische Jodmangelkrankheit die Knotenstruma ist, in der durch funktionelle Entdifferenzierung die sog. funktionelle Autonomie entstehen kann. Diese prädisponiert zu einer Hyperthyreose bei ausreichender oder überhöhter Jodzufuhr. Bei der funktionellen Autonomie läßt sich durch den Jodmangel die Hyperthyreose langfristig jedoch nicht verhindern. Ein Experiment großen Stils wurde unabsichtlich in Tasmanien gemacht, wo durch Verwendung von Jodophoren zur Desinfektion von Milchgefäßen und durch die Jodierung des Brotes die alimentäre Jodzufuhr relativ plötzlich um 80–300 μg pro Tag angehoben wurde. Hier kam es zu einem vorübergehenden Anstieg der Hyperthyreoserate von 0,3 auf 1,3% unter den über 40jährigen. Dieser Manifestationsgipfel bildete sich in einigen Jahren zurück. Da die Ursache für diesen Hyperthyreosegipfel eine jodmangelbedingte Erkrankung ist, kann in dieser Erkrankung kein Gegenargument gegen eine allgemeine wirksame Jodprophylaxe gesehen werden.

Die Verwendung von jodiertem Speisesalz ist somit die einzige Möglichkeit, die auch gesundheitspolitisch und finanziell groteske Situation in unserem Lande zu beseitigen.

Literatur

1. Gutekunst R, Smolarek H, Hasenpusch U, Stubbe P, Friedirch H-J, Wood WG, Scriba PC (1986) Goitre epidemiology: thyroid volume, iodine excretion, thyroglobulin and thyrotropin in Germany and Sweden. Acta Endocrinol. 112, 494–501
2. Heidemann PH, Stubbe P, Reuss von K, Schürnbrand P, Larson A, Petrykowski von W (1984) Jodausscheidung und alimentäre Jodversorgung bei Neugeborenen in Jodmangelgebieten der Bundesrepublik. Dtsch. med. Wschr. 109, 773–778
3. Hötzel D, Scriba PC (1987) Jodversorgung in der Bundesrepublik Deutschland: Probleme und Lösungsmöglichkeiten. VitaMinSpur 2, 25–33
4. Mordasini C, Abetel G, Lauterburg H, Ludi P, Perrenoud JP, Schmid H, Studer H (1984) Untersuchungen zum Kochsalzkonsum und zur Jodversorgung der schweizerischen Bevölkerung. Schweiz. med. Wschr. 114, 1924–1929
5. Lamberg B-A, Haikonen M, Mäkelä M, Jukkara A, Axelson E, Welin M-G (1981) Further decrease in thyroidal uptake and disappearance of endemic goitre in children after 30 years of iodine prophylaxis in the east of Finland. Acta Endocrinol. 98, 205–209
6. Lindberg O, Andersson LC, Lamberg B-A (1989) The impact of 25 years of iodine prophylaxis on the adult thyroid weight in Finland. J. Endocrinol. Invest 12, 789–793
7. Bauch K-H, Seitz W, Förster St, Keil U (1990) Zur Frage des alimentären Jodmangels in der DDR nach Einführung der interdisziplinären Jodprohpylaxe. Z. gesamte Inn. Med. 45, 8–12
8. Hesse V, Rönnefarth G, Sander I, Groppel B, Bauch KH (1988) Erste Erfolge des Jodierungsprogrammes der DDR – Kropfhäufigkeit und Jodversorgung bei Kindern vor und nach Einführung der Jodprophylaxe. Kinderärztl. Prax. 56, 233–240
9. Gutekunst R, Scriba PC (1989) Goiter and iodine deficiency in Europe. The European Thyroid Association report as updated in 1988. J. Endocrinol. Invest. 12, 209–220
10. Haas V, Marley M, Green A, Date J, Blichert-Toft M, Mogensen EF (1988) Urinary iodine excretion in a geographically stratified Danish population sample not affected by iodination programmes. Acta Endocrinol. 119, 125–131
11. Dunn JT, Medeiros-Neto GA (1974) Endemic goiter and cretinism: Continuing shreats to world health. Washington DC, PAHO Scientific publication no. 292
12. Bundesgesetzblatt Teil I, Nr. 28 (1989) S. 1223–1225
13. Weber P, Manz F, Kesting M, Schöch G (1986) Jodsalzverbrauch und Kochsalzumsatz. Dtsch. med. Wschr. 111, 1916–1921
14. Weber P, Manz F, Klett M, Horster FA (1987) Die Bedeutung von jodiertem Speisesalz für die Jodversorgung von Erwachsenen und Kindern. Monatschr. Kinderheilk. 135, 137–142
15. Ballauff A, Rost-Reichert I, Kersting M, Weber P, Manz F (1988) Erhöhung der Jodzufuhr durch die Zubereitung von Kartoffeln, Nudeln und Reis mit jodiertem Speisesalz. Ernährungsumschau 35, 16–18

16. Hintze G, Emrich D, Richter KJ, Thal Hanne, Thal Horst, Waslielewski Th, Köbberling J (1988) Effect of voluntary intake of iodinated salt on prevalence of goitre in children. Acta Endocrinol. 117, 333–338
17. Pickardt CR (1990) Iodine and thyroid autonomy, an overview. In: The various types of hyperthyroidism. Reinwein D, Scriba PC (eds) Urban & Schwarzenberg, München, 57–69
18. Stewart JC, Vidor GJ (1976) Thyrotoxicosis induced by iodine contamination of food – a common unrecognized condition? Brit. med. J. 1, 372–274

V. Toxikologie und Klinik

Vorsitz: F. H. KEMPER, Münster
M. ANKE, Jena

Zur Toxikologie von Natrium und Chlorid

F. H. KEMPER, Münster

Auf den ersten Blick erscheint es unnötig, sich mit Toxikologie zu befassen, wenn es um *Allerweltselemente* wie *Natrium* und *Chlor* geht.

Tatsächlich ist es relativ *schwierig*. Es kommt jedoch vor, sich *mit Kochsalz zu vergiften*. Erinnert aber sei an den berühmten Satz von Aurelius Philipus Theophrastus Bombastus von Hohenheim (Paracelsus):

„Was ist denn nicht Gift, alle Dinge sind Gift und nichts ohne Gift, allein die Dosis macht, daß ein Ding kein Gift ist".

Die Toxizität von Natriumsalzen ist meist durch das Anion geprägt. Natriumzyanid, Natriumcarbonat, Natriumhydroxid sind ohne Frage toxische Substanzen, aber die interssieren hier nicht. Die Toxizität von Chloriden ist meist durch das Kation geprägt, z.B. bei Kaliumchlorid oder Magnesiumchlorid. Wir wissen, daß der Chloridgehalt eines 70 kg schweren Menschen ungefähr 80 g beträgt.

Toxizität von Natriumchlorid

Die durchschnittliche Chloridaufnahme liegt bei etwa 4–9 Gramm pro Tag, die Chloridausscheidung erfolgt zu ca. 98 % über den Urin und ca. 2 % über den Stuhl und Schweiß. Wir sprechen von einer *Hyperchlorämie* bei einer Größenordnung von mehr als 110 mval pro Liter und von einer Hypochlorämie bei einer Größenordnung von weniger als 95 mval pro Liter. Das Zustandekommen solcher Störungen ist an außergewöhnliche Zustände geknüpft. So treten diese Zustände eigentlich nur dann im klinischen Bereich auf, wenn der gesamte Flüssigkeitshaushalt gestört ist; eine isolierte Hyperchlorämie ist außerhalb der Klinik sehr selten. Es kann z.B. eine tubuläre hyperchlorämische Acidose auftreten und es kann über den Verlust von Bicarbonat zu einer Retention von Chlorid kommen.

Die *Hypernatriämie* kann zwei Ursachen haben. Natrium als Hauptträger des osmotischen Gleichgewichtes in der extrazellulären Flüssigkeit kann den Organismus überladen. Verteilungsstörungen sind die Folge.

Natriumtoxizität. Ein Teelöffel Kochsalz (gestrichen voll) enthält etwa 6 g NaCl, das entspricht etwa dem NaCl-Gehalt eines 5 kg schweren Kindes.

Aus diesen Zahlen wird die potentielle Toxizität von NaCl für den Säugling deutlich. Wir kennen Fälle, wo solche Dosen auf Säuglinge toxisch wirkten. So z.B. bei Verwechslungen, bei denen die Mutter versehentlich statt Zucker

Salz in das Fläschchen getan hat, die daraus entstehenden Symptome nicht erkannte, und zu spät zum Arzt ging, und diesem von der Verwechslung nichts erzählte. Erwachsene sind relativ „schwierig“ auf diese Weise „umzubringen“. *Zwei Eßlöffel* Kochsalz sind die Menge, die man gemeinhin zum Auslösen von Erbrechen verabreicht. Vor allem für die Pädiatrie, aber auch für die Erwachsenentherapie gilt, daß das Herbeiführen von Erbrechen mit Kochsalz der Vergangenheit angehören sollte.

Ein Erwachsener müßte um die 200 g Kochsalz aufnehmen, um aus dem Leben zu scheiden. Sicherlich, das wäre eine sehr unangenehme Art der Aufnahme. Wohingegen es durchaus möglich ist, durch das Trinken größerer Mengen Meerwasser Durchfälle, Exsikkosen und Vergiftungen auszulösen.

In der Literatur sind einige Fälle beschrieben, in denen in suizidaler Absicht die Einnahme von Kochsalz zu schweren Störungen geführt hat.

Auch über Magermilch können größere Mengen von Natrium und Chlorid aufgenommen werden. So bei kleinen Kindern, wenn diese nur Magermilch in größerem Umfang zur Deckung des kalorischen Bedarfs bekommen. Unter diesem Aspekt ist es wichtig, daran zu denken, daß als Dauerernährung (je jünger, je schlimmer) für Säuglinge Magermilch nicht eingesetzt werden sollte.

Aus Tierversuchen ist bekannt, daß akute NaCl-Intoxikationen interessante Reaktionen zeigen. Je jünger ein Tier ist, desto eher kommt es zu einer akuten Überbelastung des Organismus durch NaCl und zum Anstieg beider Kenngrößen im Serum. Dies führt zu mehr Durst im Bestreben des Organismus, seinen normalen Status wiederherzustellen. Beim Menschen (aus ganz wenigen Fällen sicher bekannt) kann es zu einem Schrumpfen des Gehirns kommen und zu dadurch bedingten erheblichen Volumenstörungen, die sich im EEG als isoelektrische Kurven darstellen. Bei letaler Natrium-Chlorid-Intoxikation sind massive Hämorrhagien im ZNS und in den Nierentubuli beobachtet worden.

Symptome der akuten NaCl-Intoxikation

Nach der oralen Aufnahme übermäßiger Dosen NaCl findet zunächst Erbrechen statt, wodurch NaCl meistens schon von selbst eliminiert wird. Wenn aber dennoch erhebliche Mengen resorbiert werden, kommt es, und daran wirkt ohne Frage auch ein Lokaldefekt auf der Schleimhaut mit, am Magen und oberen Dünndarm zu erheblichen Störungen, die nicht nur von einem zentral bedingten Temperaturanstieg (Unruhe, Delirium) gekennzeichnet sind, sondern auch von einer rasch eintretenden respiratorischen Acidose mit zunehmendem Blutdruckabfall, einem erniedrigten Liquordruck und am Ende mit einem Nierenversagen mit letalem Ausgang.

Eine solche Symptomatik tritt sehr selten auf.

Therapeutische Maßnahmen bei akuten NaCl-Intoxikationen

Bei Verdacht auf eine Na-Cl-Resorption mit steigenden Natrium-Serum Werten, ohne eine sichtbare ZNS-Symptomatik bei einer noch fehlenden Nierenfunktionseinschränkung sollte rasch gehandelt werden. Es empfiehlt sich das Herbeiführen einer forcierten Diurese mit einem geeigneten Diuretikum (z.B. Furosemid) und die Zufuhr von hypotonen Kohlenhydratlösungen, z.B. einer 2,5 %igen Lävuloselösung. Es müssen engmaschige Serum-Natrium-Kontrollen durchgeführt und ausreichend Kalium substituiert werden. Diese Therapie der raschen Elimination ist nur dann möglich, wenn bei steigender Natrium-Serum-Konzentratrionen keine ZNS-Symptomatik und keine Nierenfunktionseinschränkung erkennbar ist.

Anders ist dies beim *Vollbild einer NaCl-Intoxikation*. Zunächst muß in der initialen Schockphase der Kreislauf durch Infusion mit entsprechenden Expanderlösungen stabilisiert werden. Der Ausgleich der hyperosmolaren Dehydratation muß sehr langsam (1–2 Tage) erfolgen.

Bei *Kindern* ist eine *Peritonealdialyse* oft lebensrettend, wenn es zu einer eingeschränkten Nierenfunktion gekommen ist. Die langsame Rückführung und die Peritonealdialyse sind heute das Rüstzeug jeder Intensivstation, die auf eine Intoxikationsbehandlung eingerichtet ist.

Kontraindizierte Maßnahmen bei der Therapie toxischer Zustände

Es ist kontraindiziert, Osmodiuretika zur Behandlung eines vermeintlichen Hirnödems einzusetzen. Damit würde man das Gegenteil bewirken. Weiterhin ist dringend davon abzuraten, elektrolytfreie Infusionslösungen anzuwenden, denn hier besteht tatsächlich die Gefahr, daß Flüssigkeitsgleichgewichtsstörungen auftreten. Aufgrund der vergleichsweise langsameren Entfernung von Substanzen aus dem Liquor wird es dadurch zur erhöhten Osmolarität und zum Hirnödem kommen. Es verbietet sich ebenfalls Natrium-Bicarbonat zur Therapie der Acidose einzusetzen. Zu empfehlen ist vielmehr eine Acidose-Korrektur. Eventuell auch die Gabe von Kalium-Bicarbonat. Schließlich sei noch erwähnt, daß Natriumsulfat als Abführmittel ebenfalls kontraindiziert ist.

Natrium und Chlorid in der Chirurgie

J. SEIFERT, Kiel

Chirurgie ist diejenige Fachrichtung der Medizin, in der durch eine gezielte und vorher geplante Verletzung Therapie- bzw. Heilerfolge erzielt werden. Durch eine vorher bestehende Verletzung oder durch eine Operation wird bei den Patienten eine Störung der Homöostase induziert, die man in der Fachsprache auch als Postaggressionssyndrom bezeichnet (Tabelle 1).

Tabelle 1. Postoperatives Postaggressionssyndrom

Ursachen	– Volumenverschiebungen (Blutverlust)
	– neurovegetative Reflexe (Gefäßunterbindung, Nervendurchtrennung)
	– vasoaktive Mediatoren (Gewebedurchtrennung)
	– bakterielle Kontamination (Bakterientoxine)

Häufige Ursachen der Störungen im Natrium- und Wasserhaushalt und Therapie

Die Ursachen für diese Störung liegen in einer Volumenverschiebung, z.B. durch Blutverluste oder bei einer Schocksymptomatik. Durch Gefäßunterbindungen, die bei Operationen notwendig sind, oder durch Nervendurchtrennungen werden neurovegetative Reflexe ausgelöst. Bei der Durchtrennung oder Verletzung von Gewebe werden vasoaktive Mediatoren freigesetzt, die die normalen Kreislaufreaktionen verändern. Ist eine Verletzung oder Wunde infiziert oder bakteriell kontaminiert, können durch die freigesetzten Bakterientoxine ganze Organfunktionen beeinträchtigt werden.

Daraus ergibt sich, daß beim Postaggressionssyndrom sowohl periphere Mechanismen wie z.B. Makrophagen und Keimaktivierung involviert sind als auch zentrale Mechanismen, die über Zwischenhirn und Hypophyse gesteuert werden (Tabelle 2). Von diesem zentralen Angriffspunkt der

Tabelle 2. Zentrale Gegenregulation

ADH ↑	– bewirkt Na^+ - und H_2O-Anreicherung im EZR = Ödeme (bis zum 3. Tag)
ACTH ↑	– Aldosteron↑ - Na^+- und H_2O-Anreicherung (sec. Hyperaldosteronismus)
Therapie:	makromolekulare, kolloidale Volumensubstitution; eventuell Aldosteronantagonisten
	cave! Na^+- und H_2O-Infusionen bis zum 3. postoperativen Tag

Aggression werden über sogenannte Streßhormone charakteristische Stoffwechselreaktionen reguliert.

So wird bei Volumenmangel etwa durch Blutverlust das antidiuretische Hormon (ADH) vermehrt ausgeschüttet. Hierdurch werden die Urinsekretion und die Hyperosmolarität gebremst. Die Folge davon ist eine Anreicherung von Natrium und Wasser im Extrazellulärraum (EZR), was klinisch sich als Schwellung bzw. Ödem manifestiert. Jedermann hat solche Schwellungen um Wunden schon beobachtet, die normalerweise bis zum 3. Tag nach der Verletzung anhalten und dann wieder zurückgebildet werden.

Eine sehr wichtige zentrale Gegenregulation läuft über die Hypophysen-Nebennierenrinden-Achse. Eine gesteigerte Sekretion von adrenocorticotropen Hormon (ACTH) stimuliert das adrenocortikale Reaktionssystem zur Produktion von Kortison und Aldosteron. Während das katabol wirkende Kortison die Glycogenolyse und Lipolyse steigert, bewirkt das vermehrte Aldosteron eine Ingangsetzung der Natriumpumpe. Das bedeutet klinisch nichts anderes als eine Natrium- und Wasserreduktion im Extrazellulärraum. Dieser Reaktionsmechanismus wird als sekundärer Hyperaldosteronismus bezeichnet.

Ein Volumenmangel, aber auch direkte schmerzbedingte Irritationen können über sympatikoadrenale Reaktionen eine Ausschüttung von Adrenalin und Noradrenalin bewirken, die wiederum Kreislaufreaktionen induzieren und die Glycogenolyse und Lipolyse verstärken.

Diese Pathomechanismen können in den ersten drei postoperativen Tagen folgendermaßen behandelt werden: ein Volumenmangel wird durch makromolekulare kolloidale Volumensubstitution, wenn notwendig auch mit Bluttransfusion korrigiert. Der sekundäre Hyperaldosteronismus kann eventuell mit Aldosteronantagonisten behandelt werden. In den ersten drei postoperativen Tagen muß man wegen der Anreicherung von Natrium und Wasser im Extrazellulärraum und der Gefahr von Ödemen vorsichtig sein.

Grundsätzlich ist die Überwachung des Natrium- und Wasserhaushaltes bei chirurgischen Patienten von großer Bedeutung (Tabelle 3). Dabei sind einem Abfall oder Anstieg von 5–10 mmol/l unter oder über dem normalen Grenzbereich von 135–145 mmol/l therapeutische Konsequenzen zuzuordnen. Es gibt viele Ursachen für pathologische Verluste von Natriumchlorid.

Tabelle 3

1. *normale postoperative Änderung für Na^+*
   Abfall 5–10 mmol/l
   (Normalwert Erwachsene 135–145 mmol/l)
2. *pathologische NaCl-Verluste*
   Diarrhoe
   Magensonde bei Atonie (Cl > Na)
   Aszites (Puntion!)
   Galle – Pankreasfistel
   Thoraxerguß (Punktion!)
3. *Ursachen für Hypernatriämie*
   Magen-Darm-Sonde
   Dünndarmfistel
   starke Schweißverluste
   Herz- und Niereninsuffizienz
   osmotische Diurese bei starker Proteinzufuhr

Diarrhöen, die sowohl präoperativ als auch postoperativ beobachtet werden können, gehören dazu. Über eine Magensonde kann der Chloridverlust größer als der Natriumverlust sein. Über Fisteln wie Galle und Pankreasfisteln können Patienten enorme Mengen von Natriumchlorid verlieren, und häufige Punktionen von Ergüssen können ebenfalls zu großen Verlusten von Natriumchlorid führen.

Im klinisch-chirurgischen Alltag werden, abgesehen von Natriumverlusten, auch pathologische Natriumkonzentrationen im Serum beobachtet. Dafür verantwortlich können Dünndarmfisteln, Magen-Darm-Sonden, starke Schweißverluste, Herz- und Niereninsuffizienz, aber auch eine osmotische Diurese sein.

Wenn man versucht, die Störungen des Natrium- und Wasserhaushaltes von chirurgischen Patienten nach ihren Entstehungsmechanismen, ihrer Symptomatik und ihren Behandlungsmöglichkeiten zusammenzufassen, so entsteht die Tabelle 4, die keinen Anspruch auf Vollständigkeit erhebt. Die Symptome von kombinierten Natrium- und Wasserverlusten, etwa durch Volumenverlust, Erbrechen und Diarrhoe, sind eine Oligurie, Durstgefühl und ein trockener Mund. Die Behandlung besteht im adäquaten Volumenersatz. Isolierte Natrium- oder Wasserverluste entstehen in der Regel durch Mangelzufuhr. Die Symptomatik besteht in Durstgefühl, Kollapsneigung und Fieberreaktion. Die Therapie des Wassermangelzustandes besteht in der Infusion von isotonen Lösungen und die des Natriummangels in der Infusion von Natriumlösungen, meist hyperton. Ein Ansteigen der Natriumkonzentration kann erreicht werden durch extreme orale oder intravasale Zufuhr, z.B. durch Trinken von Meerwasser. Die Symptomatik besteht in einer Austrocknung auch auf einer zellulären Ebene und einem Koma. Therapiert werden kann dieser Zustand mit der Infusion von natriumfreien Lösungen. Ein erhöhter Wassergehalt kann postoperativ durch Überwässerung und

Tabelle 4. Natrium- und Wasserhaushalt des chirurgischen Patienten

Störung	Entstehung	Symptome	Behandlung
H_2O Na^+	Erbrechen Diarrhoe Volumenverlust	Oligurie, Durst trockene Zunge	Volumenersatz
H_2O	H_2O Mangelzufuhr	Durst, Kollaps Fieber	isotone Infusion
Na^+	Na^+ Mangelzufuhr	Durst, Kollaps Fieber	Na^+-Infusion
Na^+	Meerwassertrinken	Austrocknung (zellulär), Koma	Na^+-freie Infusionen
H_2O	Trinken von salzfreier Lösung (Regenwasser)	Durst, Lungenödem, Tachy- und Dyspnoe	Diuresesteigerung, Infusionsdrosselung

sonst im täglichen Leben durch Trinken von salzfreier Lösung, z.B. Regenwasser, kommen. Die Symptome dazu sind Durst, Lungenödem, Tachy- und Dyspnoe, und die Behandlung besteht in einer Infusionsdrosselung oder Diuresesteigerung (s. Tabelle 4).

Praktische Beispiele aus dem Alltag

Zum Schluß soll anhand zweier praktischer Beispiele ein kleiner Einblick in den Alltag der chirurgischen Nachbehandlung gegeben werden (Tabelle 5). Ein 80jähriger Patient hat am 5. Tag nach einer Magenoperation nach

Tabelle 5

Beispiel: 80 kg ♂, 5. Tag nach Billroth II; keine Peristaltik!; Magenschlauch 2–3 l/d (120 mmol Na^+, 200–300 mmol Cl^-);
Zufuhr: Zuckerlösung + 3 g NaCl, Plasmaexpander + Eiweiß
EZR (20 % von 80 kg) = 16 l

	Istwert	Sollwert	Defizit
Na^+	132 mmol/l	142 mmol/l	–10 mmol/l
Cl^-	83 mmol/l	103 mmol/l	–20 mmol/l

Substitution von
Na^+ 16 × 10 = 160 mmol Na^+
Cl^- 16 × 20 = 320 mmol Cl^-

Urinausscheidung muß berücksichtigt werden;
Na-Laktat; Na-Bikarbonat

Billroth II keine Peristaltik. Über einen Magenschlauch werden pro Tag 2–3 l Flüssigkeit gefördert, d.h., abgepumpt. Der Natriumgehalt des Magensaftes ist 120 mmol/l und der Chlorgehalt 200–300 mmol/l. Somit hat der Patient ein Natriumdefizit von 10 mmol/l. Die gleiche Rechnung mit Chlor ergibt ein Defizit von 20 mmol/l. Der Patient muß also bei einem Extrazellulärraum von 16 l mindestens mit 160 mmol/l Natrium und mit 320 mmol/l Chlor substituiert werden. Dabei bleibt die Urinausscheidung noch unberücksichtigt!

Beim zweiten Beispiel handelt es sich um eine 60 kg schwere Frau, die über längere Zeit über Abdominalschmerzen klagt und abwechselnd an Durchfall und Obstipation leidet und neuerdings auch noch Erbrechen zeigt (Tabelle 6). Mit Hilfe von Röntgen-, Kreislauf- und Labordiagnostik wird die Diagnose Dickdarmileus gestellt. Sie hat eine Hypernatriämie und einen erhöhten Hämatokrit, was alles auf einen Flüssigkeitsmangel hinweist. Zur Berechnung des Flüssigkeitsmangels wird die Differenz zwischen Natrium-Ist- und Natrium-Sollwert gebildet und durch den Natriumsollwert geteilt und dann mit dem Extrazellulärraum multipliziert. Bei dieser Rechnung kommt ein Defizit von 1 l Wasser heraus.

Tabelle 6

Beispiel: 60 kg ♀, längere Zeit Abdominalschmerzen und Obstipation, wechselnd mit Durchfall, Erbrechen, *Diagnose: Dickdarmileus* (Rö., RR 90/75; Puls 116/min, Na^+ 158 mmol; Cl 110, Hkt 55);
Cave! Schock = Volumenmangel

Korrektur: $\frac{158 - 142}{142} \times 9 = 1\ \text{l}\ (H_2O\text{-Defizit})$

$$\frac{\text{Na ist - Na soll}}{\text{Na soll}} \times \text{EZR}$$

EZR ♀ 15% von kg

Cave! Berechnete Defizite sind unter klinischen Verhältnissen nur Schätzungen! Überprüfung des klinischen Befundes und neuere Messungen sind engmaschig notwendig!

Abschließend soll noch einmal betont werden, daß alle berechneten Defizite nur Schätzungen sind, welche durch engmaschige Überprüfungen des klinischen Befundes und der Laborwerte notfalls korrigiert werden müssen. Für die Lösung des Problems werden von der pharmazeutischen Industrie eine Reihe von fertigen Lösungen angeboten, auf die hier jedoch nicht mehr eingegangen werden soll.

Zusammenfassung

Chirurgie ist diejenige Fachrichtung in der Medizin, in der durch eine gezielte und vorher geplante Verletzung Heilerfolge erzielt werden. Verletzungen bewirken über hormonelle Stimulation z.B. des antidiuretischen Hormons, Adrenalin und Noradrenalin, adrenocortitrope Hormon Elektrolyt- und Flüssigkeitsverschiebungen, die in der Regel therapiebedürftig sind. Ein Abfall der Natriumskonzentration, aber auch ein postoperativer Anstieg von 5–10 mmol/l über oder unter den Normbereich muß durch Volumenzufuhr oder gezielte Natriumapplikation korrigiert werden. Besonders über Galle- und Pankreasfisteln, aber auch über einen Magenschlauch können dem Patienten große Mengen von Natriumchlorid entzogen werden. Die Symptomatik solcher Elektrolyt- und Volumenverschiebungen sind häufig Durstgefühl, trockener Mund, Oligurie, Kollapsneigung, Lungenödem, Tachy- und Dyspnoe. Solche Verschiebungen und Verluste von Natriumchlorid bei chirurgischen Patienten müssen streng bilanziert und substitutiert werden. Anhand von Beispielen wird demonstriert, daß die fachgerechte Substitution mit Hilfe von einfachen Rechenexempeln gelöst werden kann.

Bedeutung des Natriums für die Geriatrie

I. FÜSGEN, Velbert

Für den alten Menschen ist charakteristisch, daß die Flüssigkeitsaufnahme infolge verminderter Durstperzeption oft zu gering ist. Entgleisungen des Wasser- und Elektrolythaushaltes sind so relativ häufige Gesundheitsprobleme bei Älteren [11]. Sie sind entscheidend durch die physiologischen Alternsveränderungen und die fast immer im Alter bestehende Multimorbidität beeinflußt. Störungen im Flüssigkeits- und Elektrolythaushalt können im Alter oft fast fatale Folgen haben, ohne klinisch erkannt zu werden. Viele Todesfälle, die bei der pathologisch-anatomischen Sektion keinen auffälligen Befund aufweisen, dürften auf diese Störungen zurückzuführen sein [13].

Häufigkeit von Störungen des Natriumstoffwechsels

Nach Tragl (1986) überwiegt bei Störungen des Natriumhaushaltes ganz deutlich die Hyponatriämie. Bei Reihenuntersuchungen wird eine Kochsalzunterversorgung bei fast 20 % der Älteren gefunden [2]. Untersucht man geriatrische Patienten bei der Krankenhausaufnahme, steigt die Zahl der von Hyponatriämie Betroffenen weiter an. Der Anteil der zu erhebenden Hyponatriämien betrifft nach unseren Erhebungen ca. 39 % der in der Geriatrie zur stationären Aufnahme kommenden Patienten. Die Elektrolytstörungen betrafen beide Geschlechter gleichermaßen. Das Durchschnittsalter der untersuchten Patienten (Männer-Frauen-Relation 1:2) betrug 79,6 Jahre. Eine Hypernatriämie fand sich in 10 % der untersuchten Patienten. Mit fast 50 % stellen Störungen des Natriumhaushaltes bei älteren Patienten eine wichtige Fragestellung für die geriatrische Medizin dar.

Altersabhängige Einflüsse

Zwischen dem Natrium- und Wasserhaushalt bestehen enge Beziehungen, die sich aus der Bedeutung beider für die Aufrechterhaltung des extrazellulären Volumens und der Osmolarität ergeben. Der menschliche Organismus besteht zu 60 % aus Wasser. Nach dem 60. Lebensjahr sinkt das Gesamtkörperwasser auf durchschnittlich 52 % des Körpergewichts ab. Durch eine Adipositas kann der Körperwassergehalt bis an die Grenze zur Pathophysiologie verschoben werden. Ein Gesamtkörperwasser von nur ca. 40 % ist

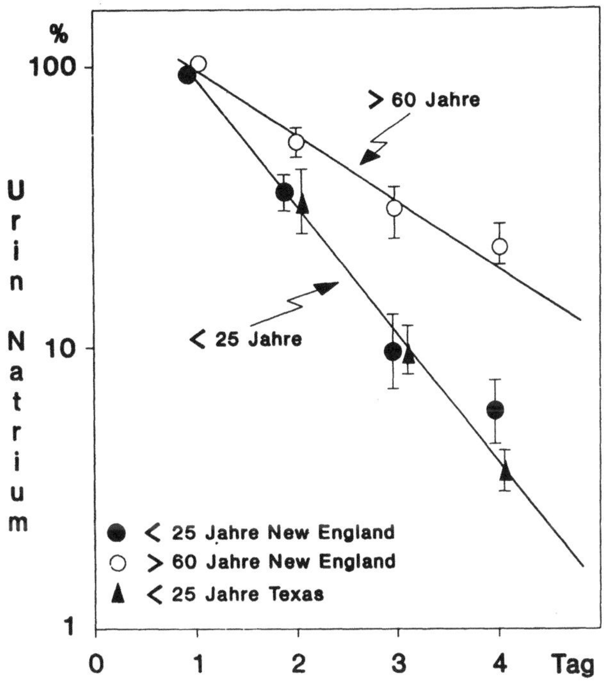

Abb. 1. Natriumausscheidung im Harn unterschiedlicher Altersgruppen unter diätetischer Kochsalzrestriktion (aus Epstein u. Hollenberg 1976)

im Alter eher die Regel als die Ausnahme [9]. Diese Abnahme des Gesamtkörperwassers ist zum Teil durch die verminderte Wasserbindungsfähigkeit des Bindegewebes im Alter, hauptsächlich aber durch eine Abnahme der intrazellulären Flüssigkeit bedingt. Die Abnahme der intrazellulären Flüssigkeit begründet sich in einer Verringerung der Muskelmasse bei gleichzeitiger Zunahme des wasserarmen Fettgewebes [6]. Die Verteilung des Körperwassers wird also zu ungunsten des intrazellulären Raumes verschoben. Dies bedeutet eine Einschränkung der Sicherung für die Homoöstase des Wasser-Elektrolyt-Haushaltes.

Spezifische alternsabhängige Veränderungen der Nieren und der daraus resultierenden Wasser- und Elektrolythaushaltsstörungen sind insofern schwer zu beurteilen, da sie – wie bei den meisten anderen Organen – durch krankhafte Veränderungen, die mit zunehmendem Alter vermehrt auftreten, überlagert sind. Eine Reihe von Aussagen [19, 10] deuten darauf hin, daß mit zunehmendem Alter ein Nierenfunktionsverlust eintritt. Parallel mit der Abnahme der glomerulären Filtrationsrate zeigt die Niere eine verminderte Konzentrations- und Verdünnungsfähigkeit. Dabei ist diese verminderte Verdünnungs- und Konzentrationsfähigkeit der Niere keine tubuläre Funktionsstörung, sondern Folge der herabgesetzten glomerulären Filtration.

Dazu ist im Alter von Bedeutung eine verzögerte Anpassungsfähigkeit, bei einer Natriumrestriktion die Urinnatriumausscheidung zu reduzieren [5] (Abb. 1). Diese verminderte Fähigkeit, rasch die Natriumausscheidung der Natriumzufuhr anzupassen, ist durch die altersbedingte Einschränkung der Leistungsbreite der Nierenfunktion und der damit verbundenen höheren osmotischen Belastung des Einzelnephrons erklärt. Darüber hinaus wurde beobachtet, daß ältere Patienten Kochsalzinfusionen schneller als jüngere Personen renal ausscheiden. Eine distale tubuläre altersbedingte Störung der Natriumresorption wurde hierfür postuliert [15]. Weiter dürften mit zunehmendem Alter veränderte hormonelle Einflüsse auf die tubuläre Natriumresorption vorliegen. Die Aldosteronsekretionsrate ist mit zunehmendem Alter vermindert [20]. Unter normaler Kochsalzzufuhr beträgt sie etwa 50 % bei 60–70jährigen Patienten im Vergleich zu 20–30jährigen. Bei Salzrestriktion ist sie auf 33 % der erreichten Werte von adoleszenten reduziert.

Auf die mit zunehmendem Alter verstärkt auftretenden physiologischen Veränderungen unter Einschluß möglicher Erkrankungen ist vermutlich auch die bei unserer Untersuchung festzustellende Serum-Natrium-Erniedrigung in Altersabhängigkeit zurückzuführen (Abb. 2).

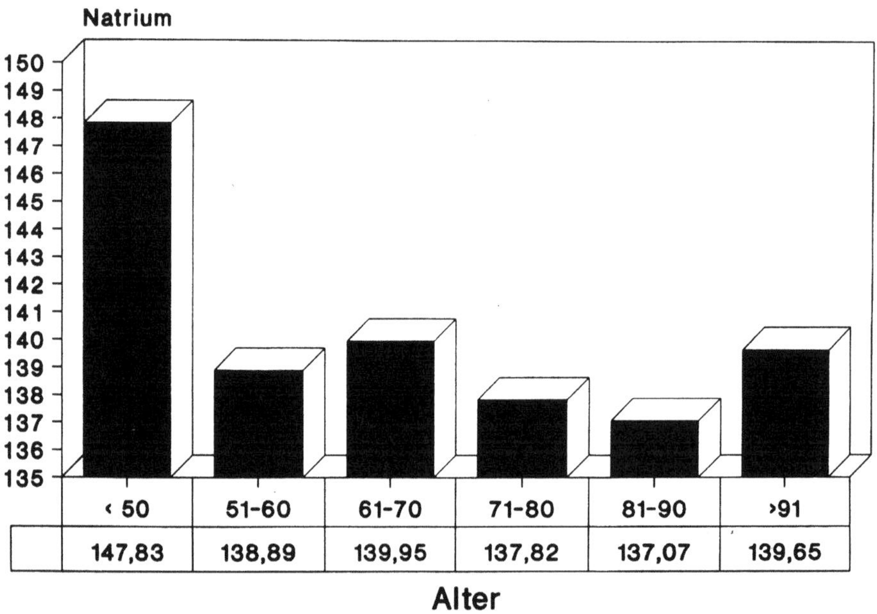

Abb. 2. Altersabhängige Abnahme der Serumnatriumwerte bei stationären Patienten in der Geriatrie

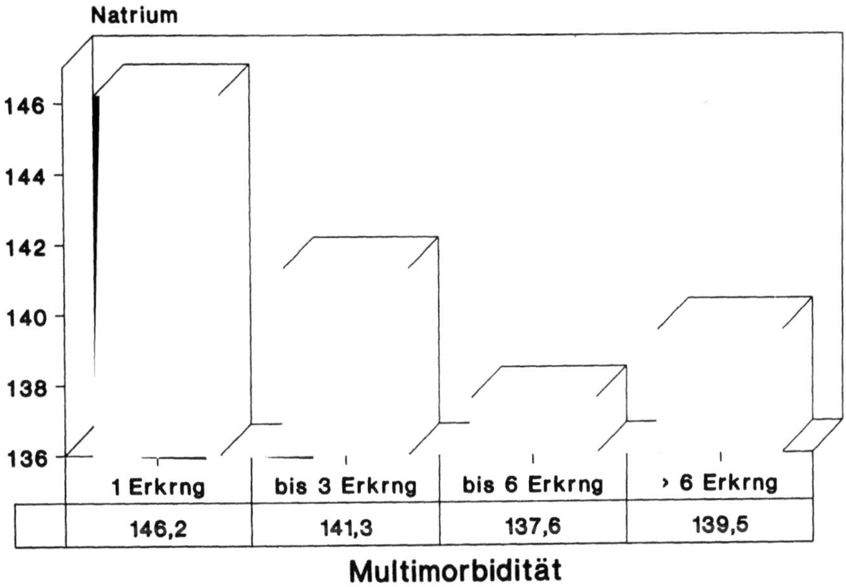

Abb. 3. Einfluß der Multimorbidität auf die Serumnatriumwerte stationärer Patienten in der Geriatrie

Einfluß der Multimorbidität

Abgesehen von den verminderten renalen Regelmechanismen kommen zahlreiche Störungen des Elektrolyt- und Wasserhaushaltes aufgrund einer im Alter häufig bestehenden Multimorbidität vor. Nach unseren Untersuchungen ist mit einer steigenden Multimorbidität auch mit einer höheren Wahrscheinlichkeit mit einer Natriumunterversorgung zu rechnen (Abb. 3). Als häufigstes geriatrisches Krankheitsbild stand auch bei unserer Untersuchung die Herzinsuffizienz an der Spitze der verschiedenen Krankheiten. Eine Signifikanz zwischen Herzinsuffizienz und Natriumunterversorgung ließ sich allerdings nicht feststellen. Immer wieder wird als Hauptgrund für eine Salzunterversorgung in der Literatur eine Diuretikaeinnahme und ein Laxantienabusus genannt [1, 4, 20]. Obwohl 25% der untersuchten Patienten Diuretika einnahmen, konnte keine Signifikanz zwischen einer bestehenden Hyponatriämie und Diuretikaeinnahme nachgewiesen werden. Auch das in der Literatur [20] vermehrte Auftreten von Hyponatriämien bei Diabetes mellitus konnte in unserer Untersuchung nicht dokumentiert werden, obwohl ein Drittel aller Patienten an Diabetes mellitus litten.

Hyponatriämie durch verminderte Salzzufuhr

Der alte Mensch ist also gegenüber einem Kochsalzmangel aufgrund der physiologischen Alternsveränderungen und der oft bestehenden Multimorbidität weniger gut gewappnet als der Erwachsene im mittleren Lebensalter. Die häufigste Ursache für eine Natriumverarmung dürfte wohl iatrogener Natur durch Kochsalzbeschränkung sein. Viele ältere Menschen haben Angst, Salz zu essen, weil es angeblich den arteriellen Blutdruck steigert. Leider wird diese Meinung unverständlicherweise auch in einer Reihe sonst ernsthafter medizinischer Fachliteratur vertreten [7]. Dabei wird in der Literatur immer wieder auf die geringe Bedeutung des Salzkonsums für eine Hypertonie hingewiesen [16].

Die hohe Zahl von Hyponatriämien bei geriatrischen Patienten darf aber auch als Hinweis gewertet werden, daß diesem Elektrolyt im Gegensatz zum Kalium bisher in der ärztlichen Praxis zu wenig Aufmerksamkeit geschenkt wird.

Krankheitsbedingte Hyponatriämien

Abweichungen im Natrium-Haushalt werden bei zahlreichen ätiologisch unterschiedlichen Erkrankungen beobachtet. Diese Störungen beeinflussen oft entscheidung den Verlauf der Grunderkrankung. Abgesehen von altersunabhängigen Veränderungen im Natrium-Haushalt lassen sich im Alter bestimmte Abweichungen häufiger beobachten.

Die häufigsten Ursachen für eine krankheitsbedingte Natriumverarmung sind bei älteren Menschen die gleichen wie bei jüngeren Erwachsenen: Verlust von Sekreten aus dem oberen Gastrointestinaltrakt (z.B. Erbrechen), eine Diarrhoe, iatrogene Störungen (z.B. bei einer Antibiotika-Behandlung, chronischer Laxantienabusus, Diuretikaeinnahme) oder einfach ausgeprägtes Schwitzen. So findet sich während warmer Jahreszeiten ein deutliches Ansteigen von Hyponatriämien. Nach einer Untersuchung aus Genf an 728 Patienten im Alter über 70 Jahren fanden sich in der Hitzeperiode 1986 mit vermehrtem Schwitzen im Vergleich zum darauffolgenden November 25,6 % statt 17,8 % der älteren Patienten mit einer Kochsalzunterversorgung [2]. Tritt eine solche Kochsalzunterversorgung auf Reisen in wärmere Länder auf, werden die oft sehr untypischen Symptome völlig unberechtigterweise als „Alterserscheinungen" aufgrund der Reisebelastung gedeutet: Muskelschwäche, Hypotonie, Gehunsicherheit, Fallneigung, Appetitverlust.

Bei den akuten Krankheitsbildern ist an erster Stelle die Diarrhoe für eine Hyponatriämie zu nennen. Diarrhoe kann iatrogen (z.B. durch Antibiotikamedikation) verursacht sein, tritt aber auch häufig bei Reisen im Alter auf. 80 % der Patienten *jenseits* des 80. Lebensjahres haben eine *reduzierte Magensäureproduktion* aufgrund einer atrophischen Gastritis, was in der Regel keine therapeutischen Konsequenzen hat. Auf Reisen allerdings kann der fehlende Säureschutz Infektionen erleichtern, zumal Elektrolytverluste durch Schwitzen die Magensäureproduktion weiter senken. Nach eigenen Untersuchungen [8] ist der ältere Mensch aufgrund der fast immer vorhandenen Multimorbidität und den gleichzeitig gehäuft vorkommenden Elektrolytstörungen beim Auftreten einer akuten Durchfallerkrankung im Gegensatz zum jüngeren Patienten oft vital gefährdet.

Ein Natriumverlust zieht unausweichlich auch einen Verlust an Wasser nach sich, wobei hier der Extrazellulärraum, d.h. das Plasma, besonders betroffen ist. Diese Volumenverminderung kann durch die Proteinvermehrung, die Vermehrung des Hämatokrits und des Hämoglobins als Ausdruck der plasmatischen Hypovolämie gemessen werden. Die Hypovolämie erscheint klinisch als Tachycardie, Hypotonie, Trockenheit und verminderte Elastizität der Gewebe, Kälte der Extremitäten, allgemeine Schwäche bis hin zur Verwirrtheit.

In den Nieren verursacht die Hypovolämie einen lokalen Vasokonstriktionsreflex, der die Nieren weit stärker beeinflußt als die anderen Parenchyme. Es gibt eine wichtige Auswirkung: mit Hyperviskosität verbunden, vermindert dieser Reflex das Glomerulusfiltrat und produziert auf diese Weise eine Erhöhung der Acotämie [14]. Es entsteht also eine Urämie durch Salzmangel. Bei alten Menschen kann diese Hämokonzentration das Auftreten von Thrombosen und Embolien mit der Gefahr apoplektischer Insulte fördern.

Krankheitszustände, die mit isotoner Dehydrierung einhergehen, sind im Alter häufig. Wird bei der Rehydrierung zu wenig Kochsalz zugeführt, so vermindert sich die Serum-Natrium-Konzentration. Nicht selten werden dadurch hervorgerufene Hyponatriämiesyndrome mit Verwirrtheit und Apathie auf eine Demenz bezogen.

Eine im Alter häufigere Ursache einer Hyponatriämie ist das inadäquate ADH-Syndrom [18]. Dieses kann infolge einer zerebralen Erkrankung mit Irritation der Neurohypophyse auftreten oder durch paraneoplastische ADH-Sekretion. Aber auch unter Sulfonylharnstoff-Therapie bei älteren Patienten wurde es beobachtet [22]. Ein solches inadäquates ADH-Syndrom konnte bei 50 % der Patienten mit einer Hyponatriämie bei älteren Patienten nachgewiesen werden [12]. Diagnostische Kriterien sind Hypervolämie, inadäquate Urinosmolalität, Hyponatriämie und Natriurese bei normaler Aldosteronsekretion und normaler Nierenfunktion. Als mögliche Erklärung wird eine verminderte ADH-Sekretion als Folge einer gestörten Funktion der Neurohypophyse beschrieben [23]. Es wird aber auch angenommen, daß bei älteren Menschen Störungen in der Volumen- und Barorezeptorenstimulation mit verminderter Ansprechbarkeit vorliegen [17].

Eine Hyponatriämie durch Verdünnung bei Ödemen im Rahmen einer Herzinsuffizienz ist im Alter ebenfalls häufig. Brocklehurst [3] beschreibt diese Form der Hyponatriämie bei Herzinsuffizienz als ein „Low-Sodium-Syndrom". Es stellt eine komplizierte Situation dar, die sich nach langer Behandlung mit Diuretika entwickeln kann. In diesem Stadium schwindet die Wirkung der Diuretika kontinuierlich, wobei die Serum-Natrium-Konzentration stark erniedrigte Werte zeigt. Dies führt zu einer nicht mehr beeinflußbaren Herzinsuffizienz mit peripheren Ödemen und venöser Leberstauung.

Zusammenfassung

Entgleisungen des Wasser- und Elektrolythaushaltes sind relativ häufige Gesundheitsprobleme bei Älteren. Im Vordergrund bei den Störungen des Natriumhaushaltes steht die Hyponatriämie. Während im ambulanten Bereich Hyponatriämien bei älteren Patienten bis zu 20 % zu erwarten sind, finden sich bei stationären geriatrischen Krankenhausaufnahmen bis zu 39 %. Einflußfaktoren auf das Entstehen von Hyponatriämien bei Älteren werden aufgrund altersphysiologischer Veränderungen und einer oft vorhandenen Multimorbidität diskutiert. Besonders hingewiesen wird auf die häufig vorkommende Hyponatriämie aufgrund einer verminderten Salzzufuhr im Alter. Abschließend wird besonders auf die Diarrhoe mit ihren Komplikationen bei Älteren und auf das inadäquate ADH-Syndrom eingegangen.

Literatur

1. Booker IA: Severe symptomatic hyponatremia in elderly outpatients: the role of thiazide therapy and stress. I. Am. Geriatr. Soc. 32, 108–113, (1984)
2. Brinkley B: Elektrolytstörungen älterer Menschen. Schweiz. Rundschau Med. (Praxis) 75, 967 (1986)
3. Brocklehurst IC, Hanley T, Martin M. Geriatrie für Studenten. Steinkopff Darmstadt 1980
4. Cogan E, Abramow M: Diuretic-induced hyponatraemia in elderly hypertensive women. Lancet 1249 (1983)
5. Epstein M, Hollenberg NK. Age as a determinant of renal sodium conservation in normal man: I. Lab. clin. Med. 87, 411 (1976)
6. Estler CJ. Arzneimittel im Alter. WVG, Stuttgart 1987
7. Franke H: Geriatrie. Springer, Berlin-Heidelberg-New York 1979
8. Füsgen I, Summa ID, Salmonellen-Gastroenteritis bei älteren Menschen. Akt. Geront. 5, 527 (1975)
9. Gofferye H: Störungen des Wasser-Elektrolyt- und Säure-Basen-Haushaltes. In: Praktische Geriatrie. Lang E (Hrsg.) Enke, Stuttgart 1988
10. Graux E, Mestdagh M. Le rein de la personne ge. Ann. Anesth. Franc. 18, 439 (1977)
11. Green MF. The Endrocrine System. In: Principles and Practice of Geriatric Medicine. Pathy MSJ (Hrsg.) John Wiley u. Sons, New York-Brisbane-Toronto 960, (1985)
12. Kleinfeld M, Casimir M, Borra S. Hyponatremia as observed in a chronic disease facility. J. Amer. Geriatrics Soc. 4, 156 (1979)
13. Lachnit KS: Geriatrische Aspekte in der Praxis. Dehydration und Elektrolytstörungen. Deutsch. Ärzte-Verlag Köln 172 (1982)
14. Mach RS. Dehydratationszustände. In: Lehrbuch für Geriatrie. Martin E (Hrsg.) Huber, Bern, 561 (1986)
15. Nunez Macias IF, Iglesias CG, Bondia R. Renal handling of sodium in old people: A functional study. Age aging 7, 178 (1978)
16. Parker M. Two way factorial study of alcohol and salt restriction in treated hypertensive men. Hypertension 16, 398–406 81990)
17. Rowe JW, Robertson GL: Age-related failure of volume-pressure mediated vasopressin release in man. Kidney Intern. 14, 660 (1978)
18. Seybold D, Pilgrim R, Lux E, Spiegel P, Will H, Geßler U. Nierenfunktion und Nierenerkrankungen im Alter. In: Handbuch der Gerontologie Band 1. Platt D (Hrsg.) Fischer, Stuttgart New York (1983)

19. Slack ThK, Wilson DM. Normal renal function. Mayo. Clin. Proc. 51, 296 (1976)
20. Sunderam S, Mankikar G. Hyponatriemia in the elderly. Age aging 12, 77–80 (1983)
21. Weidmann P, Beretta.-Piccoli C, Ziegler WH, Keusch G, Glück Z, Reubi FC: Age versus urinary sodium for judging renin, aldosteron and catecholamine levels. Kidney Intern. 14, 619 (1978)
22. Weissmann PN, Shenkaman L, Gregeman R. Chlorpropamide hyponatremia: Drug induced inappropiate antidiuretic hormone activity. New Engl. J. Med. 284, 65–71 (1971)
23. Yamada T, Endo T, Ito K, Nagata H, Izumiyama T. Age-related changes in endocrine and renal function in patients with essential hypertension. J. Amer. Geriatrics Soc. 9, 398 (1979)

Natrium und Chlorid in der Balneologie

G. Hildebrandt und Chr. Gutenbrunner, Marburg

In den natürlichen Mineralquellen sind Natrium und Chlorid die am häufigsten vertretenen und am stärksten konzentrierten Mineralbestandteile (Tabelle 1). Sie entstammen der Zechsteinformation, die als Relikt ausgetrockneter Meere über große Teile Mitteleuropas verbreitet ist. Bei Konzentrationen von über 240 mval Natrium und Chlorid spricht man nach den geltenden Begriffsbestimmungen (1987) von Solen, bei niedrigeren Konzentrationen von Natrium-Chlorid-Wässern, die in mannigfacher Kombination mit anderen Mineralbestandteilen als natürliche Quellen vorkommen.

Tabelle 1. Höchstkonzentrationen von Mineralstoffen in natürlichen Mineralwässern. (Daten aus Hildebrandt 1985).

Kationen	mg/kg	Anionen	mg/kg
Na^{+}	100000	Cl^{-}	160000
Mg^{++}	5000	SO^{--}	40000
Ca^{++}	2000	HCO_3^{-}	4000
K^{+}	1000	CO_2	4000
Fe^{++}, Fe^{+++}	50	H_2SiO_3	120
Sr	50	S	120
Ba^{++}	40	NO_3^{-}	100
NH_4^{+}	10	HPO_4^{--}	100
Li^{+}	10	Br^{-}	100
Mn^{++}	5	J^{-}	40
Al^{+++}	1	F^{-}	10
		As	10

Solen werden bis zur Sättigungskonzentration des Kochsalzes (ca. 25 %) zum Baden verwendet, in Konzentrationen bis etwa 2,5 % auch zum Inhalieren. Zu den Solen gehört auch das Meerwasser, das sich u.a. durch einen relativ hohen Magnesiumgehalt auszeichnet. Die schwächer konzentrierten Natrium-Chlorid-Wässer werden vor allem zu Trinkkuren verwendet (Lit.-Übers. s. Hildebrandt 1985).

Die Wirkungsweise der *Solebäder* ist noch nicht befriedigend geklärt. Die Hautresorptionsraten für Natrium und Chlorid sind nach den Untersuchungen von Drexel u. Mitarb. (1970) so gering, daß sie im Gesamthaushalt

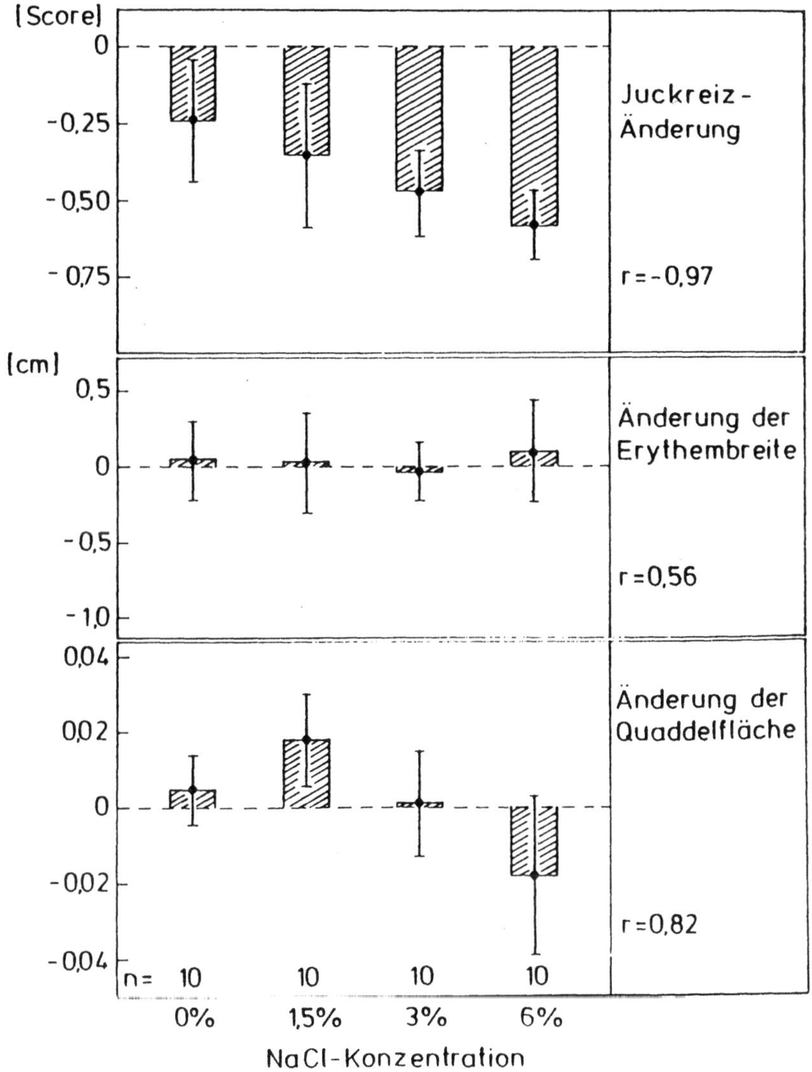

Abb. 1. Mittlere Änderungen der Juckreizstärke, der Erythembreite und der Quaddelfläche nach intracutaner Injektion von 0,1 ml Histaminlösung (1:1000) vor und nach Solebädern von 1,5, 3,0 und 6,0 % im Vergleich zu Leitungswasser bei je 10 gesunden Versuchspersonen. Badedauer 15 min; Badetemperatur 36 °C. Die Klammern bezeichnen den Bereich des mittleren Fehlers der Mittelwerte. (Nach Gutenbrunner u. Hildebrandt 1990).

keinerlei Bedeutung haben können. Es wird deshalb einerseits angenommen, daß Primärwirkungen durch Deposition des Salzes in den obersten Epidermisschichten Vermittlerfunktionen der Haut in Gang setzen, die zu systemischen Wirkungen führen können, insbesondere im vegetativen

System. Andererseits wird eine Beeinflussung der Elution von hauteigenen Stoffen diskutiert.

Neue eigene Untersuchungen haben gezeigt, daß die Reagibilität der Haut gegenüber Histamin nach Art einer Dosis-Wirkungsbeziehung durch Solebäder von 1,5 bis 6,0 % beeinflusst wird. Abb. 1 zeigt zunächst Veränderungen der Juckreizempfindungsstärke nach intracutaner Histamin-Injektion. Bei wiederholter Anwendung 3 %iger Solebäder wurden langfristige Veränderungen von Juckreizstärke, Erythem- und Quaddelgrösse festgestellt, die

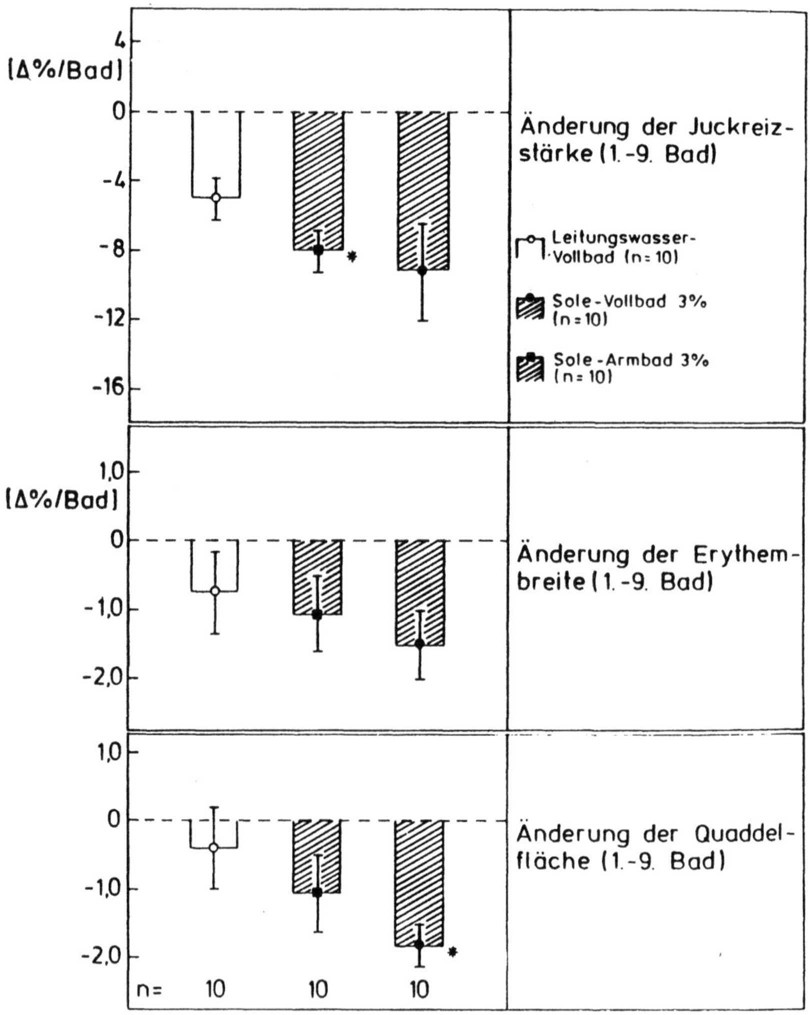

Abb. 2. Mittlere Steilheit der Änderung von Juckreizstärke, Erythembreite und Quaddeldurchmesser (Regressionskoeffizienten) nach intracutaner Injektion von je 0,1 ml Histaminlösung (1:1 000) am Unterarm jeweils vor dem Bad während einer 3-wöchigen Solebäderserie im Vergleich zu Leitungswasser. In den Sole-Vollbädern (15 min, 36 °C) wurde die Injektionsstelle nicht benetzt. (Nach Gutenbrunner u. Hildebrandt 1990).

auch an der nicht gebadeten Haut auftraten und daher für eine systemische Wirkung der Solebäder sprechen (Abb. 2).

Die Hauptindikationsgebiete der Solebäder sind rheumatische Erkrankungen, vegetative Störungen und dermatologische Erkrankungen, über die gesondert referiert werden wird (Stüttgen, in diesem Bande).

Die *Inhalationsbehandlung* mit Solen oder schwächer konzentrierten Natrium-Chlorid-Wässern nutzt den schleimlösenden Effekt, den lokalosmotischen Reiz zur Durchblutungssteigerung sowie die nachweisbare Anregung des bronchialen Schleimtransportes (Abb. 3) mit Zunahme der Cilien-Schlagfrequenz der Schleimhautepithelien (Dirnagl u. Mitarb. 1979).

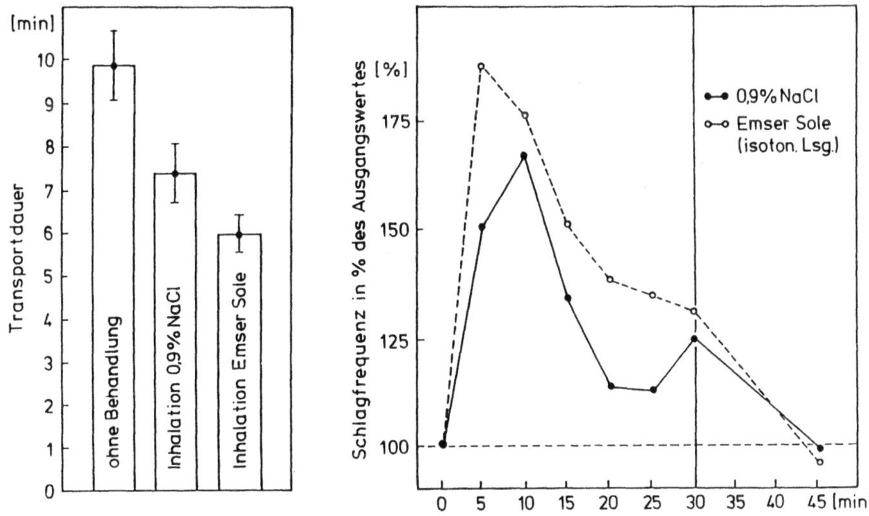

Abb. 3. *Links:* Zeitdauern zwischen dem Aufbringen eines Saccharinkristalls auf die Nasenschleimhaut und dem Auftreten des süßen Geschmacks. Mittelwerte und mittlere Fehlerbereiche von 18 Probanden ohne Vorbehandlung, nach 5 min Inhalation eines Aerosols aus 0,9 % NaCl-Lösung und nach 5 min Inhalation eines Aerosols aus verdünnter Emser Sole, äquimolar der 0,9 % NaCl-Lösung. (Nach Dirnagl u. Mitarb. 1979).
Rechts: Beeinflussung der Ziliar-Schlagfrequenz während und nach 30-minütiger Bespülung mit 0,9 % NaCl-Lösung und isotonisch verdünnter Emser Sole. (Nach Daten von Dirnagl u. Mitarb. 1979).

Im Hinblick auf das Tagungsthema ist die Wirkung der *Trinkkuren* mit Natrium-Chlorid-Wässern von besonderem Interesse. Die dafür in Betracht kommenden Konzentrationen (vgl. Abb. 4) liegen mit wenigen Ausnahmen unter 0,1 % Kochsalzgehalt. Da Trinkkuren im allgemeinen mit maximalen täglichen Trinkmengen von 2,8 Litern Heilwasser durchgeführt werden, erreicht die damit mögliche zusätzliche Zufuhr von Natrium und Chlorid, als

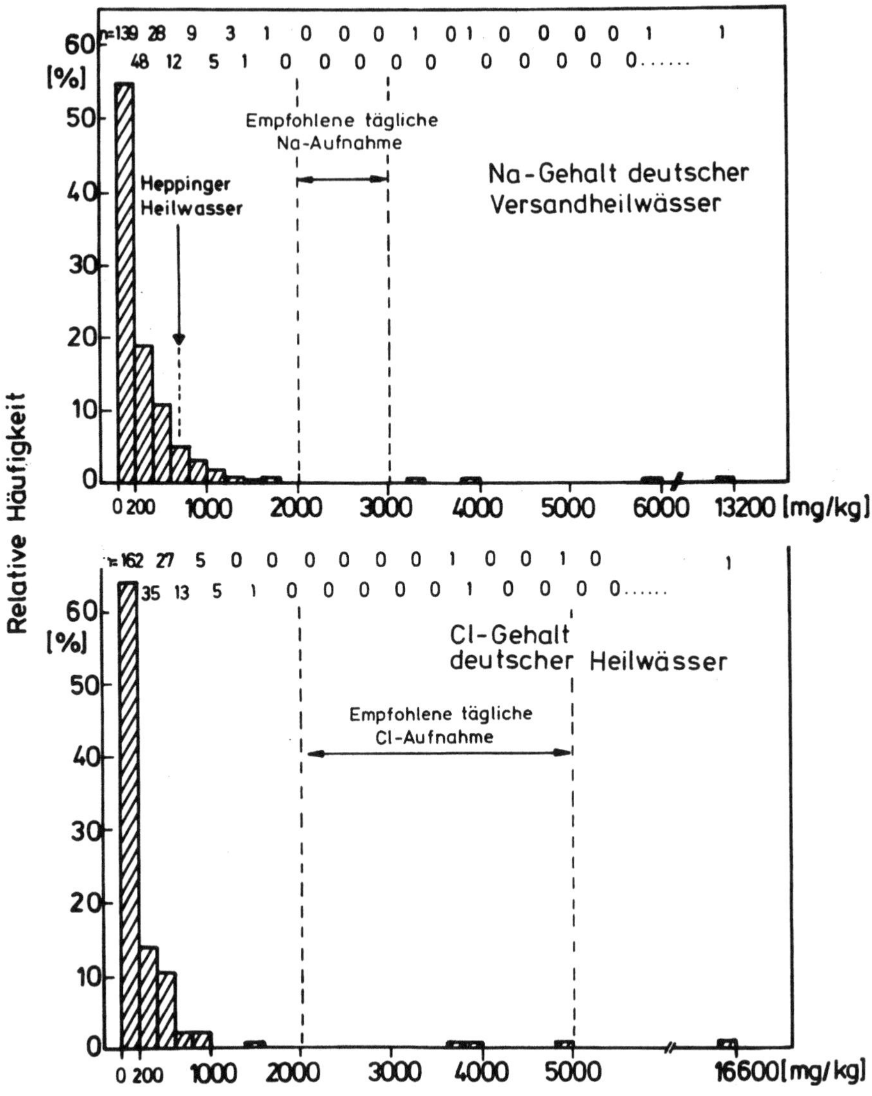

Abb. 4. Häufigkeitsverteilungen der Natrium- und Chlorid-Gehalte deutscher Versandheilwässer. Markiert sind die Bereiche der von der Deutschen Gesellschaft für Ernährung empfohlenen täglichen Zufuhrmengen an Natrium und Chlorid, bezogen auf je 1 Liter Flüssigkeit.

Kochsalz berechnet, in der Regel weniger als 2,0 g/Tag und nur im Extremfall 4 g.

Die Wirkung der Natrium-Chlorid-Wässer im Verdauungstrakt wird wesentlich von der Konzentration bestimmt. Hypertone Wässer führen zu starker Schleimhautreizung und u.U. zum Erbrechen. Der osmotische Reiz löst Hyperaemie und Sekretionssteigerung der Schleimhaut aus. Im Dünndarm führt die osmotische Schleimhautreizung zusammen mit einer vorübergehenden Volumenzunahme zur Anregung der Peristaltik mit Beschleunigung der Darmpassage. Durch Vermittlung gastrointestinaler Hormone sollen auch Pankreas- und Gallensekretion durch Natrium-Chlorid-Wässer angeregt werden. Hinreichende Belege im Sinne von Dosis-Wirkungsbeziehungen sind aber bisher nicht verfügbar (Lit.-Übers. s. Gutenbrunner 1990).

Hypotone Natrium-Chlorid-Wässer haben nach ersten eigenen Erfahrungen offenbar eine ähnliche Wirkung: So zeigen Untersuchungen von Gutenbrunner u. Feger (1991), daß eine 0,4 %ige Kochsalzlösung im Magen im Gegensatz zu reinem Wasser eine signifikante Steigerung der Gastrinausschüttung bewirkt.

Solche schwächeren sekretorischen Reize scheinen aber ausreichend, um bei kurmäßiger Zufuhr Normalisierungseffekte der Magensekretion zu erreichen. So konnte Schleicher (1968) bei Trinkkuren mit einem natürlichen Heilwasser von ca. 0,4 % Kochsalzgehalt eine signifikante Normalisierungstendenz der Alkalitestzeit des Magens beobachten (Abb. 5), wobei also

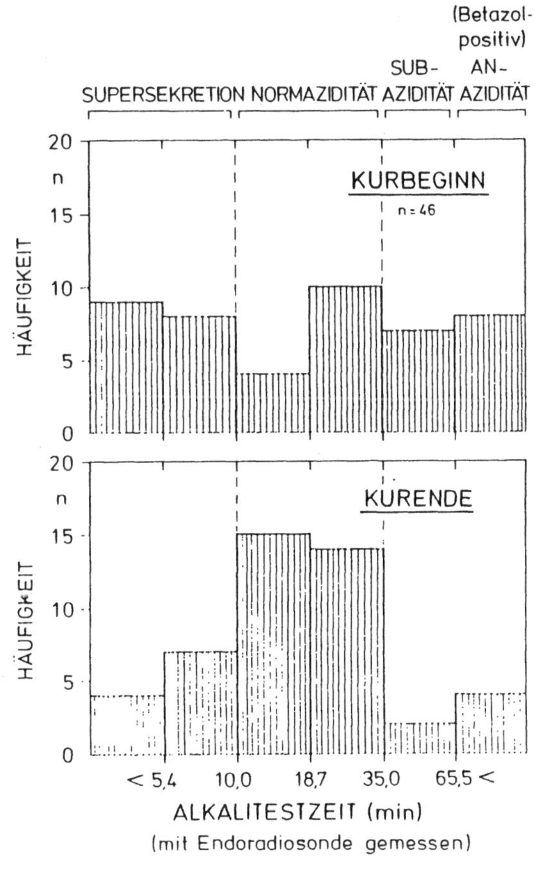

Abb. 5. Häufigkeitsverteilung der mit der Endoradiosonde gemessenen Alkalitestzeiten des Magens bei 46 Kurpatienten zu Beginn und am Ende einer mehrwöchigen Mineralwassertrinkkur mit Kissinger Rakoczy-Brunnen. Am oberen Bildrand sind die für die Beurteilung der Sekretionsleistung maßgeblichen Bereiche angegeben. Der Befund der Normalisierung war auch im Vergleich zu einer unbehandelten Kontrollgruppe statistisch signifikant. (Nach Daten von Schleicher 1968).

sowohl supersekretorische als auch sub- und anazide Störungen zurückgingen.

Natrium und Chlorid werden bekanntlich im Dünndarm schnell und vollständig resorbiert. Schon kleine Kochsalzmengen lösen im Elektrolyt- und Wasserhaushalt regulatorische Antworten aus (Abb. 6). So zeigen die schon in den zwanziger Jahren von Starkenstein (1924) durchgeführten Ausscheidungsversuche mit Kochsalzlösungen verschiedener Konzentrationen, daß bereits nach Zufuhr von 0,2%iger Kochsalzlösung die initiale

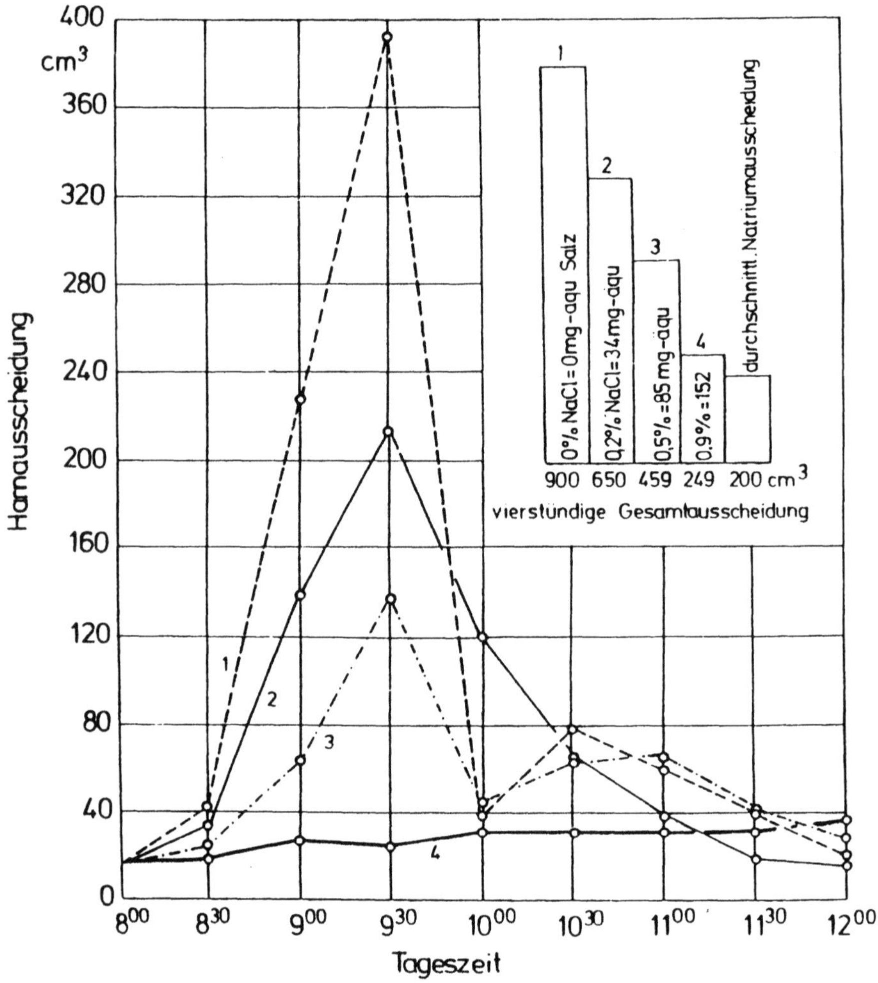

Abb. 6. Diuresehemmung durch Kochsalz. Verlauf der Harnausscheidung nach Aufnahme von 1 Liter Wasser bzw. Kochsalzlösung verschiedener Konzentrationen: 1 = 0% NaCl = 0 mval NaCl; 2 = 0,2% = 34 mval; 3 = 0,5% = 85 mval; 4 = 0,9% = 152 mval. Im rechten oberen Abbildungsteil ist die Größe der Gesamtausscheidung während der ersten vier Stunden angegeben. (Nach Daten von Starkenstein 1924, aus Hildebrandt 1985).

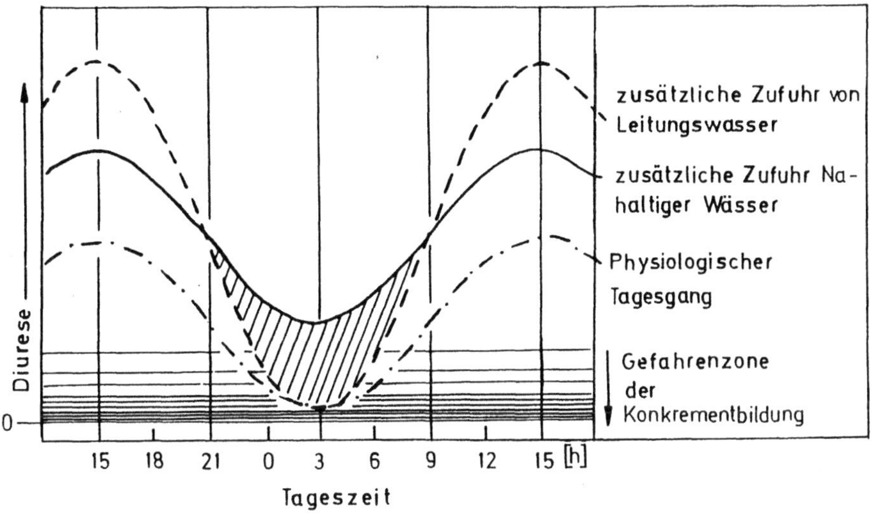

Abb. 7. Schematische Darstellung der tagesrhythmischen Schwankung der Diurese unter normalen Bedingungen, bei zusätzlicher Zufuhr von Leitungswasser und bei zusätzlicher Zufuhr von Natrium-haltigen Wässern. (Nach Gutenbrunner 1986).

Flüssigkeitsausscheidung zugunsten einer verzögerten Ausscheidung auf die Hälfte reduziert wird.

Dieser verzögernde Effekt wird bei der Trinkkurbehandlung von Harnsteinleiden heute in rationaler Weise genutzt (Gutenbrunner 1986). Wie das Schema der Abb. 7 zeigt, führt die physiologische tagesrhythmische Antidiurese mit Harnverdichtung während der Nacht zu einer Steigerung des Harnsteinbildungsrisikos. Während das Trinken reinen Wassers zwar den Harnfluß am Tage steigert, wird die nächtliche Antidiurese davon kaum berührt. Kochsalzhaltige Wässer steigern dagegen nach der initialen Diuresehemmung im Laufe der 4. bis 8. Stunde nach dem Trinken die Flüssigkeitsausscheidung umso stärker, je höher sie konzentriert sind. Sie vermögen daher nach abendlichem Trinken die nächtliche Steinbildungsgefahr zu mindern.

Trinkkuren mit Natrium-Chlorid-haltigen Heilwässern sind in den letzten Jahren aber vor allem wegen ihrer möglichen Blutdruckwirkungen diskutiert worden. Dabei sprachen die epidemiologisch gefundenen Beziehungen zwischen Kochsalzkonsum und Hypertonie-Inzidenz für eine Beteiligung der Kochsalzaufnahme an der Hypertonie-Entwicklung, so daß generell prophylaktisch wie therapeutisch eine Einschränkung der Natrium- bzw. Kochsalzaufnahme empfohlen wurde. Dadurch wurde auch die Verordnung von Trinkkuren mit Natrium-haltigen Heilwässern stark eingeschränkt, obwohl keine diesbezüglichen Prüfungen durchgeführt waren.

Inzwischen liegen aber zahlreiche Untersuchungsergebnisse vor, die gegen eine blutdrucksteigernde Wirkung Natrium-haltiger Heilwässer sprechen. So

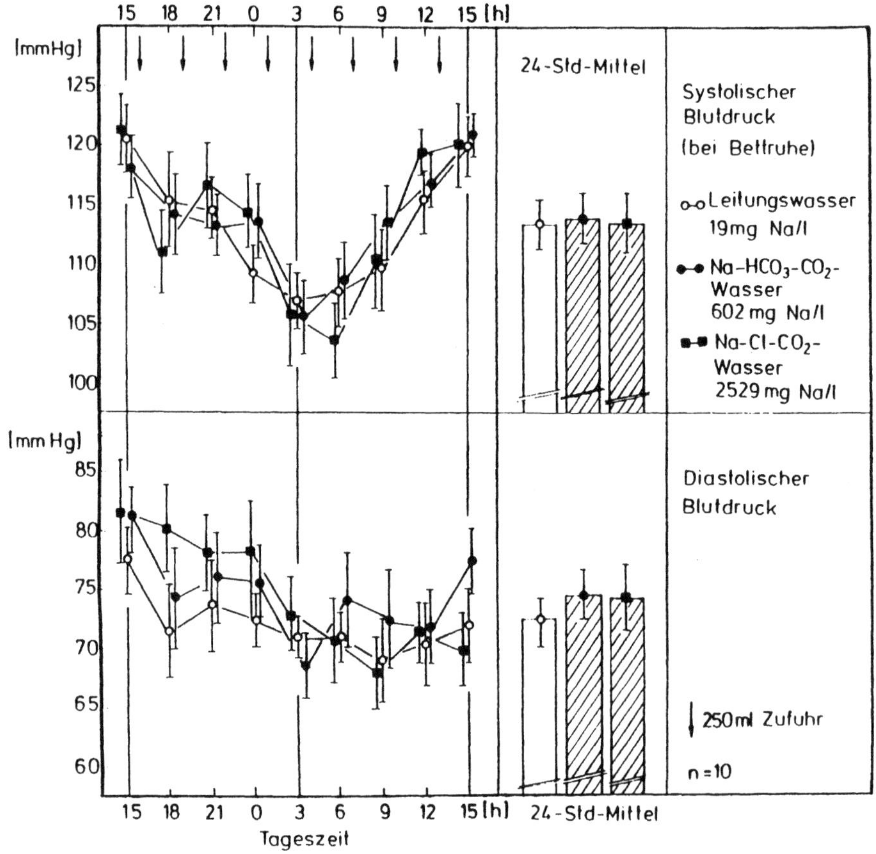

Abb. 8. 24-Stunden-Verläufe des systolischen und diastolischen Blutdrucks bei konstanter Bettruhe unter konstanten Klimabedingungen bei 3-stündlicher Zufuhr von je 250 ml Flüssigkeit mit unterschiedlichen Natrium-Gehalten. Im rechten Abbildungsteil sind die 24-Stunden-Mittelwerte angegeben. Klammern bezeichnen den Bereich des mittleren Fehlers der Mittelwerte.

zeigten z.B. 24-Stunden-Untersuchungen mit 3-stündlicher Zufuhr von je 250 ml zweier stark Natrium-haltiger Heilwässer (Abb. 8), daß der Ruheblutdruck von gesunden Personen unter strengen Kontrollbedingungen im Liegen gegenüber Leitungswasserzufuhr nicht signifikant gesteigert wird. Auch bei 4-wöchigen Trinkkuren mit täglich 700 ml Heilwasser konnten keine Steigerungen der Blutdruckwerte, sondern eher Senkungen beobachtet werden (Hildebrandt u. Mitarb. 1982).

Eine retrospektive Studie an je 300 Kurpatienten mit arterieller Hypertonie während 4-wöchiger komplexer Kurbehandlung in Bad Wildungen ergab, daß die zusätzliche Verordnung von Trinkkuren mit einem Heilwasser von

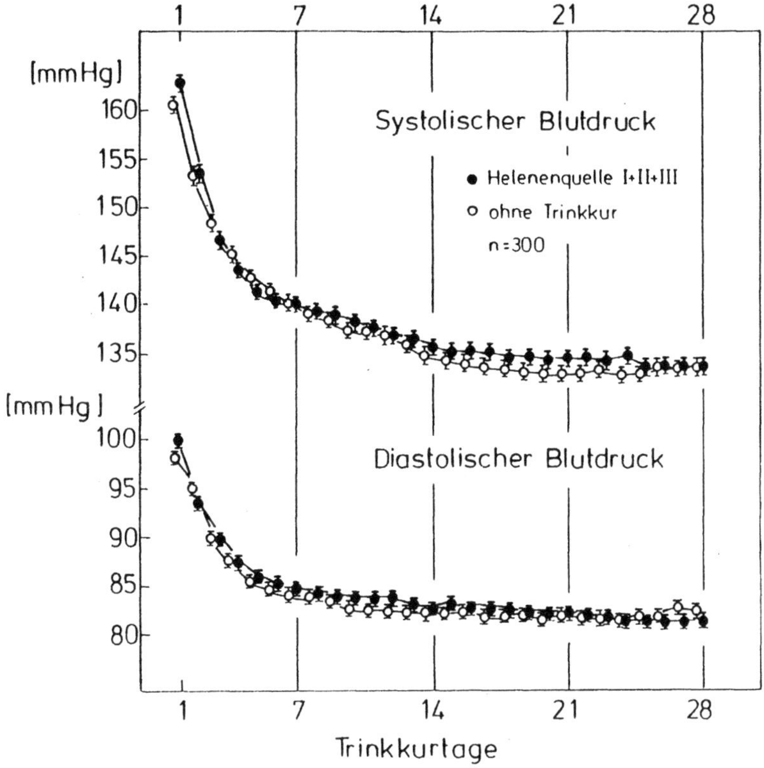

Abb. 9. Mittlere Verläufe des systolischen und diastolischen Blutdrucks während 4-wöchiger komplexer Bäderkurbehandlung von je 300 Kurpatienten mit und ohne zusätzliche Trinkkur mit der Bad Wildunger Helenenquelle (Natrium-Magnesium-Calcium-Hydrogenkarbonat-Chlorid-Säuerling mit 724 mg Na-Gehalt/Liter). (Nach Hildebrandt u. Mitarb. 1982).

über 700 mg/Liter Natriumgehalt die übliche blutdrucksenkende Wirkung der Kuren nicht beeinflußte (Abb. 9).

Aufgrund solcher Vorerfahrungen haben wir gemeinsam mit Beudt (Hildebrandt u. Mitarb. 1989) bei 46 chronisch hypertonen Patienten, die größtenteils langjährig antihypertensiv behandelt waren, Haustrinkkuren mit einem Natrium-Hydrogenkarbonat-Säuerling mit ca. 600 mg/Liter Natriumgehalt durchgeführt und die Blutdruckentwicklung mit täglichen Messungen kontrolliert. Die Dauer der Trinkkuren betrug bei täglicher Zufuhr von 1.400 ml des Heilwassers (entsprechend 843 mg Na) jeweils 4 Wochen. Die Vorbeobachtungsphase dauerte mindestens eine Woche, die Nachbeobachtung nach Ende der Trinkkur 3 Wochen. Bei 40 der Patienten konnten die vorangehenden, 2 mal wöchentlich durchgeführten Blutdruckkontrollen auf 4 Wochen ausgedehnt werden. Die für die einzelnen Patienten

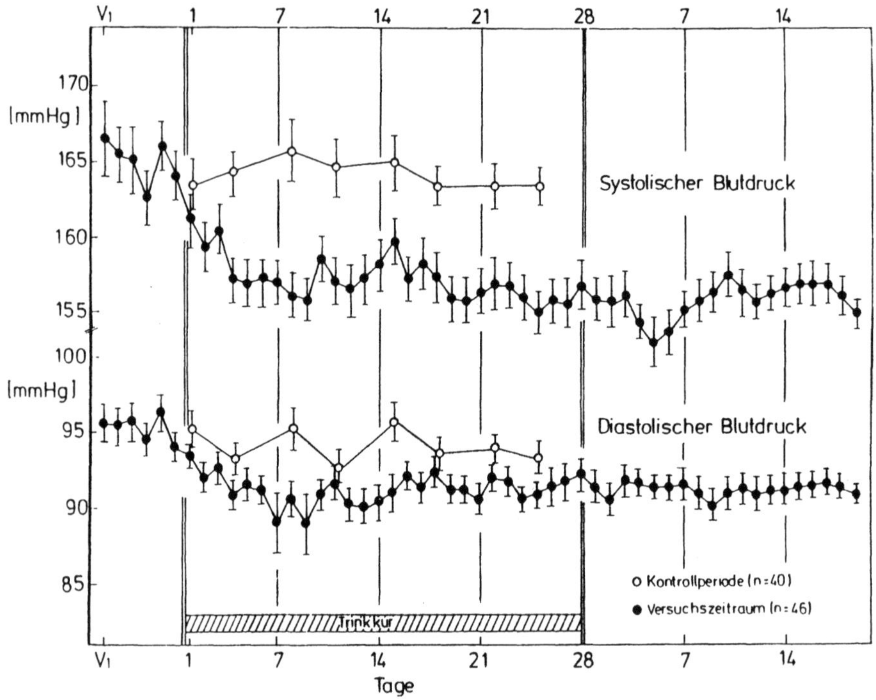

Abb. 10. Mittlere Blutdruckverläufe von 46 Patienten mit arterieller Hypertonie vor, während und nach einer 4-wöchigen Haustrinkkur mit täglicher Zufuhr von 1 400 ml eines Natrium-Hydrogenkarbonat-Säuerlings (Staatlich Fachingen; 602 mg Na/Liter) sowie während einer vierwöchigen Vergleichsperiode ohne Trinkkur (n = 40) (offene Symbole). Die Klammern bezeichnen den Bereich des mittleren Fehlers der Mittelwerte. (Nach Hildebrandt u. Mitarb. 1989).

unterschiedliche medikamentöse antihypertensive Behandlung wurde in allen Fällen während der Untersuchungszeit beibehalten.

Die Ergebnisse sind in Abb. 10 dargestellt. Man erkennt, daß mit Beginn der Trinkkur die mittleren systolischen und diastolischen Blutdruckwerte auf ein signifikant niedrigeres Niveau absinken und auch über die Nachbeobachtungszeit von drei Wochen erniedrigt bleiben, so daß hier ein überdauernder adaptiver Umstellungsprozeß als Grundlage der Blutdruckwirkung angenommen werden muß.

Dafür spricht auch die in Abb. 11 dargestellte Tatsache, daß bei Aufgliederung der Blutdruckverläufe in Teilgruppen mit unterschiedlicher antihypertensiver Medikation, die – wie erwähnt – im ganzen Untersuchungszeitraum konstant blieb, keine bedeutsamen Gruppenunterschiede im Blutdruckverlauf zu erkennen sind. Der im Gesamtmittel gefundene Rückgang der systolischen und diastolischen Druckwerte tritt also weitgehend unabhängig von der Art der begleitenden Medikation ein.

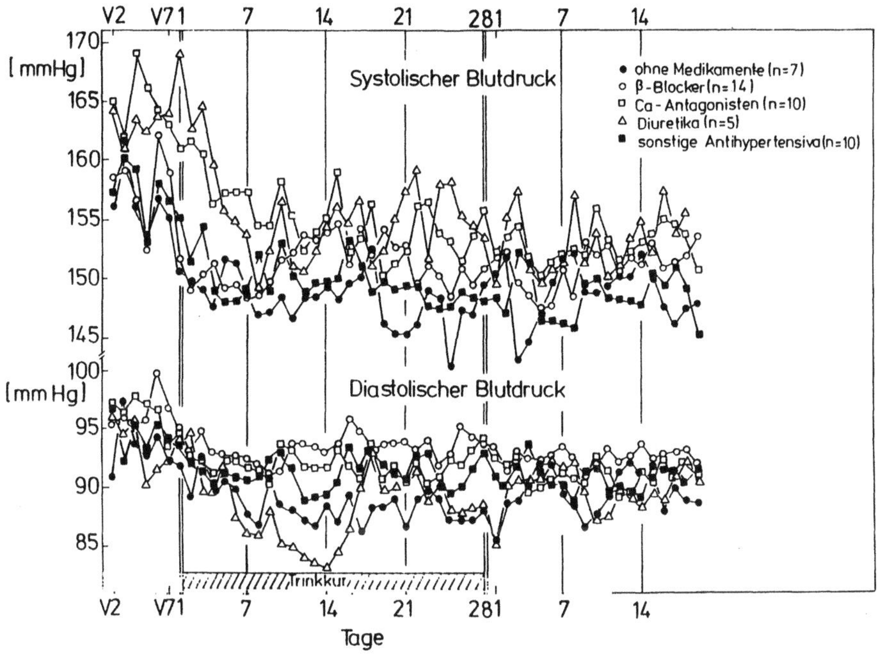

Abb. 11. Mittlere Verläufe des systolischen und diastolischen Blutdrucks der Hypertoniker gem. Abb. 12 nach Aufgliederung in Teilgruppen mit unterschiedlicher medikamentöser Basisbehandlung. Die Fehlerbereiche sind aus Gründen der Übersichtlichkeit nicht miteingezeichnet. (Nach Hildebrandt u. Mitarb. 1989).

Da diese Ergebnisse der allgemeinen Erwartung widersprachen, haben wir gemeinsam mit Demuth an weiteren 40 Hypertonikern Untersuchungen bei 4-wöchigen Haustrinkkuren mit einem noch stärker Natrium-Chlorid-haltigen Heilwasser vorgenommen. Die tägliche zusätzliche Kochsalzzufuhr erreichte dabei ca. 2 g. Wie Abb. 12 zeigt, konnten auch hier im Mittel überdauernde signifikante Senkungen der systolischen und diastolischen Druckwerte beobachtet werden.

Inzwischen haben auch andere Arbeitsgruppen, z.B. von Luft u. Mitarb. (1989), gleichsinnige Beobachtungen am Menschen machen können.

Es liegt die Vermutung nahe, daß es sich bei den geschilderten blutdrucksenkenden Langzeitwirkungen der Natrium-Chlorid-haltigen Heilwässer um adaptive Umstellungen handelt, die die Ausscheidungsleistungen der Nieren für diese Elektrolyte verändern. Dafür sprachen schon eigene Messungen der Natrium- und Chlorid-Ausscheidung während der ersten 4 Stunden nach Zufuhr solcher Wässer vor und nach 4-wöchigen Trinkkuren (Hildebrandt u. Mitarb. 1982). Von besonderem Interesse ist in diesem Zusammenhang die von uns in zwei Versuchsreihen am Menschen nachgewiesene Steigerung des Serumspiegels des Atrialen Natriuretischen Peptids (ANP), das zugleich eine

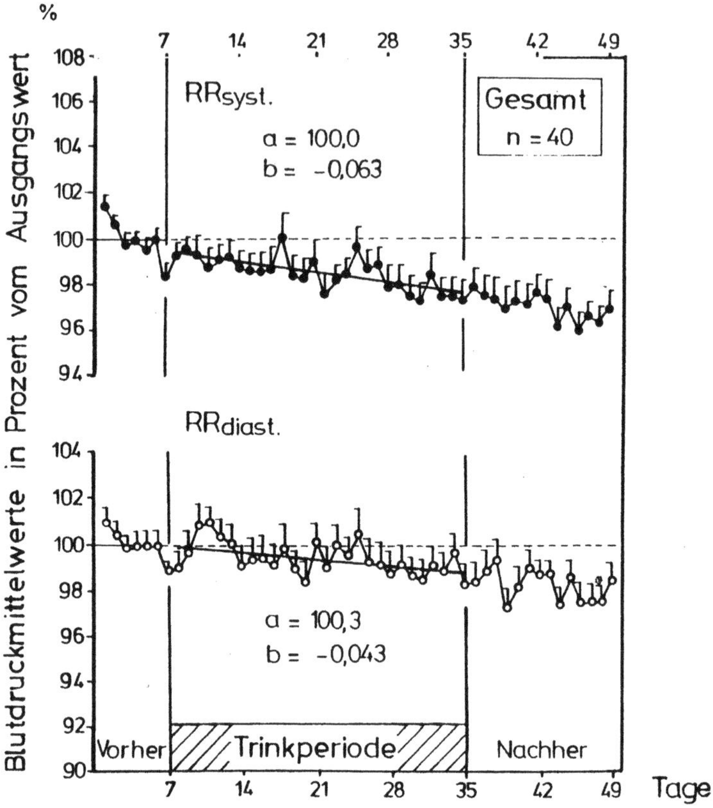

Abb. 12. Mittlerer Verlauf des systolischen und diastolischen Blutdrucks von 40 Patienten mit arterieller Hypertonie vor, während und nach einer 4-wöchigen Haustrinkkur mit täglicher Zufuhr von 1 400 ml eines Natrium-Hydrogenkarbonat-Chlorid-Wassers mit 1 400 mg Na-Gehalt/Liter. Die eingezeichneten Geraden bezeichnen die Regression während der Trinkkur. (Nach Demuth u. Mitarb. 1989).

gefäßerweiternde und blutdrucksenkende Wirkung besitzt (vgl. Gutenbrunner u. Hildebrandt 1989).

Beim heutigen Stand der Forschung ist es sicher nicht mehr berechtigt, Natrium-haltige Heilwässer als blutdrucksteigernd oder als schädlich für Hypertoniker zu bezeichnen, solange keine Insuffizienz der Ausscheidungsfunktionen vorliegt. Da in allen bisherigen Untersuchungen an Hypertonikern auch bei den hohen Natrium- und Chloridgehalten keine Blutdrucksteigerungen beobachtet wurden, kann davon ausgegangen werden, daß der Blutdruck auch bei sog. Kochsalz-sensitiven Patienten durch Mineral- und Heilwässer nicht gesteigert wird.

Neuerdings hat sich aber die Diskussion mehr und mehr auf eine möglicherweise blutdrucksteigernde Wirkung des Chlorids verlagert (Luft

u. Ganten 1987). Die von uns bisher untersuchten Heilwässer haben zwar zum Teil auch hohe Chloridgehalte (bis zu 4,0 g/Liter), doch enthalten sie gleichzeitig mehr oder weniger hohe Konzentrationen an Hydrogenkarbonat, dem offenbar eine antagonistische Wirkung zukommt.

Obwohl unter den natürlichen Heilwässern auch solche vorkommen, die bei hohem Chloridanteil niedrige Natriumgehalte besitzen, liegen bisher keine Untersuchungen über deren Blutdruckwirkungen vor.

Die Bedeutung von Natrium und Chlorid in der Balneologie läßt sich also beim derzeitigen Stand der Forschung so zusammenfassen: Während für Natrium-Chlorid-Wässer bzw. Solen zum Baden und Inhalieren bewährte und begründbare Indikationen bestehen, sind die Trinkkurwirkungen mit solchen Wässern bis heute noch nicht befriedigend belegt. Es kann aber mit Sicherheit gesagt werden, daß die bisher herausgestellten Kontraindikationen solcher Heilwässer aufgrund angeblich blutdrucksteigernder Effekte jeder Grundlage entbehren.

Zusammenfassung

Natrium und Chlorid sind unter den Mineralstoffen der natürlichen Mineralquellen am häufigsten und stärksten vertreten. Mineralwässer mit Konzentrationen über ca. 1,5 % Kochsalz (Solen) werden zum Baden und Inhalieren, hypotone Natrium-Chlorid-Wässer zu Trinkkuren verwendet. Die systemischen Wirkungen der Solebäder werden durch Deposition der Natrium- und Chlorid-Ionen in der Epidermis vermittelt. Entsprechende Änderungen der Hautreagibilität sind neuerdings nachgewiesen worden. Die Hauptindikationsgebiete sind rheumatische Erkrankungen, vegetative Regulationsstörungen und dermatologische Erkrankungen.

Die therapeutische Bedeutung der Inhalationsbehandlung mit Natrium-Chlorid-Wässern beruht auf der schleimlösenden, durchblutungsfördernden Reizwirkung sowie auf der nachweisbaren Steigerung des Schleimtransportes in den Luftwegen.

Die bei Trinkkuren mit hypotonen Natrium-Chlorid-Wässern zugeführten Kochsalzmengen liegen in der Regel unter 2 g/Tag. Im Magen-Darm-Trakt wirken Natrium-Chlorid-Wässer je nach ihrer Konzentration sekretionssteigernd auf die Verdauungsdrüsen, was z.B. an einer Erhöhung des Gastrinspiegels im Serum nachweisbar ist. Stärker konzentrierte Wässer regen darüber hinaus die Peristaltik an. Kurmäßig wiederholte Zufuhr führt zu einer Normalisierung der Sekretionsleistungen.

Schon geringe Kochsalzmengen führen zu einer verzögerten Flüssigkeitsausscheidung, wodurch bei geringerer Ausscheidung am Tage der nächtliche Harnfluss gesteigert werden kann. Dieser Effekt kann zur Verhinderung von Harnsteinbildung, die durch die physiologische Antidiurese nachts begünstigt wird, therapeutisch genutzt werden.

Die in den letzten Jahren wegen einer angeblichen Bluthochdruckgefährdung verbreitete Ablehnung von Natrium-haltigen Heilwässern ist nach zahlreichen neueren Befunden unbegründet. Sowohl bei Gesunden als auch bei Hochdruckkranken führen 4-wöchige Trinkkuren mit Natrium-reichen Wässern zu signifikanten Senkungen des systolischen und diastolischen Blutdrucks, die auch über die Trinkkur hinaus bestehen bleiben und wahrscheinlich auf adaptiven Umstellungen der Regulationssysteme beruhen. Signifikante Steigerungen des natriuretisch und blutdrucksenkend wirkenden Vorhofhormons (ANP) sind nachgewiesen. Solche Wirkungen treten auch bei hohem Chloridgehalt der Wässer ein, so daß auch die derzeit diskutierte Blutdrucksteigerung durch Chlorid für Heilwasser-Trinkkuren nicht gilt.

Literatur

Begriffsbestimmungen für Kurorte, Erholungsorte und Heilbrunnen. Hrsg. v. Deutschen Bäderverband e.V. und vom Deutschen Fremdenverkehrsverband e.V., Bonn-Frankfurt/Main 1987

Demuth F, Gutenbrunner Chr & Hildebrandt G (1989): Die Beeinflussung des Blutdrucks von Hypertonikern mit einem Natrium-Hydrogenkarbonat-Chlorid-Wasser von hohem Natrium-Gehalt. Z. Phys. Med. 18: 306–307

Dirnagl K, Guillerm R, Hee J, Badre R & Schnelle KW (1979): Untersuchungen über den Einfluss von Soleverdünnungen unterschiedlichen pH-Wertes auf die ciliäre Transportfunktion. Z. angew. Bäder- u. Klimaheilk. 26: 5–14

Drexel H, Dirnagl K & Pratzl H (1970): Experimentelle Befunde zum chemischen Wirkungsmechanismus der Sole- und Seebäder. Z. Phys. Med. 1: 201–222

Gutenbrunner Chr (1986): Erkrankungen der Nieren und der ableitenden Harnwege. In: Amelung W & Hildebrandt G (Hrsg.): Balneologie und medizinische Klimatologie. Band 3. Springer Verlag, Berlin-Heidelberg-New York 1986, S. 171–195

Gutenbrunner Chr (1990): Kurorttherapie gastrointestinaler Erkrankungen. In: Wissenschaftl. Reihe d. Deutschen Bäderverbandes, Bonn 1990

Gutenbrunner Chr & Feger R (1991): Unveröffentlichte Daten

Gutenbrunner Chr & Hildebrandt G (1989): Kochsalz – ja oder nein? Zur Beurteilung Natrium-haltiger Heil- und Mineralwässer. Ärztezeitschr. f. Naturheilverf. 30: 352–370

Gutenbrunner Chr & Hildebrandt G (1990): Über die Wirkung von Solebädern auf die Histamin-Hautreaktion. Z. Phys. Med. 19: 241–242

Hildebrandt G (1985): Balneologie. In: Amelung W & Hildebrandt G (Hrsg.): Balneologie und medizinische Klimatologie. Band 2. Springer Verlag, Berlin-Heidelberg-New York; S. 1–329

Hildebrandt G, Beudt M & Gutenbrunner Chr (1989): Über den Einfluss 4-wöchiger Haustrinkkuren mit einem Natrium-Hydrogenkarbonat-Säuerling (1.400 ml/d) auf den Blutdruck von Patienten mit arterieller Hypertonie. Z. Phys. Med. 18: 85–91

Hildebrandt G, Freund JL & Heckmann Chr (1982): Sind Trinkkuren mit hypotonen Natrium-haltigen Heilwässern bei Herz- und Kreislauferkrankungen schädlich? Der Krankenhausarzt 55: 747–755

Hildebrandt G, Freund JL, Gutenbrunner Chr & Heckmann Chr (1983): Untersuchungen zur Problematik der Trinkkuren mit Natrium-haltigen Heilwässern bei Herz- und Kreislauferkrankungen. Z. Phys. Med. 12: 63–65

Hildebrandt G, Heckmann Chr & Roeb W (1981): Untersuchungen über die adaptive Wirkung von Trinkkuren. 1. Mitteilung: Experimentelle Trinkkuren mit einem Natrium-Hydrogenkarbonat-Säuerling (STAATLICH FACHINGEN). Z. Phys. Med. 10: 160–173

Luft F & Ganten D (1987): Salz ist nicht gleich Salz. Dtsch. Med. Wschr. 112: 1391–1394

Luft F, Zemel WB, Sowerts JR, Fineberg NS & Weinberger MH (1989): Wirkungen des Chlorid- bzw. Bikarbonat-Salzes von Natrium auf den Blutdruck bei gesunden und leicht hypertensiven schwarzen und weissen Probanden. Amer. J. of Hypertension 2: 1405
Schleicher E (1968): Intragastrale Messungen mit der Endoradiosonde unter Einwirkung des Kissinger Rakoczy-Brunnens. Z. angew. Bäder- u. Klimaheilk. 15: 258–266
Starkenstein E (1924): Über die Abhängigkeit der Diurese vom Salzgehalt und der Wasserstoffionenkonzentration des getrunkenen Wassers. Arch. exper. Pathol. Pharmakol. 104: 6–22

Natrium und Chlorid in der Dermatologie

G. Stüttgen, Berlin

Natrium- und Chloridgehalt der verschiedenen Hautschichten

Die Haut ist kochsalzreich (Tabelle 1). Diese Situation beruht neben dem Vorgang der Keratinisation vornehmlich auf der Ablagerung von Kochsalz aus den von ekkrinen Schweißdrüsen sezernierten Schweiß und dessen Penetration in die Hornschicht. Der Gehalt des Schweißes an Kochsalz ist dabei variabel und hängt von der Sekretionsintensität der Transpiration ab, die mit dem Kochsalzgehalt eine sichere Korrelation aufweist (Abb. 1 und 2).

Der als Ultrafiltrat isotone primäre Schweiß (Abb. 1) unterliegt auf dem Wege zum externen Schweißdrüsenporus, insbesondere in der proximalen Region des Schweißdrüsenausführungsgangs, einer Kochsalzrückresorption. Diese ist abhängig von der Kontaktzeit des Schweißes in den entsprechenden Regionen des Schweißdrüsenausführungsganges. Bei massivem Schwitzen ist offenbar nicht die Zeit gegeben, daß der energieverbrauchende Vorgang der Schweißrückresorption den Salzgehalt des Schweißes im Hinblick auf die Norm ausreichend reduziert. Eine pharmakologische Hemmung der Rück-

Tabelle 1. Anorganische Bestandteile des Schweißes (mmol/l) [3] Bei allen Werten ist die große Schwankungsbreite durch den möglichen Kontakt des Schweißes mit der Hautoberfläche und Aufnahme der dort vorhandenen Substanzen bedingt

Na	7,39	–173,9	Im Verlaufe einer Transpiration steigt der NaCl-Spiegel bei sinkender Schweißmenge.
K	1,79	– 37,1	
Ca	$7{,}49 \cdot 10^{-2}$	– 2,94	
Mg	$8{,}22 \cdot 10^{-3}$	– 1,37	
Cu	$9{,}44 \cdot 10^{-4}$		
	$1{,}0 \cdot 10^{-2}$	– 0,2 (52)	
Mn	$1{,}09 \cdot 10^{-3}$		
Fe	$1{,}15 \cdot 10^{-2}$	– 0,36	
Zn	$1{,}2 \cdot 10^{-1}$	– 4,7 (52)	
Cl^-	10,15	–280,6	
SO_4^{--}	0,42	– 1,77	
P	0	– 1,55	
S	Spuren		
B	nachweisbar		
F	nachweisbar		
J	$5{,}51 \cdot 10^{-5}$	– $7{,}49 \cdot 10^{-5}$	

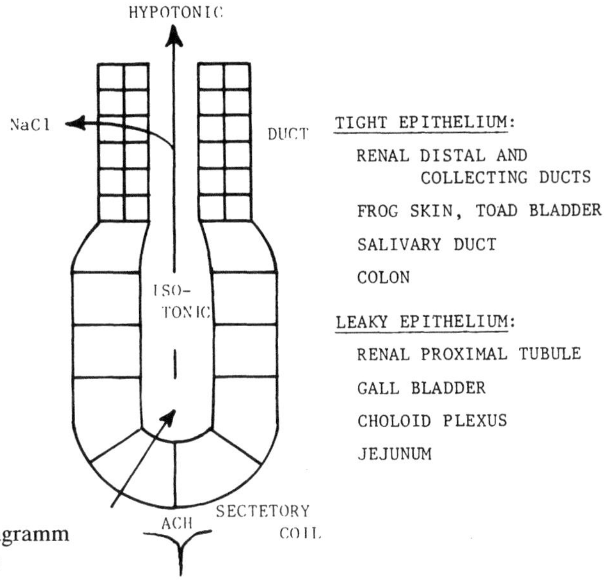

Abb. 1. Schematisches Diagramm der ekkrinen Schweißdrüse

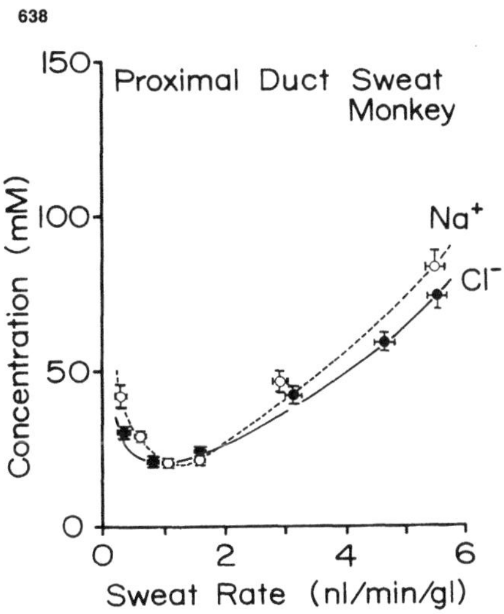

Abb. 2. Na + Cl-Konzentrationen im proximalen Schweißdrüsengang

resorption durch G-Strophantin im Experiment erhöht ebenfalls die Kochsalzkonzentration im Schweiß, die dann von einer erhöhten Kaliumausscheidung gefolgt wird.

Unter physiologischen Bedingungen folgt das Chlorid passiv der Permeation des Natriums und ist von der Aldosteronwirkung abhängig. Ein Überschuß an Natrium, insbesondere im Bereich des Extrazellulärraumes der Haut bei einem Verhältnis Natrium zu Chlor von 1,34:1 läßt sich aus einer solchen höheren Penetration des Chlors zum Zellinnern erklären. Je stärker die Natriumrückresorption aus dem Schweiß ausgeprägt ist, um so ausgeprägter ist die Entwicklung eines sauren Schweißes (pH-Wert um 5,3).

Eine Natriumverarmung über die Schweißdrüsen, die bei entsprechender Sekretionsrate klinisch relevant ist, stimuliert die Renin- und Aldosteronsekretion. Aber auch eine Wärmeexposition alleine führt zu dem gleichen Ergebnis, ohne daß eine Korrelation zur Schweißmenge besteht.

Der elektrochemische Potentialgradient, den Na^+ mit Hilfe des energieverbrauchenden Transports zu überwinden hat, liegt um 130 mV. Die passive Diffusion des Cl^- ist kein energieverbrauchener Vorgang.

Im Hinblick auf den Mineralgehalt der Haut ist hervorzuheben, daß Natrium und Chlor zu Beginn einer Hautentzündung als Folge des Einströmens an Flüssigkeit, verbunden mit der Permeabilitätsstörung der Zellmembran, ansteigen (Tabelle 2). Die Relation von Natrium zu Kalium ist vielfältig untersucht worden (Abb. 3). Es wurde der Versuch gemacht, eine Mineralkonstellation mit den Auswirkungen von Neurotransmittern auf zyklisches GMP und AMP im Hinblick auf charakteristische Stadien einer Dermatose zu entwickeln. Doch ließen sich repräsentative Ionogramme für die unterschiedlichen Entzündungsformen und Dermatosen nicht erkennen [2, 11]. Unter pathophysiologischen Gesichtspunkten ist aus diesen Darstellungen zu entnehmen, daß mit Ausnahme der Mucoviscidose, bei der eine hohe Kocksalzkonzentration im Schweiß vorliegt, der Natrium- und Chloridtransport in der Haut und die sich kurzfristig einstellenden Salzkonzentrationen nicht primär von der Haut gesteuert werden, sondern über die Beeinflussung der Schweißsekretion und deren Natriumreadsorption [2, 4, 11].

Tabelle 2. Elektrolytgehalt der Haut (nach *Cavill* u. Mitarb. 1970, 1972 in 3)

	mmol/kg Feuchtgewicht	Bindungsform	Bemerkung
Chlorid		Na^+-Cl^-	Anstieg nach mechanischen Reizen, Verbrennungen und bei Ödemen
Haut gesamt	56,4–84,6	K^+-Cl	
Epidermis	46,1–54,0	Vornehmlich extrazellulär, aber gut permeabel durch Zellmembranen	
Hornschicht			
Natrium		Frei oder als Chlorid, Bicarbonat oder Phosphat. Vornehmlich extrazellulär, 18 % fest gebunden	Anstieg bei akuten und chronischen Dermatosen und Ödemen. Natriumverarmung bei starker Transpiration
Haut gesamt	51,3–177,4		
Epidermis	46,1		

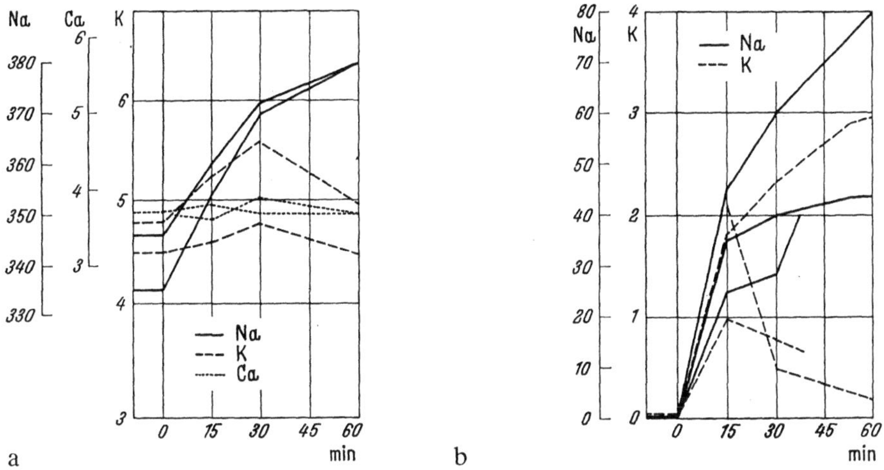

Abb. 3a, b. Verlauf der Mineralspiegel in 1000 cm^3 der angegebenen Lösung, in die Hand und Unterarm eintauchte. Zunahme des Natriums über die ganze Versuchsdauer, Abnahme des Kaliums nach 40 min *(a)* bzw. 20 min *(b)*. Methodisch wurde dabei so vorgegangen, daß die Hand und der Unterarm über 1 ½–2 Std. in einen Zylinder mit Wasser bzw. einer isotonischen Elektrolytlösung (Sterisal) belassen wurde. Bei einem Gesamtvolumen von 1000 cm^3 des Wasserbades wurden in Abständen von 15 min bzw. 30 min 5 cm^3 der Flüssigkeit entnommen und auf Kalium und Natrium sowie spektrophotometrisch erfaßbare Verbindungen untersucht (11).

Einfluß von Ernährungsformen

Die Haut unter kochsalzarmer Kost (Tabelle 3)

Vornehmlich deutsche Autoren, wie Bommer und Herzberg haben sich mit der Objektivierung besonderer Diätformen als therapeutisches Prinzip bei Dermatosen befaßt. Im amerikanischen Raum liegt nach wie vor das Statement vor, daß die gegenwärtige Kenntnis über die Wirkung diätetischer Maßnahmen auf Hauterkrankungen vornehmlich von subjektiven Eindrükken herrühren und sich weniger von objektiven Bestimmungen unter experimentellen Bedingungen ableiten lassen. Doch sind die therapeutischen Vorstellungen über eine salzfreie Diät auf dem Boden der Elektrolytverschiebungen bei Permeabilitätsstörungen, insbesondere bei chronischen Entzündungen wie Lupus vulgaris, ein Bestandteil der Therapie geworden, bevor die Ära der Chemotherapie Fuß faßte. Der Begriff der sauren oder basischen Ernährungsform bezieht sich auf Messungen der Azidität des Urins, der Veränderungen der Alkalireserve, Veränderung des pH, Anstieg der Titrationsazidität.

Das System Darm im Hinblick auf regulierende Funktionen auch immunologischer Prozesse ist im klinischen Sinne ein junges Feld. Inwieweit die

Tabelle 3. Empfohlene Diätformen bei Dermatosen

Kochsalzfrei → indiziert bei: Ödemen exsudativen Hautveränderungen Erytrodermien, Rosazea	*Rohkost* nach Gerson → u. Mitarb. (1939) indiziert bei: Hauttuberkulose chronischen Dermatitiden	*Saftfasten* → einschließlich Schroth-Kur Trockentage, Trinktage: insbesondere bei Adipositas in Kombination mit Dermatosen
↓	↓	↓
Austrocknungsdiät nach Urbach (1946) (eiweißreich) indiziert bei: exsudativen Hautveränderungen großflächigen Ekzemen Pyodermien Akne conglobata	Rohkost nach Bircher u. Brenner (1943) bei: Urtikaria Neurodermitis chronischen Dermatitiden	nach Buchinger (1970) (Gemüse- u. Obstpreßsäfte) indiziert bei: Adipositas Allergosen chronischen Dermatosen
		↓
Umstimmungs-Kostformen (Herzberg 1962) Ansäuerung ↔ Alkalisch (Schaukelkost) (Azidotische Stoffwechsellage bei über 50 % der Dermatosen) indiziert bei:		Milchdiät (Perutz 1931) indiziert bei: Erythrodermien
torpiden Ulzerationen chronischem Ekzem Prurigo Urtikaria	bei alkalisierender Kost ruhigere Verlaufsform von Ekzemschüben (cave saure Obstsäfte bei Neurodermitis constitutionalis – Pirlet 1968)	

Elektrolyte Einwirkungen auf Immunvorgänge haben, kann mangels ausreichender Daten nicht abschließend beurteilt werden. Der Darm als Immunorgan hat allerdings viele neue Aspekte entwickelt. Dies gilt auch für das Immunorgan Haut, dessen Forschungsschwerpunkt auf dem Gebiete der Mediatoren und Zytokinen (insbesondere Interferon und Interleukin) und deren pharmakologischer Auswirkung auf Entzündungsprozesse liegt, die mit sekundären Elektrolytverschiebungen einhergehen.

Externe Salztherapie

Zweifelsohne hat sich die externe Therapie in den letzten Jahren wesentlich erweitert. Dies gilt auch für die Anwendung von Kochsalz, eine Therapieprogrammierung, die sich vornehmlich auf die Psoriasis konzentriert hat. Der Grund liegt darin, daß durch die Erfahrungen mit dem Toten Meer mit seinem hohen Salzgehalt nun auch in deutschen Kurbädern der Versuch gemacht wurde, solche Salzbäder im eigenen Hause bei zusätzlich begleitender Lichttherapie durchzuführen [8]. Dem Salzgehalt der Haut wurde dabei ein besonderer Stellenwert im Hinblick auf eine Intensivierung einer Lichttherapie gegeben. Eine Kochsalzresorption durch die Barriere Haut,

soweit es sich um die intakte Barriere handelt, aber auch, wenn es sich um die abgeminderte Barrierefunktion bei der Psoriasis vulgaris handelt, ist zu vernachlässigen. Die Aufnahme von Elektrolyten in die vitalen Hautschichten, die für die Entwicklung der charakteristischen Parakeratose unter Proliferationsdruck der Keratinozyten bei der Psoriasis verantwortlich ist, stellt kein morphokinetisches Prinzip dar. In dieser Hinsicht stimmen wir völlig mit den Ergebnissen von Drexel, Dirnagel und Pratzelt (München) überein [5, 6, 7]:
Salzverluste und Salzaufnahme beim Vollbad in Abhängigkeit von der Badesalzkonzentration und -temperatur Penetration von 20 ml Wasser und der gelösten Stoffe in die Hornschicht. Dem entspricht die Aufnahme von 1 mg Wasser/cm^2 und Entwicklung einer 20–40%igen Lösung in der Hornschicht aufgrund der dort vorliegenden eigenen wasserlöslichen Substanzen.

Kombinationstherapie: Externe Salztherapie und UV-Bestrahlung

Die Exposition der Haut in Salzbädern und die nachfolgende Bestrahlung mit Ultraviolett A oder Ultraviolett B zeigt bei hohen Salzkonzentrationen keine Herabsetzung der mittleren Erythemdosis, also eine Empfindlichkeitssteigerung der Haut; eine solche Entwicklung zeigt sich nur bei Exposition der Haut mit einer 0,9–3% Kochsalzlösung und danach sofortiger Bestrahlung mit ultraviolettem Licht. Dem entspricht im Prinzip die empirische Beobachtung, daß die Lichttherapie, soweit es die elektromagnetischen Schwingungen anbetrifft, bei hydratisierter, transparenter Haut eine erhöhte pharmakologische Reaktivität entwickelt, wenn man die Erythementstehung als pharmakologischen Parameter akzeptiert. Auf der anderen Seite ist es in der experimentellen Dermatologie durchaus bekannt, daß unter Salzbädern die Extrahierbarkeit von organischen Substanzen einschließlich aktiven Enzymen aus dem Hautgewebe erhöht werden kann. So sind Polypeptide und Proteine und Enzyme unter Anwendung hoher Salzkonzentrationen wirkungsvoll mit NaCl und KCl zu extrahieren [2]. Demgegenüber werden Elektrolyte und auch Urocaninsäure bei Salzkonzentrationen bis 6% weniger eluiert. Zugleich ist der Hydratisierungsgrad der Hornschicht abgeschwächt. Unter Exposition einer Extremität in einer Badeflüssigkeit ist sowohl die Anreicherung von anorganischem und organischem Material in der Badeflüssigkeit als auch die Permeation von Chlorid in die Haut zu belegen, ein Vorgang, der sich bei verschiedenen Salzkonzentrationen unterschiedlich darstellt.

Es kann nicht an der Tatsache vorbeigegangen werden, daß in der Hornschicht, insbesondere bei Dermatosen vom parakeratotischen Typ, bei der die Keratinreifung nicht im normalen Maße abgelaufen ist, ein höherer Gehalt von verschiedenen Enzymen aber auch Peptiden vorliegt. Die wurde im Hinblick auf die Pathogenese der Psoriasis vulgaris vielfältig diskutiert. Chemotaktische Vorgänge, die von der Hornschicht ihren Ausgang nehmen können und damit der Umweltbeeinflussung einschließlich Extraktion durch Badewässer besonders unterliegen, sind dafür ein gutes Beispiel.

Es würde das mir übertragene Thema überfordern, wenn ich das Prinzip der *Extraktion von Schadstoffen* bei Dermatosen über das Hebra'sche Wasserbett, welches sich seit über 100 Jahren bis heute erhalten hat, in dem genannten Sinne interpretiere. Die verstärkte Auswaschung verschiedener Substanzen über Salzbäder unterschiedlicher Konzentration ist aber im Prinzip ein untersuchungswürdiges Projekt, welches allerdings bislang aus in vitro Experimenten und aus dem theoretischen Ansatz heraus abgeleitet wurde. Demgegenüber ist der hydratisierende und elastizitätsfördernde Effekt einer Salzlösung auf die Hornschicht ein altes therapeutisches Prinzip, wie der *Einsatz einer 3%igen Kochsalzsalbe* oder einer entsprechenden Badesalzkonzentration bei schuppenden Dermatosen unterschiedlichen Typs, wie Ichthyosis vulgaris oder Psoriasis vulgaris [1, 13]. Nicht die Permeation der Salze, sondern vornehmlich der schuppenlösende Effekt mit Veränderung der Elastizität der Hornschicht, sind Ursachen des Therapieeffektes, der sowohl bei Dermatosen als auch in kosmetischer Hinsicht seinen Platz hat.

Zusammenfassung

Die Haut und ihre Schweißdrüsen sind in einem funktionellen Netzplan eingespannt, der bei Dermatosen über Kochsalzgabe und Kochsalzentzug sich deutlich widerspiegelt. Neben den allgemeinen Gesetzmäßigkeiten der Zell- und insbesondere Membranphysiologie zeigt die Haut Besonderheiten, die auf einer Anreicherung mit Kochsalz aufgrund der Schweißsekretion im wesentlichen zurückzuführen ist. Der Salzverlust über die Haut hat allgemeinmedizinische Bedeutung, während die Kochsalzapplikation sich vornehmlich in einer physikalischen Veränderung der Hornschichtqualität niederschlägt.

Literatur

1. Hellgren L, Larsson K (1974) On the Effect of Urea on Human Epidermis. Dermatologica 149, 289–293
2. Herrmann F, Ippen H, Schaefer H, Stüttgen G (1973) Biochemie der Haut. Georg Thieme Verlag Stuttgart
3. Morsches B (1980) Elektrolytgehalt der Haut in: Dermatologie in Praxis und Klinik. Hrsg. Korting GW, Bd. I, Georg Thieme Verlag Stuttgart, New York
4. Sato Kenzo (1983) The Physiology and Pharmacology of the Eccrine Sweat Gland in: Biochemistry and Physiology of the Skin (Ed. Goldsmith LA) Vol. 1, 596–641
5. Pratzel H, Schnizer W (1987) Medizinisch orientierte Grenzwerte für Badeheilwässer auf der Grundlage von Gesetzmäßigkeiten der Hautpermeation. Z. Phys. Med. Baln. Med. Klim. 16: 367–373
6. Pratzel H (1987) Perkutane Resorption von Badeinhaltsstoffen. Z. Phys. Med. Baln. Med. Klim. 16: 275

7. Pratzel H (1989) Zum Problem der chemischen Grenzwerte in der Balneologie. In Schmidt: Kompendium Balneologie und Kurortmedizin. Steinkopff Verlag 67–78
8. Ständer M (1978) Erfahrungen mit der Thermalsole-Phototherapie bei Psoriasis vulgaris. Hautarzt 29, 328–330
9. Spier HW, Pascher G (1957) Analytische und physiologische Untersuchungen über die wasserlöslichen Inhaltsstoffe der peripheren Hornschicht. Acta Dermatovenereol. Proc. Int. Congr. Dermat. II, 14–22
10. Stüpel H, Szakall A (1957) Die Wirkung von Waschmitteln auf die Haut. Dr. Alfred Hüthig Verlag, Heidelberg
11. Stüttgen G (1957) Bestandteile der Hautoberfläche als Differenzprodukte von Bildung und Rückresorption. Arch klin exp Derm, Bd. 219 (Kongreßbericht), 576–581
12. Stüttgen G, Schaefer H (1974) Schweiß und Elektrolyte in: Funktionelle Dermatologie S. 161–165, Springer Verlag Berlin Heidelberg New York
13. Swanbeck G (1978) The effect of Urea on the Skin with special reference to the treatment of Ichthyosis in: Marks R (Ed) The Ichthyosis. MTB Press Lanquester, 163–166

Anhang

Fehlbeurteilungen durch Nichtbeachtung der Unterschiede von Angaben in chemischen (mval) und physikalische (mg) Maßeinheiten

H.-J. Holtmeier

Mineralien und Spurenelemente liegen in Flüssigkeiten so z.B. im Blutserum, in Mineral- und Heilwässern usw. in ionisierter Form vor und sollten *nur in chemischen Maßeinheiten* in Milliäquivalenten (mval) angegeben werden. Angaben in Milliäquivalenten (mval) erlauben alleine die mengenmäßigen Verhältnisse der Ionen untereinander in bezug auf ihre Elektroneutralität zu erkennen. Auch die heute in der Medizin üblichen Angaben in Millimol (mmol) tragen diesem Gesichtspunkt in keiner Weise Rechnung. Berechnungen in Milligrammprozenten führen leicht zur irrtümlichen Vorstellung, daß bei der Verabreichung gleicher Gewichtsmengen auch gleiche Ionenmengen in Lösungen vorliegen, obwohl erhebliche Differenzen auf Grund verschiedener Valenzen und Atomgewichte (Na = ~23,0, Cl = ~36,0) vorhanden sind.

Daß eine Berechnung bei Mineralwässern in mg pro kg zu einer Fehleinschätzung der Mengenverhältnisse führen kann, zeigt Tabelle 1 am Beispiel einiger Brunnenanalysen aus Lippspringe. Tabelle 1 zeigt, daß, berechnet nach mg-Angaben, die Brunnen mehrheitlich mehr Chlorid als Natrium enthalten. Berechnet auf den Gehalt an Milliäquivalenten (mval), enthalten alle Brunnen mehr Natrium als Chlorid. Bei vielen Mineral- und Heilwässern hat dieser Umstand heute zu einer Fehlbeurteilung über die Rolle von Chlorid geführt.

Um dem Laien die Umrechnung von Gramm bzw. Milligramm in Milliäquivalente und von Milliäquivalenten in Milligramm zu erleichtern, fügen wir Tabelle 2 mit entsprechenden Umrechnungsfaktoren für den praktischen Gebrauch bei.

Kochsalz kommt mit 23,0 mg Natrium und 36,0 mg Chlorid scheinbar mit einem höheren Gehalt an Chlorid vor. Berechnet nach Milliäquivalenten enthält es 17,11 mval Natrium und 17,11 mval Chlorid in 1 Gramm NaCl.

Tabelle 1. Angaben in mg und mval für Natrium und Chlorid bei mineralisierten Thermalquellen in Lippspringe (aus W. Carlé, Min. und Thermalwässer, Wiss. Verlags Ges. Stuttgart, 1975)

Brunnen	Na mg/kg	Na mval/kg	K mg/kg	Mg mg/kg	Ca mg/kg	Cl mg/kg	Cl mval/kg	SO_4	HCO_3	Feststoffe	CO_2
Arminius	128	5,56	5	66	471	169	4,76	1041	508	2419	134
Liborius	132	5,73	5	56	444	146	4,11	959	527	2282	200
Martinus	105	4,56	4	59	343	63	1,77	902	383	1879	127

Wollte man in Tabelle 1 den Kochsalzgehalt des Arminiusbrunnen bestimmen, so lägen zu gleichen Teilen nur 4,76 mval an Chlorid und 4,76 mval an Natrium vor. Diese Menge entspräche einem Kochsalzgehalt von ca. 0,28 g.

Tabelle 2 ermöglicht einfache Umrechnungen von Gramm bzw. Milligramm in mval. Beispiel: 1 g Natrium entsprechen 1000 mg Natrium. Diese entsprechen 43,48 mval Na^+. Wenn ich in Tabelle 1 den Natriumgehalt der Arminiusbrunnen von 128 mg/kg Na^+ auf mval/kg umrechnen will, muß ich 128 mal 43,48 nehmen = 5,56 mval/kg. Wenn ich bei dem Arminiusbrunnen den Chloridgehalt von 169 mg/kg auf mval umrechnen will, muß ich 169 mal 28,2 multiplizieren = 476 mval/kg. Möchte ich den Kaliumgehalt von 5 mg/kg auf mval/kg umrechnen müßte sich diesen mit 25,58 multiplizieren usw.

Tabelle 2. gibt eine kleine Umrechnungstabelle von Gewichtseinheiten (mg) in chemische Einheiten (Milliäquivalent = val) wieder.
Umrechnungsfaktoren für Elektrolyte in Zusammenarbeit mit A. F. ESSELLIER und P. JEANNERET, Medizinische Universitätsklinik Zürich (Prof. W. LÖFFLER), (aus Dokumenta GEIGY, Basel 1960, 6. Aufl.)

1 g	= mval	1 mval	= mg	
Natrium (Na)	43,480 Na^+	Na^+	23,00	Natrium
Natrium aceticum ($NaC_2H_3O_2 + 3\ H_2O$)	7,350 Na^+	Na^+	136,09	Natrium aceticum
Natrium bicarbonicum ($NaHCO_3$)	11,900 Na^+	Na^+	84,02	Natrium bicarbonicum
Natrium chloratum (NaCl)	17,110 Na^+	Na^+	58,45	Natrium chloratum
Natrium citricum tribasium[a] ($Na_3C_6H_5O_7 + 5^1/2\ H_2O$)	8,400	Na^+	119,06	Natrium citricum tribasicum
Natrium citricum tribasicum ($Na_3C_6H_5O_7 + 2\ H_2O$)	10,190 Na^+	Na^+	98,04	Natrium citricum tribasicum
Natrium lacticum ($NaC_3H_5O_3$)	8,920 Na^+	Na^+	112,07	Natrium lacticum
Natrium oxydatum (Na_2O)	32,260 Na^+	Na^+	31,00	Natrium oxydatum
Natrium paraaminosalicylicum ($NaC_7H_6O_3N + 2\ H_2O$)	4,740 Na^+	Na^+	211,15	Natrium paraaminosalicylicum
Natrium salicylicum ($NaC_7H_5O_3$)	6,250 Na^+	Na^+	160,11	Natrium salicylicum
Natrium sulfuricum ($Na_2SO_4 + 10\ H_2O$)	6,210 Na^+	Na^+	161,11	Natriumsulfuricum
Natrium sulfuricum siccum (Na_2SO_4)	14,080Na^+	Na^+	71,03	Natrium sulfuricum siccum
Kalium (K)	25,580 K^+	K^+	39,10	Kalium
Kalium aceticum ($KC_2H_3O_2$)	10,190 K^+	K^+	98,14	Kalium aceticum
Kalium bicarbonicum ($KHCO_3$)	9,990 K^+	K^+	100,11	Kalium bicarbonicum
Kalium chloratum (KCl)	13,410 K^+	K^+	74,55	Kalium chloratum
Kalium citricum tribasicum ($K_3C_6H_5O_7 + 1\ H_2O$)	9,250 K^+	K^+	108,13	Kalium citricum tribasicum
Kalium gluconium ($KC_6H_{11}O_7$)	4,270 K^+	K^+	234,24	Kalium gluconicum
Kalium lacticum ($KC_3H_5O_3$)	7,800 K^+	K^+	128,17	Kalium lacticum
Kalium oxydatum (K_2O)	21,230 K^+	K^+	47,10	Kalium oxydatum
Kalium phosphoricum monobasicum (KH_2PO_4)	7,350 K^+	K^+	136,09	Kalium phosphoricum monobasicum
Kalium phosphoricum bibasicum siccum (K_2HPO_4)	11,480 K^+	K^+	87,09	Kalium phosphoricum bibasicum siccum
Ammoniak (NH_3)	58,710 NH_4^+	NH_4^+	17,03	Ammoniak
Ammonium chloratum (NH_4Cl)	18,690 NH_4^+	NH_4^+	53,50	Ammonium chloratum
Ammoniak-Stickstoff (N)	71,310 NH_4^+	NH_4^+	14,01	Ammoniak-Stickstoff

Tabelle 2. Continued

1 g	= mval	1 mval	= mg	
Magnesium (Mg)	82,240 Mg^{++}	Mg^{++}	12,16	Magnesium
Magnesium oxydatum (MgO)	49,600 Mg^{++}	Mg^{++}	20,16	Magnesium oxydatum
Magnesium chloratum ($MgCl_2$ + 6 H_2O)	9,840 Mg^{++}	Mg^{++}	101,66	Magnesium chloratum
Magnesium sulfuricum ($MgSO_4$ + 6 H_2O)	8,110 Mg^{++}	Mg^{++}	12,5	Magnesium sulfuricum
Calcium (Ca)	49,900 Ca^{++}	Ca^{++}	20,04	Calcium
Calcium oxydatum (CaO)	35,660 Ca^{++}	Ca^{++}	2	Calcium oxydatum
Calcium chloratum crystallisatum ($CaCl_2$ + 6 H_2O)	9,120 Ca^{++}	Ca^{++}	109,55	Calcium chloratum crystallisatum
Chlor (Cl)	28,200 Cl^-	Cl^-	35,46	Chlor
Acidum hydrochloricum dilutum 10%	2,740 Cl^-	Cl^-	364,70	Acidum hydrochloricum dilutum 10%
Ammonium chloratum (NH_4Cl)	18,690 Cl^-	Cl^-	53,50	Ammonium chloratum
Calcium chloratum crystallisatum	9,120 Cl^-	Cl^-	109,55	Calcium chloratum crystallisatum
Kalium chloratum (KCl)	13,410 Cl^-	Cl^-	74,55	Kalium chloratum
Natrium chloratum (NaCl)	17,110 Cl^-	Cl^-	58,45	Natrium chloratum
Kohlendioxid (CO_2)	22,720 HCO_3^-	HCO_3^-	44,01	Kohlendioxyd
1 Vol.-% CO_2 bei 0° und 760 mm Hg[b]	0,449 HCO_3^-/Liter	HCO_3^-/Liter	2,23	Vol.-% CO_2

Sachverzeichnis

MIX
Papier aus verantwortungsvollen Quellen
Paper from responsible sources
FSC® C105338

If you have any concerns about our products,
you can contact us on
ProductSafety@springernature.com

In case Publisher is established outside the EU,
the EU authorized representative is:
Springer Nature Customer Service Center GmbH
Europaplatz 3, 69115 Heidelberg, Germany

Printed by Libri Plureos GmbH
in Hamburg, Germany